中国科学技术经典文库·数学卷

仿射微分几何

苏步青 著

科学出版社
北京

内 容 简 介

仿射微分几何是一门发展较早的学科. 本书著者从 20 世纪 20 年代中期到 30 年代初期在这一学科中做了大量工作. 本书充分反映了著者的研究工作成果, 与国外同类著作相比, 出发点和重点都不相同, 显示了我国数学家用自己特有的方法写成的专著的特色. 全书分为五章, 其中最后一章是内容的重点.

本书可供大学数学系高年级学生、研究生、教师和以微分几何为专业的数学工作者阅读.

图书在版编目(CIP)数据

仿射微分几何/苏步青著. —北京: 科学出版社, 2010
(中国科学技术经典文库 · 数学卷)
ISBN 978-7-03-029390-9

Ⅰ. ①仿… Ⅱ. ①苏… Ⅲ. ①仿射微分几何 Ⅳ. O186.13

中国版本图书馆 CIP 数据核字(2010) 第 211925 号

责任编辑: 钱介福 王丽平 / 责任校对: 陈玉凤
责任印制: 吴兆东 / 封面设计: 王 浩

科 学 出 版 社 出版
北京东黄城根北街 16 号
邮政编码: 100717
http://www.sciencep.com

北京中石油彩色印刷有限责任公司 印刷

科学出版社发行 各地新华书店经销

*

1982 年 1 月第 一 版 开本: B5 (720 × 1000)
2022 年 4 月第四次印刷 印张: 14 1/2
字数: 290 000

定价: 98.00 元

(如有印装质量问题, 我社负责调换)

序　言

这一门古典的微分几何早在 20 世纪 20 年代就已建成. 1923 年出版了 W. Blaschke 著《微分几何》一书的第二卷, 它的内容就是仿射微分几何. 之后不久, G. Fubini 和 E. Čech 合著的《射影微分几何》二卷巨著相继问世. 这两门微分几何的形成显然是以 Klein 的几何分类思想为基础的, 而讨论的方法则是依赖于 Gauss 对曲面论所采取的基本形式. 正因为如此, 仿射微分几何的几何结构不像普通微分几何那样明显而直观, 特别是它与射影微分几何的关系并不那么清晰易见. 这两方面的遗留问题成了 20 年代后期直到 50 年代初期许多数学家的工作目标, 他们的研究成果丰富了仿射微分几何的内容. 详细文献可参见 Широков 父子合著的书 (参见书末所附参考书 [4]) 中的详细文献表. 举例来说, 旋转面在三维仿射空间的扩充, 最初出现于 1928 年, 当时, 德国几何学家 W. Süss 和本书著者独立地且几乎同时解决了这个问题.

尽管如此, 这方面的发展见于专著的还是不多. 著者有鉴于此, 就不揣主观片面之嫌, 以上述 Blaschke 的著作为主要基础, 以著者 1928 年前后两三年间的研究成果为主要内容, 写成本书, 公之于世. 具体地说, 第一章和第二章的内容除了少数节段而外, 都摘自 Blaschke 的原著, 目的是要给读者简短扼要地介绍仿射微分几何中的曲线和曲面论的概貌, 也是为后面三章打下基础之用的. 从第二章的内容还可以看到现代整体微分几何的滥觞. 第三章是围绕曲面在其正常点的一个四阶锥面而写成的, 从中也阐明了仿射曲面论的几何结构, 特别是 Moutard 织面和 Čech 变换 $\sum_k$ 起着主要的作用. 在第四章, 著者根据自己的方式引进了仿射旋转面论, 它在高维仿射空间的拓广则见于附录 2. 必须指出: 这个理论牵涉曲面的 Darboux 曲线之处, 并为下一章提供研究基础. 最后第五章叙述了关于规范直线都成为仿射法线的曲面族的研究成果, 特别是, 关于 Čech 轴和仿射法线一致的曲面族的探讨. 后三章的一些主要内容已被采用到 Salkowski、Kruppa、Широков等人的专著中 (参见书末所附参考书表), 但是, 大都语焉而不详, 以致很难了解仿射微分几何发展的全貌.

在本书撰写过程中, 著者虽然作了一番努力, 以期读者在学完高等几何和微分几何这两门课以后能够理解本书的内容, 但是其中不免有缺点或错误之处, 请读者有以教之.

苏步青

1980 年 12 月于上海

目　　录

第一章　概　　论

1.1　变换群与隶属的几何

F. Klein 在 1872 年著名的 "Erlangen Program" 中把几何归结到可递变换群的几何不变量的理论中, 而加以分类. 于是, 有一个可递变换群 G, 就有一种隶属于 G 的几何, 即 Klein 几何. 按照这种分类法看来, 欧氏几何应该是隶属于运动群的几何.

为了申述这个思想, 我们考察三维欧氏空间 E^3 的运动群, 而首先定义变换群. 用 x_1, x_2, x_3 表示一点在右手系直角坐标系下的坐标, 而且设

$$x_i = x_i(\bar{x}_1, \bar{x}_2, \bar{x}_3) \quad (i = 1, 2, 3) \tag{1.1}$$

是变换集. 当下列三条件成立时, 称这集为变换群:

第一, 恒等变换 $x_i = \bar{x}_i$ 被包括在这集中;

第二, 集中任一变换的逆变换也被包括在其中;

第三, 集中两变换的接连变换或称为积的变换仍属于这集.

如果一个群的一般变换和 r 个独立变量或参数 $a_1, a_2, \ldots, a_r$ 有关, 就是说, 一当参数取定值时就获得群的唯一的变换, 而且群的所有变换都是这样被决定的, 那么称这群为 r 参数变换群.

E^3 的运动是由平移和旋转组成的变换:

$$x_i = \sum_{k=1}^{3} a_{ik}\bar{x}_k + b_i \quad (i = 1, 2, 3) \tag{1.2}$$

或简写为

$$x_i = a_{ik}\bar{x}_k + b_i\,, \tag*{(1.2)$'$}$$

式中和下文规定 $i, k = 1, 2, 3$, 而且当同一指标出现于一项时 (例如, 上式中的 k), 约定关于这指标作从 1 到 3 的总和, 而省略和符$\sum$.

如所知, (1.2) 中的系数 a_{ik} 满足下列正交条件:

$$a_{ji}a_{jk} = \delta_{ik}, \tag{1.3}$$

其中, δ_{ik} 按 $i = k$ 或 $i \neq k$ 而分别取值 1 或 0.

另外, 矩阵

$$A=(a_{ik}) \tag{1.4}$$

的行列式等于 $+1$.

凡系数 a_{ik} 满足正交条件 (1.3) 的矩阵 A, 称为正交矩阵, 它显然和 3 个参数有关 (比如：3 个欧拉角). 因此, 运动作为变换构成了一个和 6 个参数有关的集. 我们容易证明：这集构成一个 6 参数变换群 G_6.

在 G_6 中, 所有的 $a_{ik}=0$ 时所对应的变换全体也构成一群, 即平移群. 同样, 在 (1.2) 中 $b_i=0$ 时的变换全体构成旋转群, 它和平移群都是运动群 G_6 的子群, 只同 3 个参数有关的子群.

现在回到一般变换群 G 来. 设 I 是这样一个量, 当它经过 G 的任何变换变为量 $\bar{I}$ 时, 一定成立关系式：

$$\bar{I}=\varPhi\cdot I. \tag{1.5}$$

那么, 我们称 I 为 G 的不变量 (或者关于 G 的所有变换的不变量). (1.5) 式中, $\varPhi$ 仅与变换有关.

如果 $\varPhi=1$, 则 I 称为绝对不变量; 否则, 称为相对不变量. 一个群 G 的不变量还按其由对象的决定因素组成的不同结构又区分成代数的不变量和微分或积分不变量两种. 举例来说, E^3 中任何两点 (x_i) 和 (y_i) 间的距离：

$$d=\sqrt{(x_i-y_i)(x_i-y_i)}$$

是运动群的代数不变量. 又如欧氏平面 (x,y) 上, 椭圆

$$a_{11}x^2+2a_{12}xy+a_{22}y^2+2a_{13}x+2a_{23}y+a_{33}=0,$$

$$\det|a_{ik}|\neq 0, a_{11}a_{22}-a_{12}^2>0$$

的长短轴长是代数不变量, 其曲率

$$\kappa=\frac{y''}{\sqrt{(1+y'^2)^3}}$$

是微分不变量, 其弧长

$$s=\int\sqrt{1+y'^2}dx$$

则是积分不变量. 由此, 解析几何就分为代数几何和微分几何两种. 前者所研究的是整体的对象, 所以是整体几何. 相反, 微分几何所研究的对象一般说来是限于局部的范围, 例如：曲线 $y=y(x)$ 在一点 P 的曲率, 当函数 $y(x)$ 在 P 的邻域里有其定义而且是二阶连续可微时, 便可对之进行探讨. 因此, 微分几何是局部几何. 实

际上, 有一些整体几何的课题却是用微分几何方法予以解决的. 这样, 就形成了现代的整体微分几何[1)].

1.2 仿射变换群和射影变换群

设三维仿射空间 A^3 中一点 M 的坐标为 (x_1, x_2, x_3), 原点为 O, 单位基向量系为 $\{e_1, e_2, e_3\}$. 那么我们有向量 $\overline{OM}$:

$$x = x_i e_i, \text{其中已省略了关于 } i = 1, 2, 3 \text{ 的和符 } \textstyle\sum. \tag{2.1}$$

如果给定了两点 $A(x_i)$ 和 $B(y_i)$, 那么向量 AB 的坐标是 $\{y_1 - x_1, y_2 - x_2, y_3 - x_3\}$.

现在, 取一个正则的 3×3 矩阵

$$A = (a_{ik}) \quad (i, k = 1, 2, 3). \tag{2.2}$$

于是 A 的行列式

$$A = \det(a_{ik}) \neq 0, \tag{2.3}$$

并作出变换

$$\bar{x}_i = a_{ik} x_k + b_i \quad (i = 1, 2, 3). \tag{2.4}$$

如果用 (x) 表示 3×1 矩阵

$$(x) = \begin{pmatrix} x_1 \\ x_2 \\ x_3 \end{pmatrix}$$

和类似的记号 $(\bar{x})$ 和 (b), 那么 (2.4) 也可写为矩阵的形式如下:

$$(\bar{x}) = A(x) + (b). \tag{2.5}$$

我们容易证明, 变换 (2.5) 的全体构成一个群. 以下, 称 (2.5) 为 A^3 的仿射变换, 而且称所构成的群为仿射变换群, 它含有 12 个参数.

从 (2.5) 还立即看出: A^3 的一个向量 v 经过仿射变换之后变为向量 $\bar{v}$, 它们之间成立的关系是

$$(\bar{v}) = A(v). \tag{2.6}$$

1) 参考苏步青: 微分几何五讲, 上海科学技术出版社 1979 年版. 英译本, 新加坡: 世界科学技术出版社 1980 年版.

显然, 作为变换的 (2.6) 全体, 构成一个变换群, 即在 (2.5) 中 $b = 0$ 所对应的中心仿射变换群; 它含有 9 个参数, 是仿射变换群的一个子群.

另一个重要的子群是, 当行列式 $A = 1$ 时所生成的等积仿射变换群, 它含有 11 个参数. A^3 中, 任何一个四面体的体积对于各顶点所受的变换 (2.5) 将增大 A 倍, 所以它是等积仿射变换群的一个不变量.

在一般的仿射变换 (2.5) 下, 共线的三点 $A(x)$, $B(y)$, $C(z)$ 变为共线的三点 $\bar{A}(\bar{x})$, $\bar{B}(\bar{y})$, $\bar{C}(\bar{z})$, 而且有向线段比 $\overline{AB} : \overline{BC}$ 不变. 从此得知, 直线变为直线, 平面变为平面, 而且平行性质不变.

仿射空间 A^3 的仿射几何就是讨论空间图形的仿射不变量和不变性质的一个分支, 它隶属于 A^3 的仿射变换群, 如同欧氏几何隶属于运动群一样. 这里我们必须看到, 运动群是仿射变换群的一个子群, 所以仿射几何的内容被包括在欧氏几何之中, 但是, 反过来一般是不成立的.

比仿射变换群更扩大的还有射影变换群, 它的最一般方程是

$$\rho \bar{x}_i = a_{ik} x_k \quad (i, k = 1, 2, 3, 4), \tag{2.7}$$

式中 $\rho \neq 0$; (x_i) 表示三维射影空间 P^3 的一点 M 的齐次坐标; 同样, $(\bar{x}_i)$ 表示变换点 $\overline{M}$ 的齐次坐标, 而且行列式

$$A = \det |a_{ik}| \neq 0. \tag{2.8}$$

设 A, B, C, D 是 P^3 中的四个共线点. 容易看出：经 (2.7) 变换后的四点 $\overline{A}$, $\overline{B}$, $\overline{C}$, $\overline{D}$ 仍然共线, 而且这四点 A, B, C, D 的交比 $d(A, B; C, D)$ 是不变量.

平面经射影变换后变为平面, 一个平面束变为另一个平面束; 束中的任何四平面 α, β, γ, δ 的交比 $d(\alpha, \beta; \gamma, \delta)$ 也是射影不变量. 讨论图形的射影不变量和不变性质的几何就是隶属于射影变换群的射影几何[1)].

射影变换群含有 15 个参数, 因为 (2.7) 中的齐次坐标之比 $x_1 : x_2 : x_3 : x_4$ 决定 P^3 的一点, 从而 16 个 a_{ik} 之比决定一个射影变换. 如果导入点的非齐次坐标 $X_\alpha (\alpha = 1, 2, 3)$, 即

$$X_1 = \frac{x_1}{x_4}, \quad X_2 = \frac{x_2}{x_4}, \quad X_3 = \frac{x_3}{x_4},$$

便可把 (2.7) 改写为

$$X_\alpha = \frac{a_{\alpha\beta} X_\beta + a_{\alpha 4}}{a_{4\beta} X_\beta + a_{44}}, \quad \alpha, \beta = 1, 2, 3, \tag{2.9}$$

特别是, 当 $a_{4\beta} = 0 (\beta = 1, 2, 3)$, $a_{44} \neq 0$ 时, 变换式 (2.9) 化为仿射变换 (2.5), 所以射影变换群是以仿射变换群为其真正子群的. 因此, 射影变换群下的射影几何的内容被包括在仿射几何中, 从而也在欧氏几何之中, 但是反过来, 一般是不成立的.

1) 参考苏步青：高等几何讲义, 上海科学技术出版社, 1964 年版.

1.3 仿射平面曲线的基本定理

本节及下面两节都限于等积仿射变换群下的曲线论和曲面论的介绍[1)], 除了一般性质如平行性、有向线段比的不变性等外, 我们还有面积或体积的不变性值得利用.

设仿射平面上一条曲线是由方程

$$x = x(t) \tag{3.1}$$

表示的, 式中各函数关于 t 都是三阶连续可微的.

为了导出对应于欧氏平面弧长的积分不变量, 我们首先引进仿射距离的新概念.

一个点和在这里的一个方向为已知时, 称它为一个线素. 假设二线素 $x, x'; y, y'$ 为已知, 我们将决定一条抛物线使通过 x 和 y, 并在那里的切线方向分别是 x' 和 y'. 这样的抛物线是唯一的 (参见图 1), 因为四条直线唯一地决定一条抛物线, 而所论的图形则相当于每两条是"无限邻近"的情况. 设其参数方程为

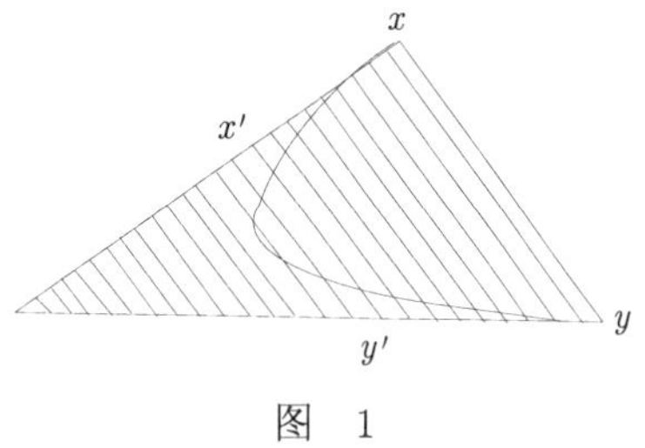

图 1

$$x(t) = x_0 + \dot{x}_0 t + \frac{1}{2!}\ddot{x}_0 t^2, \tag{3.2}$$

式中

$$\left.\begin{aligned} x_0 = x(0) = x, \left(\frac{dx(t)}{dt}\right)_0 = \text{const} \cdot x', \\ x_1 = x(t_1) = y, \left(\frac{dx(t)}{dt}\right)_{t_1} = \text{const} \cdot y'. \end{aligned}\right\} \tag{3.3}$$

二线素 $x, x'; y, y'$ 所决定的三角形面积 f 是

$$f = \frac{1}{2}\frac{(x', y-x)(y-x, y')}{(x', y')}. \tag{3.4}$$

这里和以下, 我们单用 (,) 代替行列式记号 det |, |. 从 (3.3) 得出

$$f = \frac{1}{2}\frac{(\dot{x}_0, x_1 - x_0)(x_1 - x_0, \dot{x}_1)}{(\dot{x}_0, \dot{x}_1)}. \tag{3.5}$$

---

1) 参考 W. Blaschke: Vorlesungen über Differentialgeometrie, und geometrische Grundlagen von Einsteins Relativitätrtheorie, Band 2, Berlin, 1923 年版, 以下简称 BlaschkeDG II.

然而

$$x_1 - x_0 = \dot{x}_0 t_1 + \ddot{x}_0 \frac{t_1^2}{2}, \quad \dot{x}_1 = \dot{x}_0 + t_1 \ddot{x}_0,$$

所以

$$f = \frac{1}{8} t_1^3 (\dot{x}_0, \ddot{x}_0). \tag{3.6}$$

同样的方法适用于抛物线在其两点 t_1, t_2 处的三角形面积的推导, 因而导致面积表示:

$$f(t_1, t_2) = \frac{1}{8}(t_2 - t_1)^3 (\dot{x}_0, \ddot{x}_0). \tag{3.7}$$

由此可见, 函数 $f^{1/3}$ 满足欧氏距离的类似加法定理: 当三点 $t_1 < t_2 < t_3$ 在同一条抛物线上时,

$$f^{1/3}(t_1, t_2) + f^{1/3}(t_2, t_3) = f^{1/3}(t_1, t_3). \tag{3.8}$$

二线素 $x, x'; y, y'$ 的仿射距离 r 是

$$r = 2 \cdot f^{1/3},$$

式中 f 表示由二线素 $x, x'; y, y'$ 决定的三角形面积, 而且立方根取实数值.

从 (3.7) 还可导出一种对于抛物线的参数规范化, 就是以参数 s 代替 t , 使得

$$\left(\frac{dx}{ds}, \frac{d^2x}{ds^2} \right) = 1. \tag{3.9}$$

这条件显然关于等积仿射变换是不变的. 这个参数 s 除了点 $s = 0$ 的选取而外是确定了的. 实际上,

$$s = (\dot{x}_0, \ddot{x}_0)^{1/3} t + \text{const}.$$

而且由 (3.7) 得到

$$f(s_1, s_2) = \frac{1}{8}(s_2 - s_1)^3. \tag{3.10}$$

我们还有这样的结论: 抛物线的二线素 s_1, s_2 的仿射距离等于 $s_2 - s_1$. 换言之, 二点 s_1, s_2 之间的抛物线弧具有仿射长度 $s_2 - s_1$.

其次, 我们将上述关于抛物线仿射弧长的概念扩充到一般曲线 (3.1) 去, 以推导它的仿射弧长 s.

假定

$$\left(\frac{dx}{dt}, \frac{d^2x}{dt^2} \right) = (\dot{x}, \ddot{x})$$

在曲线的任何点不等于 0 , 这就是说: 曲线无拐点. 另外假定积分

$$s_{12} = \int_{t_1}^{t_2} (\dot{x}, \ddot{x})^{1/3} dt \tag{3.11}$$

存在. 那么决定一个参数 s 使得

$$\left(\frac{dx}{ds}, \frac{d^2x}{ds^2}\right) = (x', x'') = 1. \tag{3.12}$$

这种决定不仅对于等积仿射变换是不变的, 而且除了 $s=0$ 的选择而外是确定了的. 这是由于

$$x' = \dot{x}\frac{dt}{ds}, x'' = \ddot{x}\left(\frac{dt}{ds}\right)^2 + \dot{x}\frac{d^2t}{ds^2},$$

成立关系

$$(x'x'') = (\dot{x}\ddot{x})\left(\frac{dt}{ds}\right)^3,$$

因此按 (3.12) 就有

$$s = \int (\dot{x}\ddot{x})^{1/3} dt. \tag{3.13}$$

从假设得知, s 是 t 的单调函数而且反过来也是真的.

对 (3.12) 进行导微, 我们有

$$(x', x''') = 0. \tag{3.14}$$

所以二向量 x' 和 x''' 线性相关, 也就是 (因为 $x' \neq 0$)

$$x''' + kx' = 0, \tag{3.15}$$

式中 $k(s)$ 表示一个数量, 它可表成

$$k = (x'', x'''), \tag{3.16}$$

是所论曲线 (3.1) 的最简单微分不变量. 我们称 k 为仿射曲率, 称 x'' 为仿射法向量. 按 (3.14) 还导出

$$k = (x^{\mathrm{IV}}, x'). \tag{3.17}$$

令 $\varphi = (\dot{x}, \ddot{x})$, 并经参数变换 $t = t(s)$, 我们容易算出

$$k = (x'', x''') = \frac{(\ddot{x}, \dddot{x})}{\varphi^5} - \frac{1}{2}\left(\frac{1}{\varphi^2}\right)_{tt}. \tag{3.18}$$

特别是取 $t = x_1$, 从而曲线是由方程

$$x_2 = x_2(x_1) \tag{3.19}$$

给定时, 我们导出

$$\left.\begin{aligned} x' &= \left\{\ddot{x}_2^{-1/2}, \dot{x}_2\ddot{x}_2^{-1/2}\right\}, \\ x'' &= \left\{-\frac{1}{3}\ddot{x}_2^{-5/3}\dddot{x}_2, \ddot{x}_2^{1/3} - \frac{1}{3}\dot{x}_7\ddot{x}_2^{-5/3}\dddot{x}_2\right\} \end{aligned}\right\} \tag{3.20}$$

和

$$k = -\frac{1}{2}\frac{d^2}{dx_1^2}\ddot{x}_2^{-2/3} = -\frac{5}{9}\ddot{x}_2^{-8/3}\dddot{x}_2^2 + \frac{1}{3}\ddot{x}_2^{-5/3}\ddddot{x}_2. \tag{3.21}$$

根据 $(x', x'') = 1$, 我们通过一个等积仿射变换把坐标原点移到曲线的点 x_0, 并使有关的二向量 x_0', x_0'' 分别具有坐标 1, 0; 0, 1. 按 (3.20) 我们便获得曲线 (3.19) 在原点的归范展开:

$$x_2 = \frac{1}{2}x_1^2 + \frac{3k_0}{4!}x_1^4 + \frac{3k_0'}{5!}x_1^5 + \cdots, \tag{3.22}$$

式中 k_0, k_0' 分别表示 k, k' 在原点的值.

如图 2 所示, 在 x 引切线和曲线的平行弦, 各弦的中点画成点 x 的对应重心线, 那么后者在 x 的切线就是仿射法线.

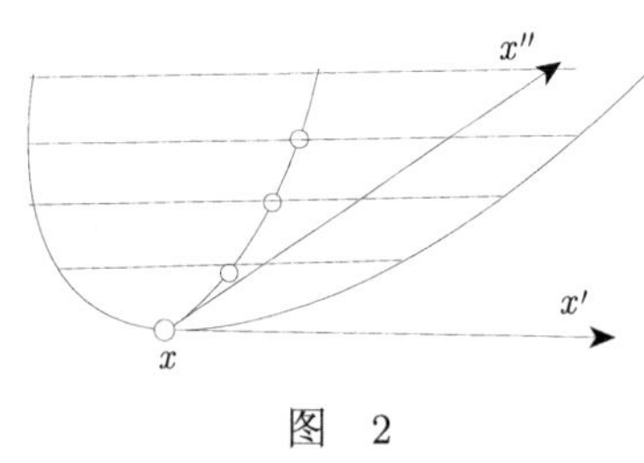

图 2

同样, 称

$$k = k(s) \tag{3.23}$$

为曲线 (3.1) 的仿射自然方程. 和欧氏平面曲线论一样, 以给定的 $k(s)$ 为仿射曲率的曲线 $x(s)$ 必存在, 而且实际上, 除了等积仿射变换而外, 这种曲线是唯一决定的.

作为一个特殊的但是重要的例子, 我们举出下列情况:

$$k = \text{const.}$$

首先假定 $k = 0$. 那么从 (3.15) 得到一般解:

$$x = x_0 + x_0's + \frac{1}{2}x_0''s^2, \quad (x_0', x_0'') = 1. \tag{3.24}$$

所以仿射曲率恒为零的唯一曲线是抛物线.

第二, 假定 $k = k^2 > 0$. 这时, 曲线可以表成

$$x_1 = a\cos k^{1/2}s, \quad x_2 = b\sin k^{1/2}s.$$

条件 $(x', x'') = 1$ 表明了

$$abk^{3/2} = 1.$$

因此, 我们得到作为解的一条椭圆

$$\frac{x_1^2}{a^2}+\frac{x_2^2}{b^2}=1,\quad k=\left(\frac{\pi}{F}\right)^{2/3}, \tag{3.25}$$

式中 $F=\pi ab$ 表示椭圆的面积.

第三, 假定 $k=-k^2<0$. 这时, 我们有一条双曲线的解:

$$\left.\begin{aligned}x_1=a\cosh(-k)^{1/2}s, x_2=b\sinh(-k)^{1/2}s,\\ \frac{x_1^2}{a^2}-\frac{x_2^2}{b^2}=1, k=-(ab)^{-2/3}.\end{aligned}\right\} \tag{3.26}$$

所以双曲线是有负常数仿射曲率的唯一曲线.

以上所述充分表明了仿射曲率与普通曲率之间的类似性, 所不同者仅在于二次曲线代替圆 (包括直线) 而已. 从此引导我们讨论密切二次曲线的概念如下.

为此, 我们考察两条相交于一点 $x_0=\bar{x}_0$ 的无拐点曲线 C 和 $\overline{C}$, 那么不妨假定这二曲线的仿射弧长 s 都是从 x_0 量起的, 而且把它们表成

$$\left.\begin{aligned}x=x_0+x_0's+x_0''\frac{s^2}{2!}+\cdots,\\ \bar{x}=\bar{x}_0+\bar{x}_0's+\bar{x}_0''\frac{s^2}{2!}+\cdots.\end{aligned}\right\} \tag{3.27}$$

当 $(x_0',\bar{x}_0)=0$, $x_0'\neq\bar{x}_0'$ 时, 我们说: 二曲线在 x_0 “一阶” 或 “二点” 相切. 一般说来, 当

$$x_0'=\bar{x}_0',\ldots,x_0^{(n-1)}=\bar{x}_0^{(n-1)},\quad x_0^{(n)}\neq\bar{x}_0^{(n)} \tag{3.28}$$

$(n>1)$ 时, 这二曲线 n 阶或 $(n+1)$ 点相切. 按照 (3.20) 可以这样断定: 这种定义和普通的相切重合, 因为在采取 x_2 轴, 使同公共切线不一致的措施下, 在 $x_0 n$ 阶相切是等同于下列条件:

$$\frac{d^k(\bar{x}_2-x_2)}{dx_1^k}\left\{\begin{aligned}&=0, \text{当 } k=1,2,\ldots,n,\\ &\neq 0, \text{当 } k=n+1.\end{aligned}\right. \tag{3.29}$$

如果 $\overline{C}$是抛物线 $\bar{x}=\bar{x}_0+\bar{x}_0''s+\frac{1}{2}\bar{x}_0''s^2$, 那么立即看出: 在各点 x_0 有而仅有一条和所论曲线至少三阶相切的抛物线, 即

$$\bar{x}=x_0+x_0's+\frac{1}{2}x_0''s^2. \tag{3.30}$$

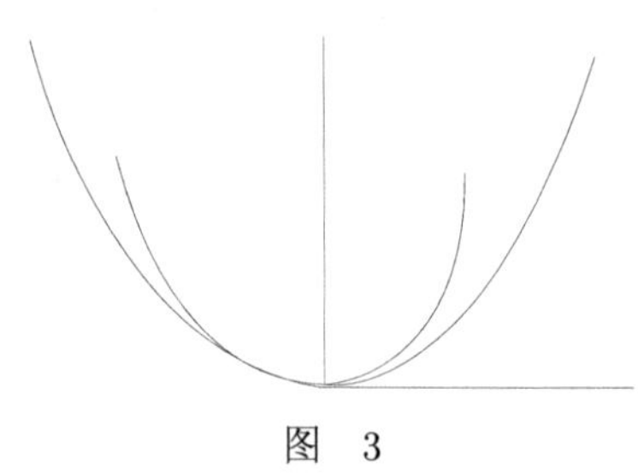

图　3

称它为曲线 C 在 x_0 的密切抛物线. 图 3 中的淡描曲线表示这条抛物线. 为了密切抛物线在切点有高于三阶的相切, 就是, 为了有一个稳定的密切抛物线, 必须有 $x_0''' = 0$, 或者按照 (3.15) 必须有

$$k_0 = 0. \tag{3.31}$$

如果我们取任何二次曲线为 $\overline{C}$, 那么在 C 的各点 x_0 可以要求至少有四阶相切的情况. 为此, 必要条件是

$$x_0' = \bar{x}_0', \quad x_0'' = \bar{x}_0'', \quad x_0''' = \bar{x}_0'''.$$

可是 $x_0''' + k_0 x_0' = 0, \bar{x}_0''' + \bar{k}_0 \bar{x}_0' = 0$, 所以 C 和 $\overline{C}$ 在 x_0 的仿射曲率 k_0 和 $\bar{k}$ 必须相等. 另一方面, 微分方程 $\bar{x}''' + k_0 \bar{x}' = 0$ 在初始条件 $\bar{x}_0 = x_0, \bar{x}_0' = x_0', \bar{x}_0'' = x_0''$ 之下有唯一的二次曲线 $\overline{C}$ 的解. 我们称 $\overline{C}$ 为 C 在 x_0 的密切二次曲线.

联系到上述的特例, 我们便看出:

曲线 C 在其非拐点 x_0. 的密切二次曲线按照 C 在 x_0 的仿射曲率 k_0 为正, 为负或为零而分别是椭圆, 是双曲线或是抛物线.

我们对这三种可能性相应地可以这样说: C 在 x_0 是椭圆、双曲或抛物地弯曲. 当 $k > 0$ 时, 我们写出密切二次曲线的方程如下:

$$y(s,\sigma) = x(s) + \frac{\sin(\sqrt{k}\cdot\sigma)}{\sqrt{k}} x'(s) + \frac{1-\cos(\sqrt{k}\cdot\sigma)}{k} x''(s), \tag{3.32}$$

式中 σ 表示密切二次曲线的仿射弧长.

此外, 我们讨论一个稳定密切二次曲线的条件, 也就是密切二次曲线在 x_0 要有高于四阶密切的条件. 为此, 充要条件是

$$\bar{x}_0^{\mathrm{IV}} = x_0^{\mathrm{IV}}.$$

然而从 $x''' + kx' = 0$ 和 $\bar{x}''' + k_0 \bar{x}' = 0$, 以及 (3.28) 经过导微, 我们在 x_0 处有

$$x_0^{\mathrm{IV}} + k_0 x_0'' + k_0' x_0' = 0,$$
$$\bar{x}_0^{\mathrm{IV}} + k_0 \bar{x}_0'' = 0.$$

所以得出所求的条件:

$$k_0' = \left(\frac{dk}{ds}\right)_0 = 0. \tag{3.33}$$

称这样的点 x_0 为 C 的六重点.

在第二章 2.2 和 2.4 我们将专门研究仿射曲率处处为正的凸闭曲线, 以导出相应于欧氏平面凸闭曲线的一些定理, 而且在 2.3 把欧氏平面四顶点定理扩充到仿射平面.

关于仿射平面曲线的其他一些性质, 在这里就不一一列举, 读者可参照本章的习题和定理.

1.4 仿射空间曲线的基本定理

设三维仿射空间 A^3 的一条曲线决定于下列参数表示:

$$x(p) = \{x_1(p), x_2(p), x_3(p)\}.$$

我们将用尽可能低阶的曲线素来开始确定它的一个不变的曲线参数. 如前节所述, 我们用点或加括号的数字来表达关于 p 的各阶导数:

$$\dot{x} = \{\dot{x}_1, \dot{x}_2, \dot{x}_3\}, \quad x^{(k)} = \{x_1^{(k)}, x_2^{(k)}, x_3^{(k)}\}. \tag{4.1}$$

这些 $x^{(k)}$ 都是向量, 而且按 1.2 所述得知各行列式

$$(x^{(k)}x^{(l)}x^{(m)})$$

关于空间等积仿射变换都是不变的, 但不是曲线的不变量, 因为它依赖于参数的选择. 特别是在所论的叙列中最低阶的行列式 $(\dot{x}\ddot{x}\dddot{x})$, 经过新参数 $s = s(p)$ 的导入而变为

$$(x'x''x''') \cdot \left(\frac{ds}{dp}\right)^6,$$

其中, 撇号表示关于 s 的导微. 如果我们假定 $(\dot{x}\ddot{x}\dddot{x}) > 0$, 也就是假定曲线 $x(p)$ 为正向转挠, 那么通过条件

$$(x'x''x''') = 1 \tag{4.2}$$

便可决定除置换 $\bar{s} = \pm s + a$ 而外唯一的实参数 s, 即仿射弧长. 于是

$$s = \int (\dot{x}\ddot{x}\dddot{x})^{1/6} dp \tag{4.3}$$

而且相应地得到曲线段 $x(p)(p_1 \leqslant p \leqslant p_2)$ 的仿射弧长:

$$s_{12} = \int_{p_1}^{p_2} (\dot{x}\ddot{x}\dddot{x})^{1/6} dp. \tag{4.4}$$

再把 (4.2) 两边关于 s 导微一次, 便有

$$(x'x''x^{\text{IV}}) = 0, \tag{4.5}$$

因此, 三向量 x', x'', $x^{\rm IV}$ 线性相关:

$$x^{\rm IV}(s)+k(s)x''(s)+t(s)x'(s)=0. \tag{4.6}$$

由此可见

$$k(s)=(x^{\rm IV}x'x'''),\quad t(s)=-(x^{\rm IV}x''x'''). \tag{4.7}$$

当 k 和 t 是 s 的已知连续函数时, 那么除了等积仿射变换而外, 我们可唯一决定所对应的曲线 $x(s)$. 实际上, 设 u_1 , u_2 , u_3 是方程

$$u'''+k(s)u'+t(s)u=0 \tag{4.8}$$

的三个线性无关的解, 那么龙斯基行列式

$$\begin{vmatrix} u_1 & u_2 & u_3 \\ u_1' & u_2' & u_3' \\ u_1'' & u_2'' & u_3'' \end{vmatrix}=\text{const}\neq 0.$$

我们于此可以选择 u_i 使得这行列式等于 1. 那么,

$$x_i'=a_{ik}u_k\quad (i,k=1,2,3)$$

是 (4.8) 的一般解, 而且当 a_{ik} 的行列式为 1 时,

$$x_i=\int_0^s x_i'ds+a_{i0}\quad (i=1,2,3)$$

表示所求的曲线 $x(s)$. 我们看出, 它是由

$$\left\{\int_0^s u_1ds,\int_0^s u_2ds,\int_0^s u_3ds\right\}$$

经过一个普遍的等积空间仿射变换而导出的.

(x') 称为切向量, 而且 (x'') 称为仿射主法线向量. 我们称曲线 $(y=x')$ 为曲线 (x) 的切线象. 它的仿射弧长是

$$\int (x''x'''x^{\rm IV})^{1/6}ds=\int(-t(s))^{1/6}ds. \tag{4.9}$$

按照欧氏空间曲线论的类似, 我们该是选取三向量 x', x'', x''' 作为仿射空间曲线的活动三脚形, 而且采取

$$k=k(s),\quad t=t(s) \tag{4.10}$$

作为“自然方程”. 可是这样做并不适宜, 因为我们不能从此导出 k 和 t 是一条曲线所决定的最低阶数不变量. A.Winternitz 指出了这一事实, 而因此造出最低阶数即四阶的以他命名的活动三脚形 (参考 Blaschke DG II,76—79 页). 另一方面, 我们

曾经研究射影空间曲线论的几何结构[1)], 从此作为一个简单应用而导出 Winternitz 活动三脚形的几何定义.

为此目的, 我们先用一般参数表达向量 x', x'', x''', x^{IV} 和二不变量 k, t 的阶数分布情况. 令

$$(\dot{x}\ddot{x}\dddot{x})^{-1/6} = \varphi, \tag{4.11}$$

从 (4.3) 便有 $x' = \dot{x}\varphi$, $x'' = \ddot{x}\varphi^2 + \dot{x}\dot{\varphi}\varphi$, $x''' = \dddot{x}\varphi^3 + 3\ddot{x}\dot{\varphi}\varphi^2 + \dot{x}(\ddot{\varphi}\varphi^2 + \dot{\varphi}^2\varphi)$, $x^{\mathrm{IV}} = \ddddot{x}\varphi^4 + 6\ddot{x}\dot{\varphi}\varphi^3 + \ddot{x}(4\ddot{\varphi}\varphi^3 + 7\dot{\varphi}^2\varphi^2) + \dot{x}(\dddot{\varphi}\varphi^3 + 4\ddot{\varphi}\dot{\varphi}\varphi^2 + \dot{\varphi}^3\varphi)$. 由此可见, x' 是 3 阶; x'' , x''' , x^{IV} 是 4 阶, 5 阶, 6 阶. 实际上, 从最高项

$$\varphi, \dot{\varphi}\varphi, \ddot{\varphi}\varphi^2, \dddot{\varphi}\varphi^3$$

便可明了. 所以

$$k(s) = (x^{\mathrm{IV}}x'x''') = \varphi(x^{\mathrm{IV}} - \dddot{\varphi}\varphi^3\dot{x}, \dot{x}, x''') \tag{4.12}$$

是 5 阶, 而 $t(s)$ 则是 6 阶. 经过计算, 我们有

$$k(p) = \varphi^8(\ddddot{x}\dot{x}\dddot{x}) + 3\dot{\varphi}\varphi^7(\ddddot{x}\dot{x}\ddot{x}) - \varphi^6(4\ddot{\varphi}\varphi - 11\dot{\varphi}^2)(\dot{x}\ddot{x}\dddot{x}), \tag{4.13}$$

而且由 (4.11) 看出

$$\begin{aligned} x_3 = x''' + \frac{k}{4}x' &= x''' - \{\varphi^6(\dot{x}\ddot{x}\dddot{x})\ddot{\varphi}\varphi^2 + \cdots\}\dot{x} \\ &= x''' - \{\ddot{\varphi}\varphi^2 + \cdots\}\dot{x} \end{aligned} \tag{4.14}$$

是一个和曲线仿射不变地相联系着的 4 阶向量. 这样, 我们获得 (A.Winternitz) 一个 4 阶活动不变三脚形:

$$\left.\begin{aligned} x_1 &= x', \\ x_2 &= x'', \\ x_3 &= x''' + \frac{k}{4}x'. \end{aligned}\right\} \tag{4.15}$$

现将 (4.15) 两边导微, 并参照 (4.6), 便得到

$$\left.\begin{aligned} x_1' &= x_2, \\ x_2' &= x''' = x_3 - \frac{k}{4}x_1, \\ x_3' &= x^{\mathrm{IV}} + \frac{k'}{4}x' + \frac{k}{4}x'' = \left(\frac{k'}{4} - t\right)x_1 - \frac{3k}{4}x_2. \end{aligned}\right\} \tag{4.16}$$

由此可见,

$$-\frac{k}{4} = k_1, \quad \frac{k'}{4} - t = k_2 \tag{4.17}$$

1) 苏步青: 射影曲线概论, 科学出版社, 1954 年. 英文本, 1958 年.

都是 5 阶. 导来方程采取如下的形式:

$$\left.\begin{aligned} x_1' &= * \quad + \quad x_2 \quad *, \\ x_2' &= k_1x_1 \quad * \quad + x_3, \\ x_3' &= k_2x_1 + 3k_1x_2 \quad *. \end{aligned}\right\} \tag{4.18}$$

可是在这里产生这样一个问题: 能否决定一个更低阶甚至还有同阶的另一个三脚形呢? 回答是否定的. 为了证明这个事实, 我们指出所论三脚形 x_1, x_2, x_3 的一个重要性质:

如果有两条曲线 $x(s)$ 和 $y(s)$ 在点 $s = s_0$ 处共有活动三脚形 $x_i(s_0) = y_i(s_0)$, 那么它们在 $x(s_0) = y(s_0)$ 必须有四阶密切.

我们把曲线 $x(s)$ 归范化, 就是说, 选取我们的仿射轴系使得它以 $x(s_0)$ 为原点, 而且它的三轴单位向量顺次重合于 $x_1(s_0), x_2(s_0), x_3(s_0)$ 然后把 $x_2(x_1), x_3(x_1)$ 展开为 x_1 的幂级数.

这样一来, 我们有 $x_i(s_0) = x_{i0} = 0(i = 1, 2, 3)$ 和

$$\left.\begin{aligned} &x_{10}' = 1, x_{10}'' = 0, x_{10}''' + \frac{k_0}{4}x_{10}' = 0, x_{10}''' = -\frac{k_0}{4}, \\ &x_{20}' = 0, x_{20}'' = 1, x_{20}''' + \frac{k_0}{4}x_{20}' = 0, x_{20}''' = 0, \\ &x_{30}' = 0, x_{30}'' = 0, x_{30}''' + \frac{k_0}{4}x_{30}' = 1, x_{30}''' = 1. \end{aligned}\right\} \tag{4.19}$$

从方程

$$x^{\mathrm{IV}} = -tx' - kx'', \quad x^{\mathrm{V}} = -t'x' - (t + k')x'' - kx'''$$

还得出

$$\left.\begin{aligned} x_{10}^{\mathrm{IV}} &= -t_0, x_{10}^{\mathrm{V}} = -t_0' + \frac{k_0^2}{4}, \\ x_{20}^{\mathrm{IV}} &= -k_0, x_{20}^{\mathrm{V}} = -k_0' - t_0, \\ x_{30}^{\mathrm{IV}} &= 0, x_{30}^{\mathrm{V}} = -k_0. \end{aligned}\right\} \tag{4.20}$$

x_1 关于 $s - s_0$ 的幂级数展开或更简单地当 $s_0 = 0$ 时, 关于 s 的展开是

$$x_1 = s - \frac{1}{3!}\frac{k_0}{4}s^3 - \frac{t_0}{4!}s^4 + \cdots.$$

我们把它反展开为

$$s = x_1 + \frac{k_0}{3!4}x_1^3 + \frac{t_0}{4!}x_1^4 + \cdots.$$

利用 (4.19) 和 (4.20) 的结果, 终于获得展开式

$$
\left.\begin{aligned}
x_2(x_1) &= \frac{1}{2}x_1^2 + \frac{4t_0 - k_0'}{5!}x_1^5 + \cdots, \\
x_3(x_1) &= \frac{1}{3!}x_1^3 + \frac{3}{2}\frac{k_0}{5!}x_1^5 + \cdots.
\end{aligned}\right\} \tag{4.21}
$$

设 $y_2(x_1)$, $y_3(x_1)$ 是通过原点的另一曲线. 如所知, (x) 和 (y) 之间在 x_0 的 n 阶密切有这样的定义:

$$
\left(\frac{d^k(x_2 - y_2)}{dx_1^k}\right)_{x_1=0} = 0, \quad \left(\frac{d^k(x_3 - y_3)}{dx_1^k}\right)_{x_1=0} = 0,
$$

式中 $k = 1, 2, \cdots, n$; 相反, 对于 $k = n + 1$ 至少两式中有一个不等于 0 的. 从此立刻导出上述定理的成立.

我们称

$$
k_1 = k_1(s), \quad k_2 = k_2(s) \tag{4.22}
$$

为空间曲线的自然方程, 称 k_1 和 k_2 分别为第一和第二仿射曲率, t 为仿射挠率.

现在让我们转到 A.Winternitz 三脚形的几何结构. 我们知道, 一条空间曲线 (x) 在一点 x_0 的密切平面 $[x_0', x_0'']$ 和其切线面 T 的交线是以 x_0 为正常点的. 此时, 交线的仿射法线是 x_2(Weitzenböck, 1918). 但是, 通过切线 (x_0x_0') 的其他平面 π 就不是这样, 它和 T 的交线是以 x_0 为拐点的. 因此, 交线在 x_0 的四阶邻域在切线上决定一个射影不变点 $P(\pi)$. 如果取 π 使其对应点 $P(\pi)$ 变为切线 (x_0x_0') 上的无限远点, 从 (4.21) 式便得知: 这时平面 π 恰恰是 $[x_1x_3]_0 \equiv [x_0'x_0''']$(苏步青, 1938).

另一方面, 在这平面 π 上沿方向 x_3 把曲线 (x) 平行投影到密切平面上, 投影曲线在点 x_0 的密切抛物线和它有四阶密切, 而且只限于这方向才会是这样. 这个事实从 $(4.21)_1$ 式便可明了.

综合起来, 我们已经获得了 A. Winternitz 三脚形的几何结构. 另一几何解释可参照下面习题和定理 19 题.

1.5 仿射空间曲面论大意

1.5.1 二次基本形式和活动的不变三脚形

本节将简述三维仿射空间 A^3 里一个曲面关于空间等积仿射变换的不变性质, 而首先要在一个曲面点确定一个不变的三脚形, 使之联系于曲面. 为此目的, 我们将借助于一个曾经在欧氏空间曲面论中出现过的二次微分形式. 设曲面的参数表示为

$$
x_k = x_k(u, v), \quad (k = 1, 2, 3) \tag{5.1}
$$

或者写为向量的形式

$$x = x(u, v). \tag{5.2}$$

这里必须对曲面加一个限制, 就是关于 u, v 的二导向量的向量积

$$x_u \times x_v \neq 0. \tag{5.3}$$

如果曲面上有一条这样的曲线 $x(t)$, 使它在各点的密切平面和曲面在这点的切平面重合, 那么称它为主切曲线 (或渐近曲线), 而且我们有

$$(x_u x_v x_{tt}) = 0. \tag{5.4}$$

这个方程显然是仿射不变的. 从 (5.4) 可以导出一个不变微分形式. 实际上,

$$\begin{aligned}
x_t &= x_u \frac{du}{dt} + x_v \frac{dv}{dt}, \\
x_{tt} &= x_{uu} \left(\frac{du}{dt}\right)^2 + 2x_{uv} \frac{du}{dt}\frac{dv}{dt} + x_{vv} \left(\frac{dv}{dt}\right)^2 \\
&\quad + x_u \frac{d^2u}{dt^2} + x_v \frac{d^2v}{dt^2}.
\end{aligned}$$

因此, 方程 (5.4) 变为

$$\left(x_u, x_v, x_{uu} \left(\frac{du}{dt}\right)^2 + 2x_{uv} \frac{du}{dt}\frac{dv}{dt} + x_{vv} \left(\frac{dv}{dt}\right)^2\right) = 0,$$

或者

$$Ldu^2 + 2M\,d\,u\,d\,v + N\,d\,v^2 = 0, \tag{5.5}$$

式中, L, M, N 分别表示下列行列式:

$$\left.\begin{aligned}
L &= (x_u x_v x_{uu}), \\
M &= (x_u x_v x_{uv}), \\
N &= (x_u x_v x_{vv}).
\end{aligned}\right\} \tag{5.6}$$

这些行列式和二次微分形式

$$L\,d\,u^2 + 2\,M\,d\,u\,d\,v + N\,d\,v^2 = (x_u x_v x_{tt})dt^2 \tag{5.7}$$

在固定参数 u, v 之下都是仿射不变的, 而剩下的是这些在新参数 $\bar{u}$, $\bar{v}$ 导入下怎样受到变换的问题. 由

$$\begin{aligned}
x_{\bar{u}} &= x_u \frac{\partial u}{\partial \bar{u}} + x_v \frac{\partial v}{\partial u}, \\
x_{\bar{v}} &= x_u \frac{\partial u}{\partial \bar{v}} + x_v \frac{\partial v}{\partial \bar{v}}
\end{aligned}$$

得出

$$(x_{\bar{u}}x_{\bar{v}}x_{tt}) = (x_u x_v x_{tt})D, \tag{5.8}$$

或者

$$\bar{L}d\bar{u}^2 + 2\bar{M}d\bar{u}d\bar{v} + \bar{N}d\bar{v}^2 = (Ldu^2 + 2Mdudv + Ndv^2)D, \tag{5.9}$$

式中 D 表示雅可比式

$$D = \frac{\partial u}{\partial \bar{u}}\frac{\partial v}{\partial \bar{v}} - \frac{\partial u}{\partial \bar{v}}\frac{\partial v}{\partial \bar{u}}. \tag{5.10}$$

新参数 $\bar{u}, \bar{v}$ 的引进给二次微分形式 (5.7) 带来了一个因子 D. 把关于 $d\bar{u}, d\bar{v}$ 的恒等式 (5.9) 逐项等同起来,

$$\begin{aligned}
\overline{L} &= \left\{L\frac{\partial u}{\partial \bar{u}}\frac{\partial u}{\partial \bar{u}} + M\left(\frac{\partial u}{\partial \bar{u}}\frac{\partial v}{\partial \bar{u}} + \frac{\partial u}{\partial \bar{u}}\frac{\partial v}{\partial \bar{u}}\right) + N\frac{\partial v}{\partial \bar{u}}\frac{\partial v}{\partial \bar{u}}\right\}D,\\
\overline{M} &= \left\{L\frac{\partial u}{\partial \bar{u}}\frac{\partial u}{\partial \bar{v}} + M\left(\frac{\partial u}{\partial \bar{u}}\frac{\partial v}{\partial \bar{v}} + \frac{\partial v}{\partial \bar{u}}\frac{\partial u}{\partial \bar{v}}\right) + N\frac{\partial v}{\partial \bar{u}}\frac{\partial v}{\partial \bar{v}}\right\}D,\\
\overline{N} &= \left\{L\frac{\partial u}{\partial \bar{v}}\frac{\partial u}{\partial \bar{v}} + M\left(\frac{\partial u}{\partial \bar{v}}\frac{\partial v}{\partial \bar{v}} + \frac{\partial u}{\partial \bar{v}}\frac{\partial v}{\partial \bar{v}}\right) + N\frac{\partial v}{\partial \bar{v}}\frac{\partial v}{\partial \bar{v}}\right\}D.
\end{aligned}$$

从此得到

$$(\overline{L}\,\overline{N} - \overline{M}^2) = (LN - M^2)\cdot D^4. \tag{5.11}$$

按照 (5.9) 和 (5.11) 式我们容易看出：除了符号而外,

$$\frac{Ldu^2 + 2Mdudv + Ndv^2}{|LN - M^2|^{1/4}} = \frac{(x_u x_v x_{tt})}{|LN - M^2|^{1/4}}dt^2 \tag{5.12}$$

是不变的微分形式. 实际上, 根据 $D>0$ 或 $D<0$ 之不同而使二次微分形式 (5.12) 变换后带上符号 ± 1. 因此, 只在同向的新参数 $(D>0)$ 导入下, 二次微分形式 (5.12) 才是不变动的.

如在欧氏空间曲面论中一样, 对于椭圆弯曲的曲面 $(LN - M^2 > 0)$, 我们可以这样规范化参数, 使 $L>0$, 从而 $N>0$. 如果从 x 朝向曲面在这点的切平面的一侧, 即曲面所在的一侧的一个位置 z 望去时 $(x_u x_v z - x) > 0$, 那么在右手系坐标之下 x_v 必在 x_u 的左边. 当曲面是椭圆地或双曲地弯曲时, 我们获得一个在已给定意义下不变的二次基本形式 (G.Pick,W.Blaschke, 1917)：

$$Edu^2 + 2Fdudv + Gdv^2 = \frac{Ldu^2 + 2Mdudv + Ndv^2}{|LN - M^2|^{1/4}} = \varphi. \tag{5.13}$$

对于抛物地弯曲的曲面 (可展面, $LN - M^2 = 0$) 说来, 这个基本形式就不存在.

这里以 L, M, N 表达的三个行列式和欧氏空间曲面论中第二基本形式仅仅相差一个公共因子.

令

$$dt^2 = Edu^2 + 2\,Fdudv + Gdv^2. \tag{5.14}$$

那么我们可把曲面在其点 x 的切平面上的点表成

$$x + \frac{dx}{dt} = x + x_u\frac{du}{dt} + x_v\frac{dv}{dt}, \tag{5.15}$$

其中 $du:dt$, $dv:dt$ 可以看做切平面上的 (斜交) 坐标. 因此, 我们便得到点

$$x + \frac{dx}{dt}$$

的轨迹方程, 即二次方程

$$E\left(\frac{du}{dt}\right)^2 + 2F\frac{du}{dt}\frac{dv}{dt} + G\left(\frac{dv}{dt}\right)^2 = 1. \tag{5.16}$$

在椭圆曲率的场合 $(EG - F^2 > 0)$, (5.16) 代表了切平面上以曲面点为中心的一个椭圆, 而它是在等积空间仿射变换下和曲面相联系着的不变图形. 我们就这样把 Dupin 指标仿射不变地归范化了.

其次, 我们将从二次基本形式 (5.13) 导出曲面 (x) 在其点 x 的仿射法线这一新几何对象来. 它不在 x 点的切平面上, 而必须和曲面仿射不变地相联系着, 以致它同向量 x_u, x_v 一起构成活动三脚形. 令

$$y = \frac{1}{2}\Delta x, \tag{5.17}$$

或者详细地写成

$$y_k = \frac{1}{2}\Delta x_k = \frac{1}{2}\frac{1}{\sqrt{EG-F^2}}\left\{\frac{\partial}{\partial u}\frac{G\dfrac{\partial x_k}{\partial u} - F\dfrac{\partial x_k}{\partial v}}{\sqrt{EG-F^2}} + \frac{\partial}{\partial v}\frac{E\dfrac{\partial x_k}{\partial v} - F\dfrac{\partial x_k}{\partial u}}{\sqrt{EG-F^2}}\right\}. \tag{5.18}$$

式中, Δ 表示 Beltrami 第二微分子, 而且导出函数 x_k 与 y_k 之间的一个不变的也即在新有效参数 u, v 的引进下不变的关系. 对于一个仿射变换

$$\bar{x}_k = a_{k0} + a_{ki}x_i, \quad (k, i = 1, 2, 3)$$

我们得到

$$\Delta\bar{x}_k = a_{ki}\Delta x_i$$

或

$$\bar{y}_k = a_{ki}y_i \quad (k, i = 1, 2, 3) \tag{5.19}$$

这是由于二次基本形式不变, 而且 Δ 关于 x_k 是线性的. 从此得知: 向量 y 和曲面的不变关系不仅是对于等积空间仿射变换, 而还是对于非等积空间仿射变换成立

的. 如果我们采用反向的曲面参数 $\bar{u}, \bar{v}$ 以代替 u, v, 比方说: $D=-1$, 那么二次基本形式要改变符号, 从而 y 也改变符号 (它的“定向”).

如果只要把仿射法线的指向搞清楚的话, 我们不妨采用那个不是关于归范基本形式 $Edu^2+2Fdudv+Gdv^2$ 而是关于和它成比例的二次形式 $Ldu^2+2Mdudv+Ndv^2$ 的微分子 Δ, 这样导出的结果和 y 只不过相差一个数量因子. 当然, 甚至在 (5.18) 中的数因子 $\frac{1}{2}$ 也不是主要的. 以 L, M, N 代替 (5.18) 式中的 E, F, G, 我们有

$$y=\frac{1}{2}\frac{\left|LN-M^2\right|^{1/4}}{\sqrt{LN-M^2}}\left\{\frac{\partial}{\partial u}\frac{Nx_u-Mx_v}{\sqrt{LN-M^2}}+\frac{\partial}{\partial v}\frac{Lx_v-Mx_u}{\sqrt{LN-M^2}}\right\}. \tag{5.20}$$

此外, 还须阐明 y 不落在切平面上. 为此只要算出行列式 (x_ux_vy). 我们最好是采用 (5.20) 式的 y, 而且在导微时仅仅需要到 x 的二阶导数. 这样, 我们得出

$$(x_ux_vy)=\left|LN-M^2\right|^{1/4}=\left|EG-F^2\right|^{1/2}. \tag{5.21}$$

因为抛物的曲面点是除外的, 所以上式 $\neq 0$, 就是 y 在切平面的外部.

在椭圆弯曲的曲面的场合, 我们都采用所有根号的正号, 又如上所述那样归范化曲面参数 u, v 使得第一基本形式为正定 ($L>0$, $LN-M^2>0$), 那么

$$L=(x_ux_vx_{uu})>0,\quad (x_ux_vy)>0, \tag{5.22}$$

就是说, 仿射法线向量指向切平面的两侧中曲面所在的一侧. 于是我们应该用“内仿射法线”的称号.

怎样引一个椭圆面的仿射法线呢? 我们可不用计算而看出: 椭圆面的仿射法线统统通过它的中心. 因为这个性质是仿射不变的, 所以只需对于球面作出证明就行. 可是当我们把球面在其一直径周围旋转时, 球面整个静止着, 所以在这直径两端的仿射法线也必须静止不动, 因此重合于这直径. 一般, 对于任何正则二次曲面运用仿射变换使曲面变到它本身, 我们便可明了: 仿射法线永远重合于直径.

1.5.2 曲面的归范表示和密切二次曲面

我们选取曲面的一般点作为坐标原点, 这点的切平面作为平面 $x_3=0$, 便可表达曲面的方程为下列形式:

$$x_3=\frac{1}{2}a_{ik}x_ix_k+\frac{1}{6}a_{ikl}x_ix_kx_l+\cdots$$
$$(a_{ik}=a_{ki};\ a_{ikl}=a_{kil}=a_{ilk}=a_{kli}=a_{lik}=a_{lki}, i,k,l=1,2) \tag{5.23}$$

式中如同以前一样, 已省略掉 $\sum$ 这一记号. 另外, 还可选取坐标 x_1, x_2 作为曲面

参数以代替 u, v. 这样, 在原点就有

$$x_u = \{1,0,0\},\ x_v = \{0,1,0\};$$
$$dt^2 = \frac{a_{11}dx_1^2 + 2a_{12}dx_1dx_2 + a_{22}dx_2^2}{\left|a_{11}a_{22} - a_{12}^2\right|^{1/4}}, \tag{5.24}$$

而且归范化示标的方程为

$$a_{11}x_1^2 + 2a_{12}x_1x_2 + a_{22}x_2^2 = \left|a_{11}a_{22} - a_{12}^2\right|^{1/4}. \tag{5.25}$$

现在, 为了把 x_3 轴 $\{0,0,1\}$ 放到原点所属的仿射法线上去, 我们作下列展开式:

$$\left.\begin{aligned} L &= \frac{d^2x_3}{dx_1^2} = a_{11} + a_{111}x_1 + a_{112x_2} + \cdots, \\ M &= \frac{d^2x_3}{dx_1dx_2} = a_{12} + a_{121}x_1 + a_{122x_2} + \cdots, \\ N &= \frac{d^2x_3}{dx_2^2} = a_{22} + a_{221}x_1 + a_{222x_2} + \cdots. \end{aligned}\right\} \tag{5.26}$$

设原点的仿射法线重合于 x_3 轴, 那就必须对于 $x_1 = x_2 = 0$ 也成立

$$y_1 = 0, \quad y_2 = 0$$

或者按 (5.20) 写成

$$\left.\begin{aligned} \frac{\partial}{\partial x_1}\frac{N}{\sqrt{LN-M^2}} - \frac{\partial}{\partial x_2}\frac{M}{\sqrt{LN-M^2}} = 0, \\ \frac{\partial}{\partial x_1}\frac{M}{\sqrt{LN-M^2}} - \frac{\partial}{\partial x_2}\frac{L}{\sqrt{LN-M^2}} = 0. \end{aligned}\right\} \tag{5.27}$$

如果注意到 L, M, N 都是 x_3 关于 x_1, x_2 的二阶导数这一事, 便可化简这些方程为

$$\left.\begin{aligned} N\frac{\partial}{\partial x_1}\frac{1}{\sqrt{LN-M^2}} - M\frac{\partial}{\partial x_2}\frac{1}{\sqrt{LN-M^2}} = 0, \\ M\frac{\partial}{\partial x_1}\frac{1}{\sqrt{LN-M^2}} - L\frac{\partial}{\partial x_2}\frac{1}{\sqrt{LN-M^2}} = 0. \end{aligned}\right\} \tag{5.28}$$

可是这一线性齐次方程组的行列式 $LN - M^2$ 不等于零, 所以必须成立

$$\frac{\partial}{\partial x_1}(LN - M^2) = 0,\ \frac{\partial}{\partial x_2}(LN - M^2) = 0. \tag{5.29}$$

从 (5.26) 代入 L, M, N 的值, 我们获得

$$\left.\begin{aligned} a_{22}a_{111} - 2a_{12}a_{112} + a_{11}a_{122} = 0, \\ a_{22}a_{112} - 2a_{12}a_{122} + a_{11}a_{222} = 0. \end{aligned}\right\} \tag{5.30}$$

如果引进记号

$$\varphi = a_{ik}x_ix_k,\ \psi = a_{ikl}x_ix_kx_l \quad (i,k,l=1,2), \tag{5.31}$$

我们便可按容易明白的记号写出

$$\begin{aligned}&\frac{1}{12}\left\{\frac{\partial^2\varphi}{\partial x_2^2}\frac{\partial^2\psi}{\partial x_1^2}-2\frac{\partial^2\varphi}{\partial x_1\partial x_2}\frac{\partial^2\psi}{\partial x_1\partial x_2}+\frac{\partial^2\varphi}{\partial x_1^2}\frac{\partial^2\psi}{\partial x_2^2}\right\}\\ =&\frac{1}{12}\left(\frac{\partial}{\partial x_2}\frac{\partial}{\partial x_1}-\frac{\partial}{\partial x_1}\frac{\partial}{\partial x_2}\right)^2(\varphi,\psi)\\ =&(a_{22}a_{111}-2a_{12}a_{112}+a_{11}a_{122})x_1+(a_{22}a_{112}-2a_{12}a_{122}+a_{11}a_{222})x_2.\end{aligned} \tag{5.32}$$

因此, x_3 轴是仿射法线这一事实便被表成:

$$\left(\frac{\partial}{\partial x_2}\frac{\partial}{\partial x_1}-\frac{\partial}{\partial x_1}\frac{\partial}{\partial x_2}\right)^2(\varphi,\psi)=0 \tag{5.33}$$

是恒等式. 二次形式 φ 和三次形式 ψ 之间有这种联系, 这按照其几何意义必须对于, x_1, x_2 的线性齐次置换是不变的. 当一个三次形式和一个二次形式 (5.31) 的系数满足方程 (5.33) 时, 称这二形式互为"反极". 方程 (5.33) 称为"反极条件".

在椭圆曲率的场合, 我们采用示标 (5.24) 的二共轭半径的端点作为二坐标轴 $\{1,0,0\}$ 和 $\{0,1,0\}$ 的单位点, 因而

$$a_{11}=1,\quad a_{12}=0,\quad a_{22}=1.$$

关系式 (5.30) 这时化为

$$a_{111}+a_{122}=0,\quad a_{112}+a_{222}=0.$$

这样一来, 我们已化所论曲面的展开为下列形式:

$$x_3=\frac{x_1^2+x_2^2}{2}+\frac{ax_1^3+3bx_1^2x_2-3ax_1x_2^2-bx_2^3}{6}+\cdots. \tag{5.34}$$

为了进一步简化, 我们可在不影响迄今的限制而作下面的等积仿射变换

$$\left.\begin{aligned}x_1&=x_1^*\cos\theta-x_2^*\sin\theta,\\ x_2&=x_1^*\sin\theta+x_2^*\cos\theta,\\ x_3&=x_3^*.\end{aligned}\right\} \tag{5.35}$$

我们于是获得同样的展开式, 只是代替 a, b 的表示变为

$$\left.\begin{aligned}a^*&=a\cos^3\theta+3b\cos^3\theta\sin\theta-3a\cos\theta\sin^2\theta-b\sin^3\theta,\\ b^*&=b\cos^3\theta-3a\cos^2\theta\sin\theta-3b\cos\theta\sin^2\theta+a\sin^3\theta.\end{aligned}\right\} \tag{5.36}$$

在任何场合, 我们总可找出实数 θ , 使得 $b^*=0$. 因此, 我们获得 Pick 所给出的曲面在其椭圆曲率点的归范展开:

$$x_3=\frac{x_1^2+x_2^2}{2}+c\frac{x_1^3-3x_1x_2^2}{6}+\cdots. \tag{5.37}$$

假如从最后方程出发而作 (5.35) 的变换, 那么赖以决定角度 θ 的方程, 不是 (5.36) 而是

$$c^*=c\cos\theta(\cos^2\theta-3\sin^2\theta),\quad c\sin\theta(\sin^2\theta-3\cos^2\theta)=0.$$

如果 $c\neq 0$, 那么 $\mathrm{tg}\theta=\pm\sqrt{3}$, 于是我们比方可取

$$\cos^2\theta=\frac{1}{4},\quad \sin^2\theta=\frac{3}{4},\quad \cos\theta=\frac{1}{2},$$

从而 $c^*=-c$.

综合起来, 我们得到:

当 $c\neq 0$ 时, 恰恰存在示标的三条直径, 使得以各直径为 x_2 轴而给出归范的曲面形式来. 这些直径将称为曲面的 Darboux 切线.

如果把一个仿射变换施于示标使变为圆, 那么这三直径相交于 $\theta=\dfrac{\pi}{3}$. 另外, 在适当的归范方程形式选取下还可改变 c 的符号. 因此, c^2 是曲面点关于等积仿射变换的一个不变量.

上述的推导方法经过稍许的变更也适用于双曲曲率的场合 $(LN-M^2<0)$, 并给我们带来了下列两种归范方程形式:

$$x_3=\frac{1}{2}(x_1^2-x_2^2)+\frac{c}{6}(x_1^3+3x_1x_2^2)+\cdots, \tag{5.38}$$

$$x_3=\frac{1}{2}(x_1^2-x_2^2)+\frac{1}{6}(x_1+x_2)^3+\cdots \tag{5.39}$$

或者, 当我们以示标的二渐近线为坐标轴时,

$$x_3=x_1x_2+\frac{c\sqrt{2}}{6}(x_1^3+x_2^3)+\cdots, \tag{5.40}$$

$$x_3=x_1x_2+\frac{1}{6}x_1^3+\cdots. \tag{5.41}$$

现在, 我们转到密切二次曲面 S_2 的讨论, 借以导出仿射法线的直观解释. 设 S_2 在原点与平面 $x_3=0$ 相切. 它的方程为

$$x_3^2+2(Ax_1+Bx_2+C)x_3+Q=0, \tag{5.42}$$

式中 A, B, C 为常数, 而且 Q 表示 x_1, x_2 的二次形式. 这是因为, x_3 展开为 x_1, x_2 的幂级数时, 必须是从二次项开始的. 通过 (5.42) 式解 x_3, 便有

$$x_3 = -\frac{Q}{2C} + \cdots . \tag{5.43}$$

现在设 S_2 和曲面 (5.37) 二阶相切, 必须成立

$$-\frac{Q}{C} = x_1^2 + x_2^2.$$

我们知道, 曲面

$$x_3^2 + 2(Ax_1 + Bx_2 + C)x_3 - C(x_1^2 + x_2^2) = 0$$

的中心 z 满足方程

$$Az_3 = Cz_1, \quad Bz_3 = Cz_2,$$
$$z_3 + Az_1 + Bz_2 + C = 0,$$

从此得出

$$A = -\frac{z_1 z_3}{z_1^2 + z_2^2 + z_3}, \quad B = -\frac{z_2 z_3}{z_1^2 + z_2^2 + z_3}, \quad C = -\frac{z_3^2}{z_1^2 + z_2^2 + z_3}.$$

因此, 凡具有已知中心 z 而且和曲面 (5.37) 二阶相切的 S_2 (简称密切 S_2) 的方程是

$$(z_1^2 + z_2^2 + z_3)x_3^2 - 2(z_1 x_1 + z_2 x_2 + z_3)z_3 z_2 + z_3^2(x_1^2 + x_2^2) = 0. \tag{5.44}$$

设 V 是这椭圆面的体积, 我们经过计算得出[1)]

$$V = \frac{4\pi}{3} z_3^2. \tag{5.44$'$}$$

一般, 我们定义空间一点 z 到曲面点 $x(LN - M^2 \neq 0)$ 的仿射距离为

$$p = \frac{(x_u, x_v, z - x)}{|LN - M^2|^{1/4}}. \tag{5.45}$$

从此立刻看出 z_3, 恰等于点 z 到曲面点的仿射距离 p. 由 $(5.44)'$ 可见

$$V = \frac{4\pi}{3} p^2. \tag{5.46}$$

1) 设曲面的方程为 $a_{ik}x_i x_k = 0, x_0 = 1 (i, k = 0, 1, 2, 3)$, D 为 a_{ik} 的行列式, A_{00} 为 a_{00} 的余因子, 那么 $\left(\frac{3V}{4\pi}\right)^2 = -\frac{D^3}{A_{00}^4}$.

为了找出一个密切 S_2 和曲面在原点邻域中的交线, 我们把 (5.44) 式中的 x_3 展开为 x_1, x_2 的幂级数而得到

$$x_3 = \frac{x_1^2 + x_2^2}{2} - \frac{(x_1^2 + x_2^2)(z_1 x_1 + z_2 x_2)}{2z_3} + \cdots. \tag{5.47}$$

从此和归范公式 (5.37) 边边相减, 便得到交线在原点的切线方向 $x_1 : x_2$ 的方程

$$-\frac{c}{2}(x_1^3 - 3x_1 x_2^2) = \frac{1}{2z_3}(x_1^2 + x_2^2)(x_1 z_1 + x_2 z_2), \tag{5.48}$$

所以交线在原点有三重点.

我们将研究如何选取中心 z, 使得在原点的这三切线重合一致. 这时, 方程 (5.48) 必有三重根 $x_1 : x_2$, 也就是, 除了方程 (5.48) 而外, 还要满足它关于 x_1 或 x_2 的一次导来和二次导来方程:

$$\left.\begin{aligned} -\frac{c}{2}(x_1^2 - x_2^2) &= \frac{1}{2z_3}(3x_1^2 z_1 + 2x_1 x_2 z_2 + x_2^2 z_1), \\ c x_1 x_2 &= \frac{1}{2z_3}(x_1^2 z_2 + 2x_1 x_2 z_1 + 3x_2^2 z_2), \\ -c x_1 z_3 = 3x_1 z_1 + x_2 z_2 + c x_1 z_3 &= x_1 z_1 + 3x_2 z_2. \end{aligned}\right\} \tag{5.49}$$

最后两方程相加, 便可断定: 对于三重切线必有

$$x_1 z_1 + x_2 z_2 = 0, \tag{5.50}$$

而且代入 (5.48) 后又有: 在 $c \neq 0$ 的场合成立

$$x_1^3 - 3x_1 x_2^2 = 0. \tag{5.51}$$

所以这三重切线重合于 Darboux 切线. 这恰恰是 Darboux 用以导出这些切线的方法.

因为这三切线是同权的, 所以我们不妨取其一例如切线 $x_1 = 0$ 来研究. 从 (5.50) 得出 $z_2 = 0$, 而从 (5.49) 第一式又有 $z_1 - c z_3 = 0$. 我们容易验证: 凡中心在这直线上的各密切 S_2, 和所论曲面具有一条交线, 而这交线在原点有三重切线 $x_1 = 0$. 相应地对于三切线

$$x_1 : x_2 : x_3 = 0 : 1 : 0,$$

$$x_1 : x_2 : x_3 = +\sqrt{3} : 1 : 0,$$

$$x_1 : x_2 : x_3 = -\sqrt{3} : 1 : 0,$$

我们分别获得有关中心所在的三直线

$$z_1 : z_2 : z_3 = c : 0 : 1,$$
$$z_1 : z_2 : z_3 = c : -c\sqrt{3} : -2,$$
$$z_1 : z_2 : z_3 = c : +c\sqrt{3} : -2.$$

上述的 Darboux 切线的几何解释也表明了, 这些不仅关于仿射变换而且还关于射影变换都是不变的. 如果使这三直线和平面 $x_3 = 1$ 相交, 那么三交点和原点构成的四面体的体积等于 $(\sqrt{3}:4)c^2$(不计符号). 这就是 c 的一个几何解释.

当 $c^2 = 0$ 时, 我们按照双方主切切线或其一方和曲面三阶相切之不同情况而区分为实质上相异的两种场合. 为了三阶密切 S_2 的存在, $c^2 = 0$ 是必要而不是充分条件. 一般说来, 我们有:

设在一个曲面点 $(LN - M^2 \neq 0)$ 存在一个 (至少) 三阶相切的 S_2, 那么曲面方程必须具有形式

$$x_3 = \frac{1}{2}(a_{11}x_1^2 + 2a_{12}x_1x_2 + a_{22}x_2^2) + [4], \quad a_{11}a_{22} - a_{12}^2 \neq 0 \tag{5.52}$$

式中 [4] 表示关于 x_1, x_2 至少是 4 次的项, 而且这时必有这样三阶密切 S_2 的一个单参数族, 其中心则落在仿射法线之上.

这个结果早在 1873 年为 Ch.Hermite 所发现. 关于仿射曲面论的几何结构问题, 在第三章中将有较详尽的叙述.

1.5.3　三次基本形式和主切参数表示下的导来方程

在前一分段里我们已阐明了三条通过曲面点而和曲面有不变联系的切线的存在. 所以这就涉及二次微分形式而外还有一个三次不变微分形式的问题, 使后者的零曲线和 Darboux 切线相切.

我们对于任何非可展的解析曲面 $(LN - M^2 \neq 0)$ 都可采用主切曲线为参数曲线, 以简化有关的公式. 为了要在实数领域内讨论问题, 以下先假定 $LN - M^2 < 0$. 这一来, $L = N = 0$, 而且归范化参数使 $M > 0$; 设 F 等于 M 的正平方根. 于是二次基本形式具有形式

$$\varphi = 2\sqrt{M}\, dudv = 2F dudv. \tag{5.53}$$

现在, 根据 G.Fubini(1916) 对射影曲面论的方法和 G.Pick(1917) 对仿射曲面论的类似方法, 我们定义三次微分形式如下:

$$\psi = \frac{(x_u, x_v, d^3x)}{F} - \frac{3}{2}d\varphi. \tag{5.54}$$

实际上,

$$\frac{(x_u x_v d^3x)}{F} = \frac{(x_u x_v x_{uuu})du^3 + 3(x_u x_v x_{uuv})du^2dv}{F} + \frac{3(x_u x_v x_{uvv})dudv^2 + (x_u x_v x_{vvv})dv^3}{F} + 3F(d^2udv + dud^2v), \tag{5.55}$$

$$\frac{3}{2}d\varphi = 3(F_u du^2dv + F_v dudv^2) + 3F(d^2udv + dud^2v). \tag{5.56}$$

所以两者之差同微分 d^2u 和 d^2v 无关, 而因此

$$\psi = Adu^3 + 3Bdu^2dv + 3Cdudv^2 + Ddv^3 \tag{5.57}$$

是 du, dv 的三次微分形式. 这里,

$$\left.\begin{aligned} A &= \frac{(x_u x_v x_{uuu})}{F}, B = \frac{(x_u x_v x_{uuv})}{F} - F_u, \\ C &= \frac{(x_u x_v x_{uvv})}{F} - F_v, D = \frac{(x_u x_v x_{vvv})}{F}. \end{aligned}\right\} \tag{5.58}$$

可是二系数 B 和 C 都等于零. 为证明这一事实, 从

$$L = (x_u x_v x_{uu}) = 0, \quad F^2 = (x_u x_v x_{uv}), \quad N = (x_u x_v x_{vv}) = 0 \tag{5.59}$$

和 $x_u \times x_v \neq 0$ 首先得出

$$x_{uu} = ax_u + bx_v, \quad x_{vv} = cx_u + dx_v. \tag{5.60}$$

所以

$$(x_u x_{uu} x_{vv}) = 0, \quad (x_v x_{uu} x_{vv}) = 0. \tag{5.61}$$

对恒等式 (5.59) 导微, 并通过 (5.61) 简化, 结果是

$$\left.\begin{aligned} &\alpha) \quad (x_u x_{uv} x_{uu}) + (x_u x_v x_{uuu}) = 0, \\ &\qquad (x_{uv} x_v x_{uu}) + (x_u x_v x_{uuv}) = 0; \\ &\beta) \quad (x_{uu} x_v x_{uv}) + (x_u x_v x_{uuv}) = 2FF_u; \\ &\gamma) \quad (x_u x_{vv} x_{uv}) + (x_u x_v x_{uvv}) = 2FF_v; \\ &\delta) \quad (x_u x_{uv} x_{vv}) + (x_u x_v x_{vvv}) = 0, \\ &\qquad (x_{uv} x_v x_{vv}) + (x_u x_v x_{vvv}) = 0. \end{aligned}\right\} \tag{5.62}$$

现在, 一方把前三方程而另一方把后三方程边边相加,

$$\left.\begin{aligned} (x_u x_v x_{uuv}) &= FF_u = -(x_v x_{uu} x_{uv}), \\ (x_u x_v x_{uvv}) &= FF_v = -(x_u x_{uv} x_{vv}). \end{aligned}\right\} \tag{5.63}$$

从 (5.58) 和 (5.63) 便得出 $B=0$, $C=0$, 而且 ψ 采取简单形式

$$\psi = Adu^3 + Ddv^3. \tag{5.64}$$

又从 (5.58) 和 (5.63) 求出公式 (5.60) 中的 a, b, c, d. 我们有

$$\left.\begin{aligned} x_{uu} &= \frac{F_u}{F}x_u + \frac{A}{F}x_v, \\ x_{vv} &= \frac{D}{F}x_u + \frac{F_v}{F}x_v. \end{aligned}\right\} \tag{5.65}$$

因此, 按照 (5.58) 得到

$$\left.\begin{aligned} (x_u x_{uu} x_{uuu}) &= +A^2, \\ (x_v x_{vv} x_{vvv}) &= -D^2. \end{aligned}\right\} \tag{5.66}$$

这里必须指出: φ 和 ψ 之间成立反极关系, 就是

$$GA - 2FB + EC = 0,$$
$$GB - 2FC + ED = 0.$$

因为在主切参数的选取下, $E=G=B=C=0$, 所以满足了反极关系. 这时, φ 和 ψ 之间有一个不变量

$$J = \frac{AD}{F^3}. \tag{5.67}$$

称它为 Pick 不变量. J 和 (5.40) 中的 c 之间的关系是

$$J = \frac{c^2}{2}. \tag{5.68}$$

另外, 仿射曲面法线向量 y 在主切参数选取下可表成 (参照 (5.17))

$$y = \frac{x_{uv}}{F}. \tag{5.69}$$

我们把这方程同 (5.65) 写在一起, 使之形成一组关于仿射曲面论的 Gauss 类型的导来方程:

$$\left.\begin{aligned} x_{uu} &= \frac{F_u}{F}x_u + \frac{A}{F}x_v, \\ x_{uv} &= Fy, \\ x_{vv} &= \frac{D}{F}x_u + \frac{F_v}{F}x_v. \end{aligned}\right\} \tag{5.70}$$

从第二方程得到

$$(x_u x_v y) = +F. \tag{5.71}$$

为了使 x 的高阶导函数能够在三脚形 x_u, x_v, y 中得到表示, 我们还须使用仿射法线向量 y 的一阶导函数的有关公式. 除了 Pick 不变量 J 而外, 二次基本形式 φ 的 Gauss 曲率 S 显然也是一个仿射微分不变量. 从 (5.53) 容易算出

$$S = -\frac{1}{F}\frac{\partial^2 \ln F}{\partial u \partial v} = \frac{F_u F_v - F F_{uv}}{F^3}. \tag{5.72}$$

为了方便起见, 令

$$S - J = H. \tag{5.73}$$

那么, 通过对 (5.70) 的第一和第二方程分别关于 v 和 u 导微并利用 (5.70) 本身, 我们得到

$$\begin{aligned} x_{uuv} &= -FSx_u + \left(\frac{A}{F}\right)_v x_v + F_u y + \frac{A}{F}\left(\frac{D}{F}x_u + \frac{F_v}{F}x_v\right), \\ x_{uuv} &= +F_u y + F y_u. \end{aligned}$$

对于 (5.70) 的第二和第三方程, 我们相应地得到

$$\begin{aligned} x_{uvv} &= +F_v y + F y_v, \\ x_{uvv} &= \left(\frac{D}{F}\right)_u x_u - FSx_v + \frac{D}{F}\left(\frac{F_u}{F}x_u + \frac{A}{F}x_v\right) + F_v y. \end{aligned}$$

把上列关于 x_{uuv} 和 x_{uvv} 的各两套表示等同起来, 并参照 (5.67) 和 (5.73), 我们获得第二组导来方程, 即仿射曲面论的 Weingarten 导来方程:

$$\left.\begin{aligned} y_u &= -Hx_u + \frac{A_v}{F^2}x_v, \\ y_v &= +\frac{D_u}{F^2}x_u - Hx_v. \end{aligned}\right\} \tag{5.74}$$

y_u 和 y_v, 从而曲面向量的所有阶导函数, 也都可通过二次基本形式和三次基本形式的各系数, 以及它们的导数而得到表示. 所以, 只要 F, A, D 作为 u, v 的函数为已知的话, 曲面除了空间等积仿射变换而外是确定了的. 可是, 由于方程组 (5.70) 和 (5.74) 在任意选取 F, A, D 之下是不可积分的, 这些函数必须满足一组可积分条件.

实际上, 我们从 (5.74) 求得两套不同的 y_{uv}, 那么, 通过 (5.70) 把它们写成

$$\begin{aligned} y_{uv} &= \left\{-H_v + \frac{DA_v}{F^3}\right\}x_u + \left\{\left(\frac{A_v}{F^3}\right)_v + \frac{A_v F_v}{F^3}\right\}x_v - HFy, \\ y_{uv} &= \left\{\left(\frac{D_u}{F^3}\right)_u + \frac{D_u F_u}{F^3}\right\}x_u + \left\{-H_u + \frac{AD_u}{F^3}\right\}x_v - HFy; \end{aligned}$$

然后把这二方程等同起来, 便获得可积分条件如下:

$$\left.\begin{aligned} H_u &= +\frac{AD_u}{F^3} - \frac{1}{F}\left(\frac{A_v}{F}\right)_v, \\ H_v &= +\frac{DA_v}{F^3} - \frac{1}{F}\left(\frac{D_u}{F}\right)_u. \end{aligned}\right\} \tag{5.75}$$

这就是 Codazzi 方程的仿射类似.

反过来, 当二基本形式 φ, ψ 的系数 F, A, D 满足可积分条件 (5.75) 时, 除了空间等积仿射变换而外, 我们可以唯一地决定一个曲面使 φ, ψ 做它的二次和三次基本形式.

作为本节最后的也是本章最后的两个课题, 我们将简述仿射曲率线和仿射极小曲面的定义和主要性质, 以便于后文中的应用.

当沿曲面的一条曲线所引的仿射法线构成一个可展面时, 就称它为仿射曲率线. 如下文所示, 曲面上一般存在两系共轭的仿射曲率线, 而且在各曲面点 $(LN - M^2 \neq 0)$ 有二仿射主曲率 $\dfrac{1}{R_1}$ 和 $\dfrac{1}{R_2}$. 设

$$z = x + Ry \tag{5.76}$$

表示仿射主曲率中心, 其中 R 称为仿射主曲率半径. 根据上述定义, 沿各仿射曲率线必成立

$$dz = dx + Rdy + dR \cdot y = \lambda y,$$

即

$$dx + Rdy + (dR - \lambda)y = 0.$$

可是按 (5.74) 式和 x_u, x_v, y 的线性无关性, 我们有 $\lambda = dR$, 从而沿一条仿射曲率线

$$dx + Rdy = 0. \tag{5.77}$$

这就是 Olinde Rodrigues 公式的仿射扩充. 从此得知: 仿射曲率线的微分方程是

$$\frac{A_v}{F^2}du^2 - \frac{D_u}{F^2}dv^2 = 0, \tag{5.78}$$

而且二仿射主曲率 $1/R_1$, $1/R_2$ 是方程

$$\frac{1}{R^2} - 2H\frac{1}{R} + \left(H^2 - \frac{A_v D_u}{F^4}\right) = 0 \tag{5.79}$$

的二根. 我们特别指出仿射平均曲率和仿射总曲率

$$\frac{1}{2}\left(\frac{1}{R_1} + \frac{1}{R_2}\right) = H, \frac{1}{R_1} \cdot \frac{1}{R_2} = K = H^2 - \frac{A_v D_u}{F^4}. \tag{5.80}$$

同欧氏空间曲面论中所述的一样, 我们定义

$$\Omega = \iint \left|LN - M^2\right|^{1/4} dudv = \iint \left|EG - F^2\right|^{1/4} dudv \tag{5.81}$$

为仿射表面积, 特别是, 在主切参数选取下

$$\Omega = \iint F dudv, \tag{5.82}$$

而且定义变分问题 $\delta\Omega = 0$ 的极值曲面为仿射极小曲面. 那么这种曲面的特征就是仿射平均曲率恒为零:

$$H = 0. \tag{5.83}$$

G.Thomsen(1923) 证明了一个有趣的定理: 如果极小曲面同时也是仿射极小曲面, 那么它必然是 Bonnet 曲面或 Enneper 曲面. 这就是说, 这种极小曲面的特征是它的所有曲率线为平面曲线. 著者 (1927) 用了极小曲面的曲率线同时也是仿射曲率线的另一前提, 同样到达了同一特征.

习题和定理

1. 在欧氏空间中, 凡使两点间的距离不变的连续变换群必是运动群.

2. 在仿射空间中, 凡使点变到点、平面变到平面从而直线变到直线, 而且保持平行性的连续变换群必是仿射变换群.

3. 设在平面曲线上的一个正常点的切线左侧引切线的平行线使与曲线相交于两点, 并称两点连线段的中点轨迹为曲线在其一点的重心线. 证明重心线在曲线点的切线重合于曲线的仿射法线. 又证明所有重心线变为直线的曲线必须是二次曲线. (Bertrand, 1842)

4. 假如一条平面曲线在各点的普通法线与仿射法线构成定角. 试证明曲线是对数螺线. (Kubota, 1927)

5. 设一平面曲线段的仿射曲率是仿射弧长的单调递增 (减) 函数. 试证曲线的沿其各点的密切二次曲线一定是一个包括 (被包括在) 一个地分布的.

6. 试决定常仿射曲率 $k_1 = \text{const}$, $k_2 = \text{const}$ 的空间曲线.

7. 试论仿射空间类似 Bertrand 曲线. (Ogiwara, 1927)

8. 试论仿射空间类似 Mannheim 曲线. (方德植, 1936)

9. 具有 $t = 0$ 的空间曲线的一个特征是: 它的仿射主法线和一定平面平行. (Čech, 1923)

10. 设 x 是椭圆曲率曲面 S 的一点. 在 x 的邻域里指向切平面正方向的地方引切平面的平行平面, 使与 S 相交于一个凸闭曲线. 设 c 是这凸闭曲线所围成领

域的重心, 称曲线 (c) 为点 x 所联系的重心线. 证明这重心线在 x 的切线重合于 S 在 x 的仿射法线. (Pick, Blaschke, 1917)

11. 设 S 为解析的椭圆曲率曲面. 如果在 S 的任一点 x 的切平面邻近引平面使与 S 相交于一曲线, 而且后者是有心的, 那么 S 必须是二次曲面. (Blaschke, 1918)

12. 在一个非抛物弯曲的曲面 $(LN-M^2\neq 0)$ 的任一点, 如果至少有一个三阶密切的二次曲面, 那么曲面本身必定是二次曲面. (Maschke, 1902)

13. 设 C 为已知曲面 $x(u,v)$ 在其一点 $x(0,0)$ 的密切 S_2 和曲面的交线. C 在 $x(0,0)$ 的切线拼三小组当且仅当与主切线成反极关系时, 才成为 Darboux 切线拼三小组, 而且有关的 S_2 的中心落在 $x(0,0)$ 的仿射法线上. (Berwald, 1921)

14. 如果一个曲面的普通法线和仿射法线相重合, 那么它必须是常总曲率的曲面, 而且反过来也成立. (Grambow, 1922)

15. 凡具有直线的重心线的凸闭曲面一定是椭球. (Blaschke, 1917)

16. 设一条空间曲线 (M) 的 $k<0$. 通过点 M 且有密切线性丛的直径方向的直线可引密切二次锥面 K 的两张实切平面. 设 P 是仿射法平面关于密切丛零系的极点. 又通过 P 引上述两平面的平行平面, 使和仿射副法线相交于点 Q 和 R. 试证明四面体 $MPQR$ 的体积等于 $1/(6\,|k|^3)$. (Haack, 1934)

17. 设一条空间曲线 (M) 的 $k>0$. 在点 M 作密切三次抛物线 C 和密切锥面 K; 它们除了顶点外, 还相交于二实点 A_1 和 A_2. 假如在其中一点作 C 的密切平面, 使之与三脚形 $(x'x''x''')$ 的三脚相交, 那么所形成的四面体体积等于 $\dfrac{4}{3}k^{-3}$. (Santalo, 1946)

18. 设一条空间曲线 (M) 的仿射副法线和其仿射法平面的包络面的交点为 B. 又设过 B 引曲线在点 M 的切线的平行线, 使之与密切锥面 K 相交于点 C. 那么联系到前题中的点 A_1, A_2, 证明四面体 $\{M\ A_1B\ C\}$ 和 $\{M\ A_2\ B\ C\}$的体积都等于 $\dfrac{1}{4}\,|t|^{-2}$. (Santalo, 1946)

19. 试证 Winternitz 三脚形的另一特征: a) 由五条邻近切线决定的密切线性直线丛的轴向是线性依赖于 x_1 和 x_3 的. b) 原曲线沿一个与 $[x_1,x_3]$ 平面平行的方向而在密切平面上的平行投影是以 x_2 为仿射法线的. c) 特别是, 当投影方向平行于 x_3 时, 投影曲线是以抛物线作为其密切二次曲线的. (Čech, 1923)

第二章　仿射平面曲线论中的若干整体问题

2.1　Blaschke 不等式

W. Blaschke 继承 J. Steiner 和 H. Minkowski 的业绩, 而在仿射微分几何中对凸闭曲线 (以下称卵形线) 和凸闭曲面 (以下称卵形面) 论作出了很大的发展. 这里首先叙述如何利用 Steiner 的对称化来讨论椭圆的一个极值性质的过程, 尽管这个问题同我们的主要研究对象, 即微分几何的关系不是那么密切的.

在本段里, 我们仅讨论一个没有直线段和角点的卵形线 $\mathscr{E}$. 设 $\Delta > 0$ 为内接于 $\mathscr{E}$ 的最大三角形的面积, F 为由 $\mathscr{E}$ 所围成的领域 $\mathscr{M}$ 的面积. Blaschke(1917) 证明了下列定理:

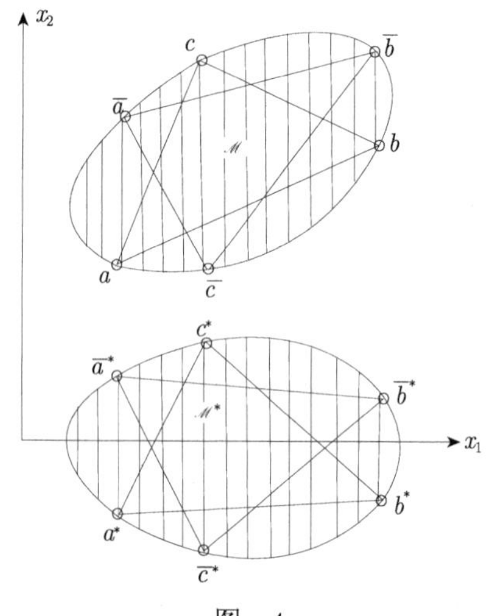

图　4

一个卵形线所围成的领域的面积 F 与内接于它的最大三角形的面积 Δ 之间存在关系式

$$4\pi\Delta - 3\sqrt{3}F \geqslant 0,$$

而且等号当且仅当卵形线为椭圆时成立.

证明方法主要是 Steiner 的对称化, 就是, 对于卵形领域 $\mathscr{M}$ 进行 x_2 轴方向的对称化, 使其平行于 x_2 轴的各弦向所在直线移动, 直到弦的中点落在 x_1 轴上之时为止 (图 4). 于是被移动的弦充实了一个领域 $\mathscr{M}^*$, 它仍然是一个卵形领域, 而且有同一面积 F[1)].

现在, 我们首先证明:

(I) $\mathscr{M}^*$ 的最大内接三角形面积 Δ^* 等于或小于 $\mathscr{M}$ 的最大内接三角形面积 $\Delta(\Delta \geqslant \Delta^*)$.

设 $a^*b^*c^*$(图 4) 是内接于 $\mathscr{M}^*$ 的一个最大三角形, 它的面积为 Δ^*. 又设 $\bar{a}^*\bar{b}^*\bar{c}^*$ 是关于 x_1 轴对称的三角形, 其面积也是 Δ^*. 如果 a 的坐标是 a_1, a_2, 而且 $\bar{a}$ 的坐标是 $a_1, \bar{a}_2$, 等等, 那么我们有

$$\begin{vmatrix} 1 & a_1 & a_2 \\ 1 & b_1 & b_2 \\ 1 & c_1 & c_2 \end{vmatrix} - \begin{vmatrix} 1 & a_1 & \bar{a}_2 \\ 1 & b_1 & \bar{b}_2 \\ 1 & c_1 & \bar{c}_2 \end{vmatrix} = \begin{vmatrix} 1 & a_1 & a_2 - \bar{a}_2 \\ 1 & b_1 & b_2 - \bar{b}_2 \\ 1 & c_1 & c_2 - \bar{c}_2 \end{vmatrix}. \tag{1.1}$$

1) 关于 Steiner 对称化, 读者可参考 W. Blaschke: Kreis und Kugel.

这等式的右边对于对称化显然是不变的, 所以有关的几个三角形面积的绝对值之间成立下列关系:

$$|abc| + |\bar{a}\bar{b}\bar{c}| = |a^*b^*c^*| + |\bar{a}^*\bar{b}^*\bar{c}^*| = 2\Delta^*. \tag{1.2}$$

可是 $|abc| \leqslant \Delta, |\bar{a}\bar{b}\bar{c}| \leqslant \Delta$, 所以我们得出所要的结果 $\Delta^* \leqslant \Delta$. 为了后文的需要, 我们必须指出:

(II) 如果 $a^*b^*c^*$ 是 $\mathscr{M}^*$ 的一个最大三角形, 那么在 $\Delta = \Delta^*$ 的场合, $\mathscr{M}$ 的有关三角形 abc 和 $\bar{a}\bar{b}\bar{c}$ 也同样是 $\mathscr{M}$ 的最大三角形.

从 (I) 我们容易推出, 椭圆是所论课题的解. 如所知, 所论的卵形领域 $\mathscr{M}$ 经过重复的对称化之后, $\mathscr{M} \to \mathscr{M}_1 \to \mathscr{M}_2 \to \cdots$, 使得对于任意的 $\varepsilon > 0$ 存在充分大的 n, 所对应的等面积卵形域 $\mathscr{M}_n$ 和同面积的圆只相差很小, 也就是说, 用面积 $F + \varepsilon$ 的圆周可以遮盖 $\mathscr{M}_n$. 可是对于圆来说, $4\pi\Delta(\varepsilon) = 3\sqrt{3}F(\varepsilon)$, 所以我们有

$$\lim \Delta_n = \lim \Delta(\varepsilon) = \frac{3\sqrt{3}}{4\pi}F, \tag{1.3}$$

而且从 $\Delta \geqslant \Delta_1 \geqslant \Delta_2 \geqslant \cdots \geqslant \Delta_n \cdots$ 得出所欲证明的不等式

$$\Delta \geqslant \frac{3\sqrt{3}}{4\pi}F.$$

(III) 等式 $4\pi\Delta = 3\sqrt{3}F$ 在圆的场合成立, 从而经过仿射变换得知, 在椭圆的场合也成立. 剩下的问题, 也是最关键的问题在于: 证明椭圆是所论课题唯一的解. 换言之, 要证明的是, 在给定的 F 之下要使其最大三角形的面积 Δ 尽可能小的问题中, 椭圆是以等式

$$4\pi\Delta - 3\sqrt{3}F = 0 \tag{1.4}$$

为其特征的.

为了完成这个唯一性证明, 我们首先指出:

(IV) 当一个极值卵形领域受到对称化时, 不但是 F 而且还有 Δ 也得到保持的. 这就是说, 如果一个卵形领域满足条件 (1.4), 那么对称化后仍然满足这个条件. 实际上, 从 (I) 得知 $\Delta^* \leqslant \Delta$, 而从 (III) 又有

$$\Delta^* \geqslant \frac{3\sqrt{3}}{4\pi}F = \Delta.$$

所以成立 $\Delta = \Delta^*$.

其次:

(V) 一个极值卵形领域 $\mathscr{M}$ 的任一境界点 a 都是 $\mathscr{M}$ 的 (至少) 一个最大三角形 $|abc| = \Delta$ 的顶点. 我们运用归谬法. 假如以 a 为一个顶点而内接于 $\mathscr{M}$ 的所有

三角形的面积, 都是 $\leqslant \Delta - 2\varepsilon, \varepsilon > 0$, 那么根据连续性我们可绕 a 画这么小圆, 使得以这圆内的一点为一个顶点, 而其余顶点都在 $\mathscr{M}$ 内的所有三角形的面积 $\leqslant \Delta - \varepsilon$. 如果 $\mathscr{M}$ 的境界线不含有直线段, 那么我们可把 $\mathscr{M}$ 在小圆内部扩大化, 使得变更后的领域 $\mathscr{M}^*$ 仍旧是卵形的而且有相等的 $\Delta^* = \Delta$. 这样一来, 将有

$$0 = 4\pi\Delta - 3\sqrt{3}F > 4\pi\Delta^* - 3\sqrt{3}F^*,$$

而与 (III) 相矛盾.

(VI) 一个极值领域 $\mathscr{M}$ 的任一境界点 a 是 $\mathscr{M}$ 的唯一最大三角形的顶点.

设 abc 是有顶点 a 的一个最大三角形 —— 按照 (V) 它必存在, 那么为了 (VI) 的证明而将所论领域向 bc 方向对称化 (图 5). 因为通过 a 所引的 bc 的平行线, 由于这个三角形最大性质不可能与 $\mathscr{M}$ 再有交点, 所以它和 $\mathscr{M}$ 的境界线 $\mathscr{E}$ 在点 a 相切. 对称化后的三角形 $a^*b^*c^*$ 和 abc 有同一面积, 所以按照 (IV) 它也是 $\mathscr{M}^*$ 的最大三角形. 如果采用 $\mathscr{E}$ 和 $\mathscr{E}^*$ 在点 a 和 a^* 的公共切线作为 x_2 轴, 那么上述结论 (VI) 等价于下列事项: 只有 $\mathscr{M}^*$ 的唯一对的对称境界点 b^*, c^* 满足条件 $|x_1 \cdot x_2| = \Delta$. 事实上, 这双曲线分支 $|x_1 \cdot x_2| = \Delta$ 常在 $\mathscr{E}^*$ 在 b^* 和 c^* 的各切线的一侧 (图 5), 而且 $\mathscr{E}^*$ 是凸的, 所以这两分支和 $\mathscr{E}^*$ 再也不可能有别的公共点.

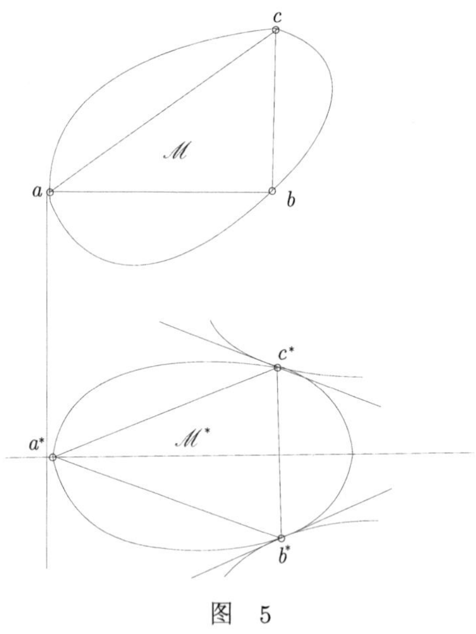

图 5

最初在 (V) 和 (VI) 的证明里, 为了简便而对 $\mathscr{E}$ 作了一些限制, 就是: $\mathscr{E}$ 不含有角点和直线段.

现在我们还可证明:

(VII) 通过一个极值领域 $\mathscr{M}$ 的一个最大三角形 abc 的各顶点引平行弦时, 三个新顶点 $\bar{a}\bar{b}\bar{c}$ 也同样构成 $\mathscr{M}$ 的一个最大三角形.

实际上, 我们向所引弦的方向实行 $\mathscr{M}$ 的对称化, 按照 (IV) 得知: 对称化后的领域 $\mathscr{M}^*$(图 4) 也是极值的, 从而根据 $(V)a^*$ 是 $\mathscr{M}^*$ 的一个最大三角形 $a^*b_1^*c_1^*$ 的顶点. 我们重返到 $\mathscr{M}$ 去, ab_1c_1 根据 (II) 也是 $\mathscr{M}$ 的最大三角形 (注意从 (IV) 可知 $\Delta^*=\Delta$), 而且从 (VI) 得知: 它必重合于 $abc(b=b_1,c=c_1)$. 然而两三角形 abc 和 $\bar{a}\bar{b}\bar{c}$ 在 (II) 的意义下都是属于 $\mathscr{M}^*$ 的最大三角形 a^*, $b^*=b_1^*$, $c^*=c_1^*$, 所以它们真正是 $\mathscr{M}$ 的最大三角形, 因此证明了 (VII).

最后我们到了唯一性证明的阶段:

(VIII) 任一极限卵形领域的境界线 $\mathscr{E}$ 是椭圆.

设 $a_1a_2a_3$ 是 $\mathscr{E}$ 内的一个最大三角形 (图 6). 我们将证明: $\mathscr{E}$ 的其他任何一点 b_1 必在这样一个椭圆上, 而这个椭圆通过三角形的各顶点 a_k 并且在这顶点沿着对边的平行方向前进. 设 $b_1b_2b_3$ 是 $\mathscr{E}$ 的以 b_1 为顶点的最大三角形. 那么从 (VI) 和 (VII) 得知: 所有线段 a_ib_k 可以分成每三条平行的小组 (图 6). 我们应用古典的 Pascal 定理到六角形 a_1,a_2(连线 $\mathscr{A}_1$ 平行于 a_2a_3), b_1, a_2, a_3, b_2. 由于三对对边 $\mathscr{A}_1,a_2a_3;a_1b_1,a_3b_2;b_1a_2,b_2a_1$ 各各平行, 所以存在一个二次曲线, 在 a_1 和 $\mathscr{A}_1$, 相切并通过 a_2, a_3, b_1, b_2. 如果在这过程中, 我们交换二指标 2 和 3, 那么又得到一个二次曲线, 在 a_1 仍旧和 $\mathscr{A}_1$, 相切并通过 a_2, a_3, b_1, b_3. 可是这两条二次曲线有五个公共点 ($a_1=a_1$ 是它和连线 $\mathscr{A}_1$ 的交点), 所以两者合而为一. 从对称性得知: 这二次曲线通过 a_1, a_2, a_3; b_1, b_2, b_3, 并且在 a_2, a_3 分别和直线 $\mathscr{A}_2,\mathscr{A}_3$ 相切, 其中 $\mathscr{A}_2,\mathscr{A}_3$ 分别表示一条通过 a_2 或 a_3 而平行于 a_3a_1 或 a_1a_2 的直线.

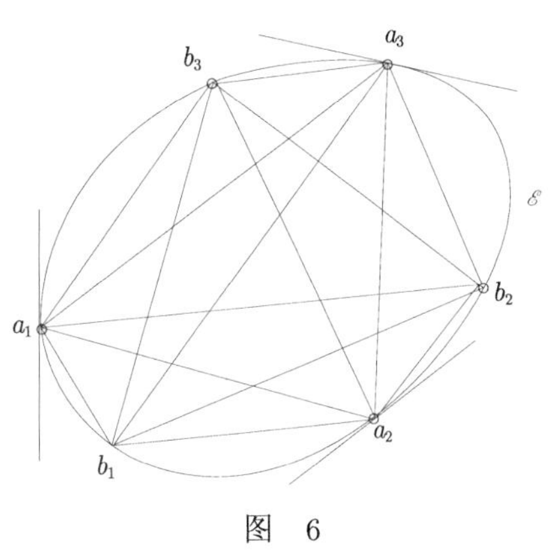

图 6

因此, $\mathscr{E}$ 必须是二次曲线, 而实际上, 闭的二次曲线一定是椭圆.

2.2 Minkowski-Böhmer 定理

从一个图形的局部性质推导它的整体性质, 这是整体微分几何中的主要问题, 而本节即将介绍的就是一个美丽的定理. P.Böhmer(1905) 在 H.Minkowski 的指导下给出了证明. 我们在这里将采用 K.Reidemeister(1921) 的证法而提供定理有关引理的论证.

Minkowski-Böhmer 定理：如果一条卵形线是处处椭圆弯曲的，那么它的五个任意点所决定的二次曲线也是椭圆.

换言之：如果一个卵形线的任何五个无限邻点在一个椭圆上，那么它的任何五点也在一个椭圆上.

一条二次曲线和一条卵形线的交点个数在适当的计数下 (多重切点应以重数为准) 是偶数，只要两曲线相交于有限点. 因此，从五个交点的存在就可推出交点至少有六个，不过它们不一定是互异的. 凡是同一条已知卵形线至少要在不一定互异的六点相交的二次曲线全体总是连续的，并且不包含分解二次曲线在内，因为一条卵形线和一直线不相交于三点，也不共有三重点. 所以在这全体里如包含椭圆和双曲线两方面的话，就必须包含抛物线在内. 因此，我们仅须证明：一条椭圆弯曲的卵形线同一条抛物线至多相交于四点.

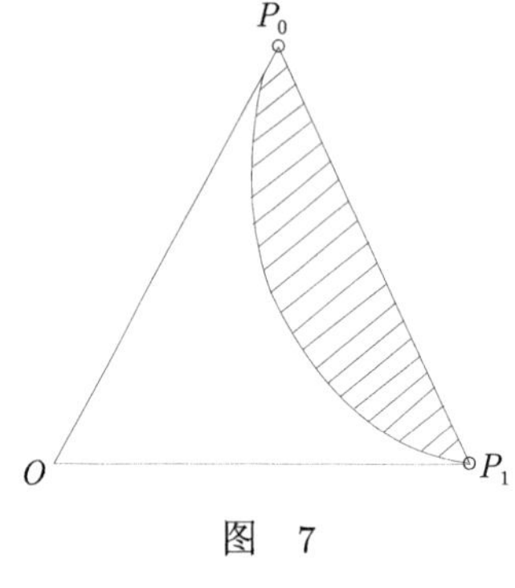

图　7

为此，我们需要下列引理：设 OP_0P_1 是三角形，$\mathscr{P}$ 是通过 P_0, P_1 两点并在那里分别和 OP_0, OP_1 相切的抛物线，而且 $\mathscr{E}$ 是在三角形 OP_0P_1 内没有二重点的处处椭圆弯曲的曲线段，它也通过 P_0 和 P_1 二点；$\mathscr{E}$ 在 P_0 和 P_1 的切线在三角形 OP_0P_1 的内部或同其边重合. 于是我们作出结论如下：$\mathscr{E}$ 除了其二端点 P_0 和 P_1 而外，全部落在图 7 中那块由抛物线弧及弦 P_0P_1 围成的阴影领域之内.

现在我们证明这个引理. 取三点 O, P_0, P_1 为 $\{0,0\}$, $\{0,1\}$, $\{1,0\}$，而且为了简化边界条件，对 $\mathscr{E}$ 和 $\mathscr{P}$ 的参数表示采用的不是仿射弧长本身而是同它成比例的参数. 我们假定

$$\mathscr{E}\begin{cases} x_1 = x_1(t), \\ x_2 = x_2(t); \end{cases} \qquad \mathscr{P}\begin{cases} x_1 = (t-1)^2, \\ x_2 = t^2, \end{cases} \qquad (0 \leqslant t \leqslant 1). \tag{2.1}$$

边界条件为

$$\left.\begin{matrix} x_1(0) = 1, & x_1(1) = 0, & x_1'(1) \leqslant 0, \\ x_2(0) = 0, & x_2(1) = 1, & x_2'(0) \geqslant 0, \end{matrix}\right\} \tag{2.2}$$

微分条件为

$$x_i'''(t) + \frac{k(t)}{c^2} x_i'(t) = 0 \quad (i = 1, 2). \tag{2.3}$$

后者表明了，$t = c \cdot s$ 和仿射弧长成比例，$k(t)$ 是仿射曲率. 然而 $x_1'(t)$ 和 $x_2'(t)$ 对于 $(0 \leqslant t \leqslant 1)$ 都是不等于 0 的，所以也成立 $x_1'(0) \leqslant 0$ 和 $x_2'(1) \geqslant 0$; 因此，方程 (2.2) 对应于假设中的边界条件.

我们令

$$y_1(t)=x_1(t)-(t-1)^2, y_2(t)=x_2(t)-t^2, \tag{2.4}$$

于是成立

$$\left.\begin{aligned} y_1(0)=0, y_1(1)=0, y_1'(1)\leqslant 0,\\ y_2(0)=0, y_2(1)=0, y_2'(0)\geqslant 0.\end{aligned}\right\} \tag{2.5}$$

我们要证明：对于 $0<t<1$ 必有

$$y_1(t)>0,\quad y_2(t)>0.$$

这二不等式在 0 和 1 的邻域里显然是成立的. 现在, 假如比方说 y_1 有了一个零点 $\bar{t}(0<\bar{t}<1)$ 的话, 那么根据中值定理和 (2.5) 的第三行将会得出 $y_1'(t)$ 在区间 $0\leqslant t\leqslant 1$ 有三个零点的结论. 从此再用中值定理将推出 y_1'' 有二个零点和最后 y_1''' 有一个零点 $t_1(0<t_1<1)$ 的结论来. 可是,

$$y_1'''(t)=x_1'''(t)=-\frac{k(t)}{c^2}x_1'(t), \tag{2.6}$$

而且从假设 $k>0$, $x_1'<0$, 所以

$$y_1'''(t)>0,\quad 当 0<t<1.$$

因此 $y_1(t)$ 在 $0<t<1$ 里常有同一符号.

这样, 我们证明了 $y_1>0\quad(0<t<1)$, 而且同样证明了 $y_2>0$. 向量 $\{y_1,y_2\}$ 是从抛物线点 $\{(t-1)^2,t^2\}$ 指向所论曲线 $\mathscr{E}$ 的点 x_1, x_2 的; 由于 $y_1>0$, $y_2>0$, 这向量是指向抛物线 $\mathscr{P}$ 的内部, 而事实上, $\mathscr{E}$ 整个落在 $\mathscr{P}$ 的内部. 现在, 我们立刻得知：一条处处椭圆弯曲的卵形线 $\mathscr{E}$ 和一条抛物线 $\mathscr{P}$ 只能有四个公共点. 实际上, 假如相反, 它们相交于六点了, 我们就按 $x_1, x_2, \cdots, x_6$ 的顺序表示抛物线段上的这六个交点, 这么一来, $\mathscr{P}$ 和 $\mathscr{E}$ 在 x_2 和 x_5 的位置上完全符合引理的假设. 因此, 在 x_2 和 x_5 之间不可能有别的交点了. 我们对上述引理还可作下列修正:

用一条无拐点也无二重点的曲线连接三角形 OP_0P_1 的二顶点 P_0, P_1 并使之在这些点分别和边 OP_0, OP_1 相切, 但不超出三角形. 如果它是一条处处椭圆弯曲或处处双曲弯曲的曲线段, 那么它必落在一条满足同一边界条件的抛物线的一侧, 而实际上按椭圆弯曲与双曲弯曲之不同而落在内侧或外侧.

在三角形 OP_0P_1 内被抛物线 $\mathscr{P}$ 划分开的两个领域, 将由所述的椭圆弯曲或双曲弯曲的曲线弧所充实而无空隙了, 正如我们在那些满足边界条件的二次曲线中所看到的一样. —— 如果我们把卵形线的概念拓广到那些围成无限伸展的卵形域在其内的开曲线去, 那么便得出 H.Mohrmann(1912) 的定理：每条处处双曲弯曲的曲线弧可以使之延伸为一条具备同一性质的开卵形线, 而且它的任何五点总是在一条双曲线上. 证明也是同样, 从上述的引理给以推导的.

2.3　六重点定理

在欧氏平面曲线论中, 有一个关于卵形线的四顶点定理, 是众所周知的. 我们在第一章 1.3 节曾定义了曲线的六重点作为顶点在仿射平面上的扩充, 从此很自然地产生类似四顶点定理的命题. G.Herglotz 和 J.Radon 证明了下列定理[1)]：

任何一条卵形线上至少有六个不同的六重点.

我们首先证明引理：设 $Q(x_1, x_2)$ 是关于坐标 x_1, x_2 为二次常系数的任何多项式. 那么绕一条卵形线 $\mathscr{E}(x_1(s), x_2(s))$ 所作的积分 I 恒为零：

$$I = \oint \frac{dk(s)}{ds} Q(x_1(s), x_2(s))ds = 0. \tag{3.1}$$

式中 $k(s)$ 表示仿射曲率. 因此, 需要证明的是下列六个关系式：

$$\left.\begin{aligned}&\oint k'ds = 0, \quad \oint k'x_1ds = 0, \quad \oint k'x_2ds = 0,\\&\oint k'x_1^2ds = 0, \oint k'x_1x_2ds = 0, \oint k'x_2^2ds = 0.\end{aligned}\right\} \tag{3.2}$$

所有方程 (3.2) 可以归结到其中的一个比方说第四方程, 因为坐标轴的选择是任意的缘故. 然而, 通过部分积分并按照第一章 (3.15), 我们有

$$\begin{aligned}\oint k'x_1^2ds &= -2\oint kx_1x_1'ds = 2\oint x_1x_1'''ds = -2\oint x_1'x_1''ds\\&= -\oint d(x_1'^2) = 0.\end{aligned}$$

因此, 证明了引理.

我们关于至少存在六个六重点的结论, 按照第一章 (3.33) 是等于这样说：$k(s)$ 在 $\mathscr{E}$ 上至少有六个“稳定点” $k' = 0$. 然而, 作为 s 的连续函数的 $k(s)$, 在 $\mathscr{E}$ 上至少有一个极大点和一个极小点. 设 P 和 Q 表示这两点. 假如 k' 没有其他零点, 那么 k' 仅仅在 P 和 Q 改变符号. 于是, 设 $Q(x_1, x_2) = u_0 + u_1x_1 + u_2x_2 = 0$ 表示 P 和 Q 的连线的方程, 积 $k' \cdot Q$ 在 $\mathscr{E}$ 上将不改变符号, 因而积分

$$\oint k'Q(x_1, x_2)ds$$

也将不会等于零, 因此与 (3.1) 相矛盾.

完全同样, 如果假定 k 恰恰有二极大点和二极小点, 也就是假定 k' 在 $\mathscr{E}$ 上仅有四次的变号的话, 我们也可推出矛盾来. 实际上, 我们这样选择二次多项式

1) 参阅 W. Blaschke: Leipziger Berichte, 1917, 69: 321—324.

$Q(x_1, x_2)$ 使方程 $Q=0$ 表示那两条包含上述四个极点的直线. 因为 k' 只在这四点改变符号, 所以积 $k' \cdot Q$ 在 $\mathscr{E}$ 上再也不改变符号, 而与引理 (3.1) 相矛盾.

其次最靠近的问题是: k 恰恰有三个极大值和三个极小值的卵形线 $\mathscr{E}$ 存在吗? 这种场合实际上是出现的, 就是说, k' 在 $\mathscr{E}$ 上仅有六次变号的场合是存在的. 为了造出所要的卵形线, 我们先作如下的预备.

设 x_1, x_2 是直角坐标, $x(s)$ 是曲线 C 参考于其仿射弧长 s 的方程. 称 $x_2 = x''(s)$ 为 C 的曲率象, 记作 C_2. 如所知, 曲线 C 的曲率半径决定于公式

$$\rho = \frac{({x_1'}^2 + {x_2'}^2)^{3/2}}{x_1'x_2'' - x_2'x_1''} \tag{3.3}$$

或者

$$\rho = ({x_1'}^2 + {x_2'}^2)^{3/2}. \tag{3.4}$$

所以曲率半径等于向量 x' 的长 $|x'|$ 的立方.

现在, 让我们计算从原点到曲率象 C_2 的切线的距离 p. 它等于

$$p = \frac{|(x'', x''')|}{|x'''|} = \frac{|k|}{|k|\ |x'|} = \rho^{-\frac{1}{3}} \tag{3.5}$$

或者导进曲率 $\kappa = 1/\rho$ 而写成

$$p = \kappa^{\frac{1}{3}}. \tag{3.6}$$

这是 Böhmer 为定义曲率象而导进的方程.

如果以 τ 表示 C_2 的切线和定方向之间的角, 那么 C_2 完全决定于“支持函数”$p(\tau)$. 我们注意到 C 和 C_2 在对应点的切线是平行的 (因为 $x''' = -kx'$). 如用 σ 表示 C 的弧长, 那就有

$$\rho = \frac{d\sigma}{d\tau} = p^{-3}. \tag{3.7}$$

从此得出 C 的表示式

$$x_1 = \int \frac{\cos\tau}{p^3} d\tau,\ x_2 = \int \frac{\sin\tau}{p^3} d\tau. \tag{3.8}$$

从第一章 (3.21) 还可导出公式

$$k = p^3 \left(p + \frac{d^2 p}{d\tau^2} \right). \tag{3.9}$$

现在, 我们将按照公式 (3.8) 来造出所需的卵形线 $\mathscr{E}$. 实际上, 采用 $\mathscr{E}$ 的曲率象 $\mathscr{E}_2$ 的支持函数

$$p = a + b\cos 3\tau, \tag{3.10}$$

式中 a, b 是待定的两个常数, 于是 $\mathscr{E}$ 的表示式 (3.8) 变为

$$x_1 = \int_0^\tau \frac{\cos\tau}{(a+b\cos 3\tau)^3}d\tau,\ x_2 = \int_0^\tau \frac{\sin\tau}{(a+b\cos 3\tau)^3}d\tau. \tag{3.11}$$

这时, (3.9) 变为

$$k = (a+b\cos 3\tau)^3(a-8b\cos 3\tau). \tag{3.12}$$

另外, 我们有

$$\left(\frac{ds}{d\tau}\right)^3 = \frac{1}{p^6} = \frac{1}{(a+b\cos 3\tau)^6}. \tag{3.13}$$

从此得到

$$k' = \frac{dk}{d\tau}\cdot\frac{d\tau}{ds} = 3b\sin 3\tau(a+b\cos 3\tau)^4(5a+32b\cos 3\tau). \tag{3.14}$$

为使所有的表示式常是有限的, 必须永远假定 $p = a+b\cos 3\tau > 0$. 为此只需选取 $a > b > 0$ 就够了. $\mathscr{E}$ 是闭曲线, 或者准确些说,

$$\int_0^{2\pi} \frac{\cos\tau}{(a+b\cos 3\tau)^3}d\tau = 0, \quad \int_0^{2\pi} \frac{\sin\tau}{(a+b\cos 3\tau)^3}d\tau = 0. \tag{3.15}$$

事实上, 以 J_1 和 J_2 记这二积分, 我们对 τ 增加 $\frac{2}{3}\pi$ 之后便有

$$J_1 = J_1\cos\frac{2\pi}{3} - J_2\sin\frac{2\pi}{3}, \quad J_2 = J_1\sin\frac{2\pi}{3} + J_2\cos\frac{2\pi}{3}. \tag{3.16}$$

可是这方程组关于 J_1 和 J_2 的行列式, 即

$$\begin{vmatrix} \cos\frac{2\pi}{3}-1, & -\sin\frac{2\pi}{3} \\ \sin\frac{2\pi}{3}, & \cos\frac{2\pi}{3}-1 \end{vmatrix} = 2\left(1-\cos\frac{2\pi}{3}\right) \tag{3.17}$$

是不等于零的, 所以 J_1, J_2 都必须为 0.

现在, 我们容易证明 $\mathscr{E}$ 是卵形线. 如上所述, τ 表示 $\mathscr{E}$ 在各点的切线与 x_1 轴做成的角; 另一方面, $\mathscr{E}$ 的普通曲率半径 ρ 满足

$$\rho = p^{-3} > 0,$$

所以 $\mathscr{E}$ 是一条卵形线.

现在,为了找出所论卵形线的六重点个数,我们必须从 (3.14) 决定 k' 在区间 $0 \leqslant \tau \leqslant 2\pi$ 的零点.我们还假定 $5a > 32b$, 那么 k' 只有因子 $\sin 3\tau$ 有零点,而实际上,有六个零点 $l\pi : 3(l = 0, 1, \cdots, 5)$.这样,我们证明了所论的卵形线真正具备恰恰六个稳定密切二次曲线的点.图 8 示意了这样一条卵形线.它的六重点是它同三条对称轴的交点.

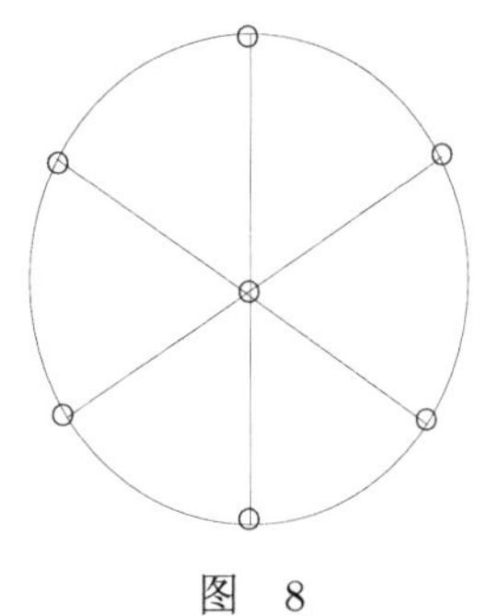

图 8

在这里可以把我们的定理表达为更严密的方式:一条卵形线的六重点的最少个数是六个.

最后作为本定理的补充还必须指出:一个有心卵形线至少具有八个六重点.

2.4 椭圆弯曲的卵形线有关的两个定理

在欧氏平面卵形线论中,已经证明了的一个定理是:卵形线的最大密切圆把整个卵形线包括在内,而且最小密切圆则被包括在卵形线之内.证明可参照前面引用过的 Blaschke: Kreis und Kugel.

在仿射平面卵形线论中,对于处处椭圆弯曲的卵形线当然也有同样的问题值得我们探讨的.T. Kudota(窪田忠彦, 1923) 证明:这种卵形线的最大密切椭圆的面积不小于卵形领域的面积 F.同时,他提出一个猜想:最小密切椭圆的面积不大于 F.后来不久, S.Ogiwara(荻原伸次, 1926) 利用 Blaschke 的两个不等式证明了这个猜想是正确的,并且进一步证明了下列两个非常有趣的定理:

定理 I 一条处处椭圆弯曲的卵形线的最大密切椭圆把整个卵形线包括在内,而且最小密切椭圆则完全被包括在卵形线之中.

定理 II 在一条处处椭圆弯曲卵形线上的 (至少) 五点所决定的椭圆系中具有最大或最小面积的椭圆,一定是卵形线的密切椭圆.

这里说的五点决定一个椭圆,是从本章 2.2 所述的定理那里推导出来的.

定理 I 的证明[1)]

设卵形线 $\mathscr{E}$ 在 O 点的密切椭圆 E 有最大面积,也就是 $\mathscr{E}$ 在 O 的仿射曲率 $\underline{k}$ 为最小.我们采用 $\mathscr{E}$ 在 O 的切线和仿射法线为 x_1 轴和 x_2 轴 (图 9).又设卵形线的方程为

$$x = x(s) \quad (0 \leqslant s \leqslant S), \tag{4.1}$$

1) S. Ogiwara: Note on the osculating conics of the oval. Tôhoku Sci. Rep., 1927, 15: 503—509.

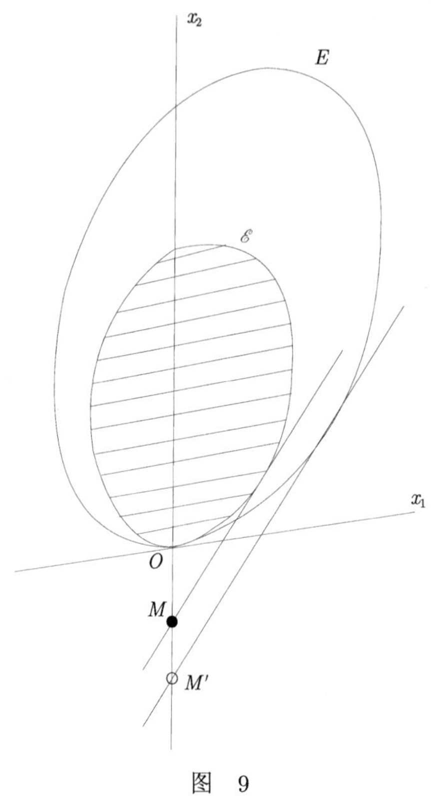

图　9

式中 s 表示 $\mathscr{E}$ 从 O 量起的仿射弧长. 我们有

$$x'''(s) + k(s)x'(s) = 0, \tag{4.2}$$

这里如前所述, $k(s)$ 表示 $\mathscr{E}$ 的仿射曲率. 初始条件如下:

$$\left.\begin{array}{l} x_1(0) = x_2(0) = 0, x_2'(0) = 0, x_1''(0) = 0, \\ x_1'(0)x_2''(0) = 1, \quad x_1'(0) > 0, x_2''(0) > 0. \end{array}\right\} \tag{4.3}$$

设 m 是不等于 0 的有限常数; 我们先假定 $m > 0$, 而且令

$$z = mx_1 - x_2. \tag{4.4}$$

由于 z 是 x_1, x_2 的线性函数, 所以它显然满足方程

$$z''' + kz' = 0. \tag{4.5}$$

因此, 我们得到

$$z'' + \int_0^s kz'ds = c_1, \quad c_1 = z''(0) = -x_2''(0). \tag{4.6}$$

对于一条解析卵形线来说, 我们不妨假定

$$z' = \varphi(z), \tag{4.7}$$

式中 φ 表示单值连续函数. 对 (4.7) 导微,

$$z'' = \varphi'(z)\varphi,$$

式中 $\varphi'(z) = d\varphi/dz$. 所以方程 (4.6) 可以写成

$$\varphi\frac{d\varphi}{dz} + \int_0^s kz'ds = -x_2''(0).$$

现在, 对两边关于 z 进行积分, 我们获得

$$\frac{1}{2}\varphi(z)^2 + \int_0^z dz\int_0^s kz'ds = -x_2''(0)z + c_2,$$

或者

$$\frac{1}{2}z'(s)^2 + \int_0^s z'ds\int_0^s kz'ds = -x_2''(0)z(s) + c_2, \tag{4.8}$$

其中 $c_2 = \dfrac{1}{2}m^2x_1'(0)^2$.

假设 s_0 是 s 的这样一值, 使得

$$z'(s_0) = mx_1'(s_0) - x_2'(s_0) = 0,$$

即

$$\frac{x_2'(s_0)}{x_1'(s_0)} = m.$$

可是 $z'(s) \geqslant 0$ 当 $0 \leqslant s \leqslant s_0$, 所以从 (4.8) 得出

$$\frac{1}{2}\underline{k}z(s_0)^2 \leqslant \frac{1}{2}m^2x_1'(0)^2 - x_2''(0)z(s_0),$$

即

$$\underline{k}z(s_0)^2 + 2x_2''(0)z(s_0) - m^2x_1'(0)^2 \leqslant 0, \tag{4.9}$$

或者

$$\begin{aligned}&\frac{1}{\underline{k}}(-x_2''(0) - \sqrt{x_2''(0)^2 + m^2\underline{k}x_1'(0)^2}) \leqslant z(s_0)\\ \leqslant &\frac{1}{\underline{k}}(-x_2''(0) + \sqrt{x_2''(0)^2 + m^2\underline{k}x_1'(0)^2}).\end{aligned} \tag{4.10}$$

因为 $m>0$, 我们有 $z(s)=mx_1-x_2>0$. 所以 (4.10) 变成一个不等式:

$$z(s_0)\leqslant\frac{1}{\underline{k}}(-x_2''(0)+\sqrt{x_2''(0)^2+m^2\underline{k}x_1'(0)^2}).\tag{4.11}$$

在这里必须指出: $z(s_0)$ 是卵形线在点 $s=s_0$ 处的切线被 x_2 轴所截下的线段 OM(图 9) 的长度 $\overline{OM}$(绝对值).

卵形线 $\mathscr{E}$ 在 O 的密切椭圆的参数表示是

$$\left.\begin{aligned}x_1&=\frac{x_1'(0)}{\sqrt{\underline{k}}}\sin(\sqrt{\underline{k}}\sigma),\\x_2&=\frac{x_2''(0)}{\underline{k}}(1-\cos(\sqrt{\underline{k}}\sigma)),\end{aligned}\right\}\tag{4.12}$$

式中 σ 表示这椭圆的仿射弧长. 容易看出, 这椭圆沿 x_2 轴的半直径等于 $x_2''(0)/\underline{k}$. 因此,

$$x_1\left(\frac{\pi}{2\sqrt{\underline{k}}}\right)=\frac{x_1'(0)}{\sqrt{\underline{k}}},\quad x_2\left(\frac{\pi}{2\sqrt{\underline{k}}}\right)=\frac{x_2''(0)}{\underline{k}},$$

而且平行于 x_1 轴的半直径等于 $x_1'(0)/\sqrt{\underline{k}}$. 这样, 所论的密切椭圆的方程可以写为

$$\frac{x_2^2}{\left(\dfrac{x_2''(0)^2}{\underline{k}}\right)}+\frac{x_1^2}{\left(\dfrac{x_1'(0)}{\sqrt{\underline{k}}}\right)^2}=\frac{2x_2}{\dfrac{x_2''(0)}{\underline{k}}}.$$

现在, 我们引这椭圆的切线, 使其方向等于已定的 m, 而且把这切线在 x_2 轴的截距 (绝对值) 记作 $\overline{OM'}$(图 9). 那么

$$\overline{OM'}=\frac{1}{\underline{k}}(-x_2''(0)+\sqrt{x_2''(0)^2+km^2x_1'(0)^2}).\tag{4.13}$$

因此, 不等式 (4.11) 变为

$$\overline{OM'}\geqslant\overline{OM}.\tag{4.14}$$

这表明了, 当 $m>0$ 时所引卵形线 $\mathscr{E}$ 的切线, 比起密切椭圆 E 的同方向切线要来得靠近原点.

同样, 当 $m<0$ 时, 我们采取 $z=x_2-mx_1$ 而作类似的处理, 也可达到上述的结论. 因此, 证明了定理 I 的前半部分.

至于后半部分的证明, 只要采用最小密切椭圆和卵形线的切点为坐标原点, 卵形线在切点的切线和仿射法线为 x_1, x_2 轴, 我们同样可以导出上述结论的类似. 比方说, 当 $m<0$ 时, 代替不等式 (4.11) 而出现的是

$$z(s_0)\geqslant\frac{1}{\bar{k}}(-x_2''(0)+\sqrt{x_2''(0)^2+m^2\bar{k}x_1'(0)^2}),\tag{4.15}$$

式中 $\bar{k}$ 表示最小密切椭圆的仿射曲率.

这样, 我们完成了定理 I 的证明.

定理 II 的证明[1)]

本段里, 我们把那些通过曲线 $\mathscr{E}$ 的至少五点的椭圆系统记作 (R), 而且将阐明除了密切椭圆而外, (R) 中不可能有极值面积的椭圆存在. 为此, 我们首先按照 R 和 $\mathscr{E}$ 的交点分布之不同而区分为下列四种情况, 以便于进行讨论.

a) 假设 R 和 $\mathscr{E}$ 至少相交于六个不同点. 这样的椭圆 R 不可能是极值椭圆, 只要把 R 以相似而且有相似位置的微小变换缩小或扩大一些, 使变换后的 R' 仍旧和 $\mathscr{E}$ 至少相交于六个不同点而有较小或较大面积, 就可明了.

b) 假设 R 和 $\mathscr{E}$ 至少相交于四个不同点而且在另一点相切. 如果对 R 施行一个以切点为中心的微小相似变换, 那么变换后的椭圆 R' 仍旧在这点相切而和 $\mathscr{E}$ 相交于至少四个不同点, 而 R' 比 R 则有较大或较小的面积. 所以这里的 R 也不能给出极值面积.

c) 假设 R 和 $\mathscr{E}$ 在两不同点相切并且至少在另一点相交. 这时, R 不能是极值椭圆. 这从保持两点相切而把 R 缩小或扩大一点的观点便可明了.

d) 假设 R 和 $\mathscr{E}$ 在两不同点偶数阶 (即奇数点) 相密切. 这时, 卵形线 $\mathscr{E}$ 被 R 划分为内外两部分. 现在, 如上设想在这两点和 $\mathscr{E}$ 相切的椭圆束, 从束中取出一个椭圆 R' 使之通过 $\mathscr{E}$ 上并在 R 内 (或外) 的一点, 那么 R' 被包括于 R 之内 (或整个把 R 包括在内), 因而 R 不能是极值椭圆.

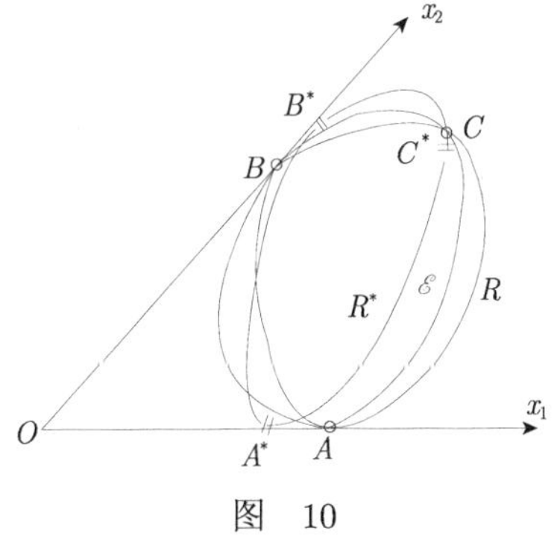

图 10

从上述可以看出, 凡是极值面积的椭圆只能和卵形线具有偶数点的密切. 现在, 我们将证明一个极值椭圆和卵形线不能在三个或更多的不同点相切.

假设 R 在至少三个不同点和卵形线相切. 那么, 我们挑选其中一对公共切线, 使它们相交 (图 10).

假定 R 整个把卵形线 $\mathscr{E}$ 包括在内. 采取相交的两公共切线作为坐标轴 x_1, x_2. 凡使各坐标轴不变的等积仿射变换显然是

$$x_1^* = kx_1, \qquad x_2^* = \frac{1}{k}x_2, \tag{4.16}$$

式中 k 是一个实常数. 平面上的任何一点经过变换族 (k 是参数) (4.16) 而沿着一

1) S. Ogiwara: On the elliptically curved oval. *Jap. Journal of Math.*,**3** (1926), 37—42 页.

条双曲线移动着, 这条双曲线的渐近线就是两坐标轴. 在正常情况下, 通过点 C 的双曲线同 $\mathscr{E}$ 和 R 都相交. 所以我们可把 C 移到 $\mathscr{E}$ 的内域的一点 C^* 而且使 C^* 非常靠近 C.

如果双曲线在 C 的切线重合于 $\mathscr{E}$ 和 R 的公共切线, 以致无法把 C 变到 $\mathscr{E}$ 的内域来的话, 那就在 R 上取 C 的一个邻点以替代 C, 还是用通过新点的双曲线把新点移到 $\mathscr{E}$ 的内域来, 因为上面两条双曲线没有交点. 总之, 我们保证能够把 C 或其在 R 的邻点经过变换 (4.16) 移到 $\mathscr{E}$ 的内点 C^* 并使 C^* 靠近 C.

设 A^*, B^* 分别为 A, B 经过上述等积微小变换后的对应点, R^* 为 R 的对应椭圆. 很明显, R^* 通过 A^*, B^* 和 C^* 并在前二点分别和 x_1 轴, x_2 轴相切. 但是 A^*, B^* 之处在两坐标轴上的情况和 A, B 的情况有所不同, 详细说来: 如果 A^* 处于 A 的原点侧的话, B^* 便处于 B 的原点反对侧. 因此, 椭圆 R^* 的弧 $\overset{\frown}{A^*B^*}$ 和卵形线 $\mathscr{E}$ 一定相交于两不同点.

同样, R^* 的各弧 $\overset{\frown}{A^*C^*}$, $\overset{\frown}{B^*C^*}$ 也和 $\mathscr{E}$ 分别相交于两不同点. 这是由于: C^* 处在 $\mathscr{E}$ 的内域, A^* 和 B^* 则在各坐标轴上, 而且 R^* 的两弧 $\overset{\frown}{A^*C^*}$, $\overset{\frown}{B^*C^*}$ 因为 (4.16) 是连续变换和 C^* 是 C 的邻域点的关系都不能跨越 $\mathscr{E}$ 的对应弧 $\overset{\frown}{AC}$, $\overset{\frown}{BC}$. 所以, R^* 和 $\mathscr{E}$ 至少要在六个不同点相交, 以致它不能具有极值面积. 因此, 和 $\mathscr{E}$ 具有三个或更多切点的 (R) 中的所有椭圆也不能具有极值面积.

用同样方法也可证明: 凡和卵形线在三个不同点相切而且整个被包括在其中的椭圆 R, 不能具有最小面积. 我们只要考察某一些等积仿射变换 (4.16) 使某一适当选取的切点被移到卵形线 $\mathscr{E}$ 的外域来, 并讨论这时由 R 变换来的新椭圆 R^*, 就可以了.

剩下的问题是对那个仅有一个或两个切点的情况的讨论. 如果卵形线和椭圆 R 有两个切点, 那么其中之一必须是四点接触点, 否则问题便可归结到前述的奇点接触的情况之中.

在讨论两个切点的情况之前, 我们先证下列引理:

给定了一个在直角坐标系原点与 x_1 轴相切且落在上半平面的圆. 设一条椭圆在原点和给定圆成三点摟触而且也落在上半平面. 那么按照椭圆和圆到 x_1 轴的高度的大小可以断定它们的面积的大小.

为简便起见, 我们采用单位圆

$$x_1^2 + x_2^2 - 2x_2 = 0 \tag{4.17}$$

作为所论的圆, 于是它到 x_1 轴的距离等于 2.

另一方面, 和这圆在原点成三点接触的椭圆决定于方程

$$x_1^2 + 2ax_1x_2 + bx_2^2 - 2x_2 = 0, \quad b - a^2 > 0, \tag{4.18}$$

式中 a, b 都是任意实数, 其中 $b > a^2$ 必然是正数. 一般, 在直角坐标系之下由方程

$$a_{11}x_1^2 + 2a_{12}x_1x_2 + a_{22}x_2^2 + 2a_{13}x_1 + 2a_{23}x_2 + a_{33} = 0$$

给定的椭圆的面积等于 $-\pi\Delta\Delta_0^{-3/2}$, 其中

$$\Delta = \begin{vmatrix} a_{11} & a_{12} & a_{13} \\ a_{12} & a_{22} & a_{23} \\ a_{13} & a_{23} & a_{33} \end{vmatrix}, \quad \Delta_0 = a_{11}a_{22} - a_{12}^2 > 0.$$

根据这公式算出椭圆 (4.18) 的面积 A:

$$A = \frac{\pi}{(b-a^2)^{3/2}}. \tag{4.19}$$

要找出这椭圆到 x_1 轴的高度 h, 我们改写 (4.18) 为

$$(x_1 + ax_2)^2 + x_2\{(b-a^2)x_2 - 2\} = 0,$$

从此可知: 二平行线 $x_2 = 0$ 和

$$(b-a^2)x_2 - 2 = 0$$

是椭圆的切线, 所以

$$h = \frac{2}{b-a^2}. \tag{4.20}$$

当 $h > 2$ 时, $b - a^2 < 1$, 因而 $A > \pi$. 当 $h < 2$ 时, $A < \pi$. 这样, 我们证明了引理.

现在, 我们转入讨论卵形线 $\mathscr{E}$ 和椭圆 R 在 O 点成四点接触的情况. 当然 $\mathscr{E}$ 和 R 还在另一点 M 相切. 这里我们仍旧采用以 O 为原点的直角坐标系, 并不妨假定 R 是单位圆 (4.17). (先取 O 的切线和直径作为 x_1, x_2 两坐标轴, 然后有必要时进行适当的仿射变换). 假定 R 的最高点不是 M, 而且卵形线 $\mathscr{E}$ 完全被包括在 R 之内 (图 11).

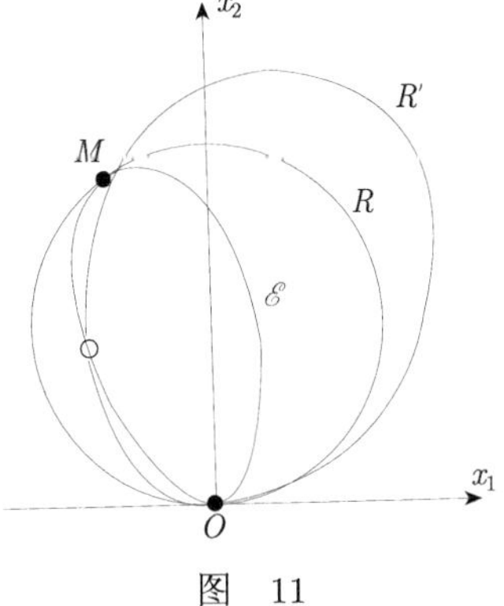

图 11

设想另一椭圆 R', 它在 O 和 $\mathscr{E}$(当然也和 R) 成三点接触, 而且通过 M 和 M' 两点, 其中 M' 在 $\mathscr{E}$ 的 x_2 轴左侧弧 OM 上 (图 11). 由于 R' 和 R 在 O 成三点接触, 而且在 M 相交, 它们不可能有另外的交点. 而且 R' 通过 R 的内域点 M', 所以 R' 在 x_2 轴的附近一定要跨出 R 的外部, 以致它的高度要大于 R 的高度. 从引理得知 R' 的面积要大于 R 的面积. 这就是说, R 不能有最大面积.

同样, 对于一个和 $\mathscr{E}$ 在两不同点相切且被 $\mathscr{E}$ 完全包括在内的椭圆 R 也可证明它不能有最小面积.

实际上, 我们如前取定直角坐标系 $\{O;x_1,x_2\}$, 并假定 R 是单位圆 (4.17). 现在要作出的新椭圆 R' 也是在 O 和 R 成三点接触, 而且切于 R 在最高点的切线 $(x_2=2)$. 这时, 设 $x_1=\bar{x}_1$ 是卵形线上一点的横坐标的上限, $\bar{x}_1>1$. 我们选取 a 和 b 使 $b-a^2=1$(R' 和 $x_2=2$ 相切的条件) $\max(\sqrt{b}-a,\sqrt{b}+a)=\bar{x}_1$, $\min(\sqrt{b}-a,\sqrt{b}+a)=1/\bar{x}_1$, 就能达到目的. 这样的椭圆 R' 和 $\mathscr{E}$ 至少要在五个点 (不一定互异的) 相交, 因此, 它不可能有最小面积. 所以原来的 R 也是这样.

综合以上所述, 要使 (R) 中的一个椭圆变为极值椭圆, 那它必须和卵形线 $\mathscr{E}$ 只在一点至少成六点接触. 可是 (R) 系中各椭圆的面积在一闭区间上构成连续函数系, 根据 Weierstrass 定理我们可以断定极值椭圆的存在. 这样, 我们完成了定理 II 的证明.

最后, 我们指出: 用定理 II 的证法也可证明定理 I. 此外, 从定理 II 可推导某些关于密切椭圆的极值面积的不等式. 例如: 设 $\mathscr{E}$ 所围成的面积为 F, 最大密切椭圆的面积为 G, 内接于 $\mathscr{E}$ 的最大三角形的面积为 $\varDelta$, 从本章 2.1 节的 Blaschke 不等式

$$\frac{4\pi\varDelta}{3\sqrt{3}}-F\geqslant 0$$

和以最大面积 $\varDelta$ 的三角形为其最大内接三角形的椭圆的面积等于 $4\pi\varDelta/3\sqrt{3}$ 这一事实得知,

$$G\geqslant\frac{4\pi\varDelta}{3\sqrt{3}}\geqslant F,$$

因为这个椭圆属于 (R) 系之中, 所以它的面积不大于 G.

2.5 椭圆的一个等周性质

Blaschke(1916) 把圆的等周性质扩充到仿射平面卵形线论中来, 首先证明了下列定理:

在有一定面积 F 的所有卵形线中, 椭圆而且仅仅椭圆才有最大的"仿射周长"

$$S=\oint(\dot{x}\ddot{x})^{1/3}\,dt.$$

换言之: 对卵形线一定成立关系式

$$8\pi^2F-S^3\geqslant 0,\tag{5.1}$$

而且等号仅对椭圆成立.

这里的证明仍须借助于对称化, 只是遇到了一个新困难, 那就是仿射周长 S 再也不和卵形线有什么连续关系. 可是另外一个连续性, 即所谓半连续性在这场合仍旧成立, 所以我们将直接贯彻执行如下.

Winternitz(1922) 指出: 如果一个卵形线序列 $(\mathscr{E}_n)$ 收敛于圆 C, 那么对于任何 $\varepsilon > 0$ 必可决定一个 m_ε, 使得所对应的仿射周长 S_n 对于所有的 $n > m_\varepsilon$ 满足关系

$$S_n < S(C) + \varepsilon. \tag{5.2}$$

为了证实 (5.2), 我们以 σ 和 ρ 分别表示普通弧长和曲率半径. 根据本章 (3.3) 得出

$$S_n = \oint_{8n} \rho^{-1/3}\, d\sigma.$$

于是

$$\begin{aligned} S_n^3 &= \left(\oint \rho^{-\frac{1}{3}}\, d\sigma\right)^3 = \oint\oint\oint \rho^{-\frac{1}{3}}(\sigma_1)\cdot\rho^{-\frac{1}{3}}(\sigma_2)\cdot\rho^{-\frac{1}{3}}(\sigma_3)d\sigma_1 d\sigma_2 d\sigma_3 \\ &\leqslant \frac{1}{3}\oint\oint\oint(\rho^{-1}(\sigma_1)+\rho^{-1}(\sigma_2)+\rho^{-1}(\sigma_3))d\sigma_1 d\sigma_2 d\sigma_3. \end{aligned} \tag{5.3}$$

令

$$\oint_{8n} d\sigma = \sum_n,$$

那么

$$S_n^3 \leqslant 2\pi \sum_n^2. \tag{5.4}$$

圆 C 有半径 γ. 倘若 $\mathscr{E}_n$ 落在半径 $\gamma+\delta$ 的一个圆的内部, 那么我们有

$$\sum_n < 2\pi(\gamma+\delta),$$

因此,

$$S_n < 2\pi(\gamma+\delta)^{\frac{2}{3}} \tag{5.5}$$

或

$$S_n < S(C) + \varepsilon. \tag{5.6}$$

第二步是, 同普通等周不等式的证明中一样要阐明下列事实:

在对称化的过程中, 一条卵形线的仿射周长一般要增加, 而且仅当那条对应于对称化方向的重心线是直线时才停止不变.

按照 W.Gross 的收敛定理 (参照 Blaschke:DGI, §99), 我们便可证明椭圆的极大性质, 而且因为椭圆是具有直线重心线的唯一卵形线 (参照第一章习题与定理 3.),

唯一性的证明也被完成了. 可是, 要阐明上述的事实, 只不过是简单的微积分习题而已.

我们将 $\mathscr{E}$ 分为上下两半: $\bar{\mathscr{E}}$ 和 $\underline{\mathscr{E}}$, 并以一个参数 p 表示为

$$\left.\begin{aligned}\bar{\mathscr{E}}&: x_1 = x_1(p), x_2 = \bar{x}_2(p); 0 \leqslant p \leqslant 1; x_1'\bar{x}_2'' - \bar{x}_2'x_1'' < 0,\\ \underline{\mathscr{E}}&: x_1 = x_1(p), x_2 = \underline{x}_2(p); 0 \leqslant p \leqslant 1; x_1'\underline{x}_2'' - \bar{x}_2'x_1'' > 0\\ &\qquad\qquad\qquad\qquad\qquad\qquad\qquad\qquad x_1' \geqslant 0.\end{aligned}\right\} \tag{5.7}$$

令

$$x_2(p,t) = \frac{1+t}{2}\bar{x}_2(p) - \frac{1-t}{2}\underline{x}_2(p) \tag{5.8}$$

和

$$\Phi(t) = \int_0^1 \left\{\frac{dx_2}{dp}\frac{d^2x_1}{dp^2} - \frac{dx_1}{dp}\frac{d^2x_2}{dp^2}\right\}^{\frac{1}{3}} dp = \int_0^1 \{x_2'x_1'' - x_1'x_2''\}^{\frac{1}{3}}\, dp. \tag{5.9}$$

于是原卵形线的仿射周长

$$S = \Phi(+1) + \Phi(-1) \tag{5.10}$$

而对于对称化后的卵形线则有

$$S^* = 2\Phi(0). \tag{5.11}$$

我们将证明

$$\Phi(+1) - 2\Phi(0) + \Phi(-1) \leqslant 0. \tag{5.12}$$

这个关系也可改为

$$\frac{d^2\Phi(t)}{dt^2} = \ddot{\Phi}(t) \leqslant 0, \quad 当\ |t| < 1. \tag{5.13}$$

通过 (5.8) 作导数, 代入 (5.9) 而且进行两次导微, 我们算出

$$\ddot{\Phi}(t) = \frac{1}{18}\int_0^1 \frac{\{x_1'(\bar{x}_2'' - \underline{x}_2'') - (\bar{x}_2' - \underline{x}_2')x_1''\}^2}{(x_1'x_2'' - x_2'x_1'')^{5/3}}\, dp. \tag{5.14}$$

可是从 (5.7) 和 (5.8)

$$x_1'x_2'' - x_2'x_1'' > 0, \tag{5.15}$$

所以实际上成立 $\ddot{\Phi}(t) \geqslant 0$. 假如 $\ddot{\Phi} = 0$, 那就必须成立

$$x_1'(\bar{x}_2'' - \underline{x}_2'') - (\bar{x}_2' - \underline{x}_2')x_1'' = 0. \tag{5.16}$$

通过关于 $\bar{x}_2 - \underline{x}_2$ 的微分方程的积分, 我们有

$$\bar{x}_2 - \underline{x}_2 = a + bx_1. \tag{5.17}$$

这表明了, 弦的中点在一直线上.

这样, 我们完成了定理的证明.

2.6 Sylvester 的三点问题

设 $\mathscr{B}$ 是一个凸域, P_1、P_2、P_3 是其中的三点而且 dF_k 是 $\mathscr{B}$ 在位置 P_k 的面积元素, 最后设 $|P_1P_2P_3|$ 是顶点 P_k 的三角形面积的绝对值. 我们将讨论下列问题:

要决定一个具有固定面积 F 的卵形域 $\mathscr{B}$, 使得积分

$$G = \int_{\mathscr{B}}\int_{\mathscr{B}}\int_{\mathscr{B}} |P_1P_2P_3| \cdot dF_1\, dF_2\, dF_3 \tag{6.1}$$

取最小值或最大值.

这个问题最初是 J. J. Sylvester (1814—1897) 提出的, M. W. Crofton (1885) 给出了第一个解答. W. Blaschke 的解则见于 Leipziger Berichte, 1917, 69: 438—453.

我们在本节和下一节将证明: F 和 C 之间存在关系式

$$4\frac{G}{F^4} \geqslant \frac{35}{12\pi^2} = 0.2955\cdots, \tag{6.2}$$

$$4\frac{G}{F^4} \leqslant \frac{1}{3} = 0.3333\cdots, \tag{6.3}$$

这里, 在 (6.2) 式中仅当 $\mathscr{B}$ 是椭圆时等号成立, 而在 (6.3) 式中仅当 $\mathscr{B}$ 是三角形时等号成立.

在前几节中, 我们对于领域的边界加上了可微分的限制, 但是现在仅要求 $\mathscr{B}$ 的凸性, 以致它也可以包含直线段和角点. 正如在前节中所用的那样, 我们利用对称化来证明 (6.2). 设 $\mathscr{B}^*$ 是从 $\mathscr{B}$ 经 x_2 方向的对称化而得来的凸域, 而且 x_1 轴是 $\mathscr{B}^*$ 的对称轴. $\mathscr{B}$ 的各点 x 和 $\mathscr{B}^*$ 的对应点 x^* 之间的关系是这样: 它们有同一 x_1 坐标, 而且 $\mathscr{B}^*$ 的弦 x_1 的长度和 $\mathscr{B}$ 的对应弦 x_1 的长度相等. 映象 $x \to x^*$ 是保面积的. 设 P_1^*, P_2^*, P_3^* 是 $\mathscr{B}^*$ 内的任意三角形; Q_1^*, Q_2^*, Q_3^* 是其 x_1 轴的对称三角形. 又设 P_1, P_2, P_3; Q_1, Q_2, Q_3 是 $\mathscr{B}$ 内在映象 $x^* \to x$ 下的对应三角形. 那么, 同前节一样得出

$$|P_1P_2P_3| + |Q_1Q_2Q_3| \geqslant |P_1^*P_2^*P_3^*| + |Q_1^*Q_2^*Q_3^*|. \tag{6.4}$$

可是我们有

$$2G = \int_{\mathscr{B}}\int_{\mathscr{B}}\int_{\mathscr{B}} \{|P_1P_2P_3| + |Q_1Q_2Q_3|\}\, dF_1\, dF_2\, dF_3 \tag{6.5}$$

和

$$2G^* = \int_{\mathscr{B}}\int_{\mathscr{B}}\int_{\mathscr{B}} \{|P_1^*P_2^*P_3^*| + |Q_1^*Q_2^*Q_3^*|\}\, dF_1^*\, dF_2^*\, dF_3^*. \tag{6.6}$$

根据映象 $x \to x^*$ 的保面积性又有

$$dF_k = dF_k^* \qquad (k = 1, 2, 3), \tag{6.7}$$

所以从 (6.4) 得到

$$G \geqslant G^*. \tag{6.8}$$

我们将决定什么时候成立 $G = G^*$. 按照被积分函数的连续性可以断定 (6.4) 中的等号必须永远成立. 假如 $\mathscr{B}$ 的平行于 x_2 轴的各弦的中点不在一直线上, 那么我们可从弦中点曲线 (“重心线”) 上选取不共线的三点 $P_1P_2P_3$. 这时 $P_k = Q_k$ 而且

$$|P_1P_2P_3| + |Q_1Q_2Q_3| > |P_1^*P_2^*P_3^*| + |Q_1^*Q_2^*Q_3^*|, \tag{6.9}$$

因而 $G > G^*$. 反之, 如果重心线是直线 $x_2 = a + bx_1$, 那么对称化 $x \to x^*$ 的变换方程是

$$\left.\begin{aligned} x_1^* &= x_1, \\ x_2^* &= x_2 - a - bx_1. \end{aligned}\right\} \tag{6.10}$$

对称化现在变成一个等积仿射变换, 从而 F 和 G 都是不变的. 这样, 我们证明了下列定理:

在一个凸域 $\mathscr{B}$ 的对称化中, 有关的积分 G 一般是递减的, 而且仅当 $\mathscr{B}$ 的平行于对称化方向的弦中点在一直线上时才不变.

由此可见, 在给定 F 之下只有椭圆能给出 G 的最小值. 实际上, 椭圆是以其所有重心线变成直线这条件为特征的; 对于其他领域我们可以对称化, 使 G 减少.

提出了唯一性证明的最小值之后, 我们还须明确最小值的存在. 为此, 重新考虑重复对称化的收敛的无限过程, 很有必要. 我们仅须阐明“集合函数” $G(\mathscr{B})$ 有连续性, 特别是, 当域 $\mathscr{B}$ 收敛于圆域 C 时 $G(\mathscr{B})$ 收敛于 $G(C)$. 可是, 这种连续性无非是两种别的性质的结果, 而且我们不难给以证明. 两种性质如下:

1. 单调性, 就是: 如果 $\mathscr{B} \subset \mathscr{B}_1$, 则 $G(\mathscr{B}) < G(\mathscr{B}_1)$.

2. 齐次性, 就是: 从 $\mathscr{B}_1 = \lambda\mathscr{B}$ 得出 $G(\mathscr{B}_1) = \lambda^8 G(\mathscr{B})$.

这就是说, 当长度按比例 λ 改变时, G 要乘上因数 λ^8. 为了要从 $\mathscr{B} \to C$ 导出 $G(\mathscr{B}) \to G(C)$, 我们把圆域 C 包围在二同心圆域之中

$$(1-\varepsilon)C \subset C \subset (1+\varepsilon)C, \tag{6.11}$$

于是也成立关系式

$$(1-\varepsilon)C \subset \mathscr{B} \subset (1+\varepsilon)C. \tag{6.12}$$

从单调性和齐次性得出

$$(1-\varepsilon)^8 G(C) < G(\mathscr{B}) < (1+\varepsilon)^8 G(C). \tag{6.13}$$

因此, 我们有了收敛性, $G(\mathscr{B}) \to G(C)$. 同样, 一般可证 $G(\mathscr{B})$ 的“连续性”.

这样, Sylvester 问题在关系式 (6.2) 的范围内得到了解决. 至于在给定 F 时找出 G 的最小值问题, 只要对面积为 F 的圆进行计算就可以了.

2.7　三角形的最大性质

现在, 我们转入对 Sylvester 问题第二部分的讨论, 而且证明: 在给定一个凸域 $\mathscr{B}$ 的面积 F 时, 六重积分 G(6.1) 当且仅当 $\mathscr{B}$ 是三角形时取最大值.

为了证明, 我们另外设计一个类似对称化的方法, 或许可称为“削平法”, 以代替对称化. 这方法就是把 $\mathscr{B}$ 的平行于 x_2 轴的每条弦向其所在直线上移动, 使它全在上半平面 $x_2 \geqslant 0$ 上而且下端在 x_1 轴上 (参照图 12, 13, 15). 我们容易看出, 这样被移动后的弦仍旧形成一个和 $\mathscr{B}$ 是等积的凸域 $\mathscr{B}^*$. 现在, 我们将证明:

在一个凸域 $\mathscr{B}$ 的削平之下, 有关的积分 G 一般要增加, 而且仅当削平是一个仿射变换时不变; 这只当 $\mathscr{B}$ 的边界的一个适当部分是直线段时才发生 (图 13).

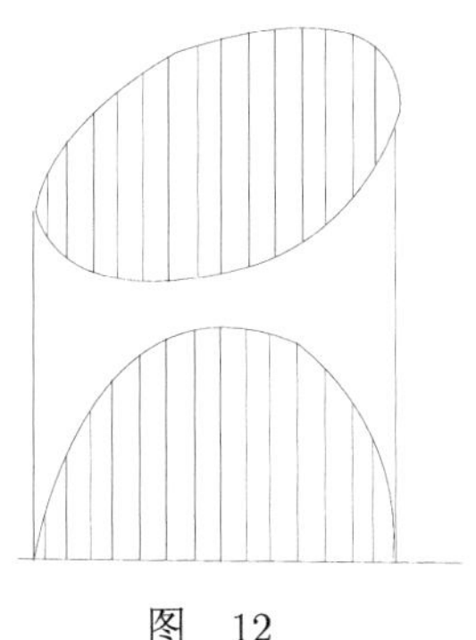

图　12

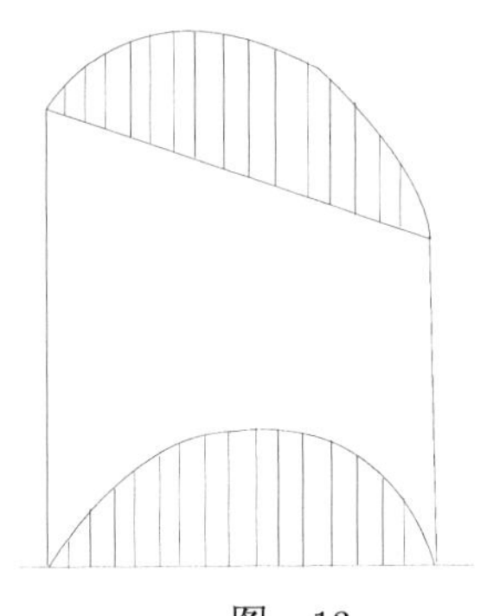

图　13

换言之: 成立 $G \leqslant G^*$, 而仅当 $\mathscr{B}$ 的平行于 x_2 轴的各弦上端点或下端点共线时才有 $G = G^*$.

我们用 x, y 以代 x_1, x_2, 而把脚标用于区别各点. 设 $\mathscr{B}$ 决定于不等式

$$\underline{x} \leqslant x \leqslant \bar{x}, \quad \underline{y}(x) \leqslant y \leqslant \bar{y}(x). \tag{7.1}$$

对于 $\mathscr{B}^*$ 则有

$$\underline{x} \leqslant x \leqslant \bar{x}, \quad 0 \leqslant y \leqslant \bar{y}(x) - \underline{y}(x). \tag{7.2}$$

我们将 G 写成

$$G = \int_{\underline{x}}^{\bar{x}} \int_{\underline{x}}^{\bar{x}} \int_{\underline{x}}^{\bar{x}} dx_1 dx_2 dx_3 \int_{\underline{y}(x_1)}^{\bar{y}(x_1)} \int_{\underline{y}(x_2)}^{\bar{y}(x_2)} \int_{\underline{y}(x_3)}^{\bar{y}(x_3)} f(x_1, y_1; x_2, y_2; x_3, y_3) dy_1 dy_2 dy_3, \tag{7.3}$$

式中 f 表示三角形面积的绝对值. 现在, 导进函数

$$\varphi(x_1, x_2, x_3) = \int_{\underline{y}(x_1)}^{\bar{y}(x_1)} \int_{\underline{y}(x_2)}^{\bar{y}(x_2)} \int_{\underline{y}(x_3)}^{\bar{y}(x_3)} f(x_1, y_1; x_2, y_2; x_3, y_3) dy_1 dy_2 dy_3. \tag{7.4}$$

积分是沿三条弦 $S_k (k = 1, 2, 3)$ 进行的:

$$S_k \{x = x_k, \underline{y}(x_k) \leqslant y \leqslant \bar{y}(x_k)\}, \tag{7.5}$$

因而可写为 $\varphi(S_1, S_2, S_3)$. 为了证实我们最后的定理, 我们必须阐明: 当各弦 S_k 被移动使其下端点落在一直线上时, φ 是增加的. 可是 $\varphi(S_1, S_2, S_3)$ 对于形如

$$x^* = x, \quad y^* = ax + y + c \tag{7.6}$$

的仿射变换是不变的, 所以不妨把其中两弦比方说 S_1, S_2 固定下来而仅移动其第三条. 当我们把 S_3 沿 y 正向移动 η 时, 经过微分得出

$$\frac{d\varphi}{d\eta} = \int\int |P_1 P_2 \bar{P}_3| \, dy_1 dy_2 - \int\int |P_1 P_2 \underline{P}_3| \, dy_1 dy_2, \tag{7.7}$$

式中 $\underline{P}_3\{x_3, \underline{y}(x_3)\}$ 和 $\bar{P}_3\{x_3, \bar{y}(x_3)\}$ 表示弦 S_3 的两端点.

设 M_k 为弦 S_k 的中点, 我们可选取数 1, 2, 3, 使得 S_3 介于 S_1 与 S_2 之间 $(x_1 < x_3 < x_2)$. 最后假定 M_3 在直线 $M_1 M_2$ 之"上部". 只要 M_3 和 M_1, M_2 不共线, 必要时施行关于 x_1 轴的反射, 不但它对 φ 是不变的, 还可使 M_3 符合这个假定. 如果用 P 和 P' 表示关于 $M_1 M_2$ 的两对称点, 那么三角形面积的绝对值之间 (图 14) 成立

$$|P_1 P_2 \bar{P}_3| = |P_1' P_2' \bar{P}_3'| > |P_1' P_2' \underline{P}_3'|. \tag{7.8}$$

从此得出

$$\frac{d\varphi}{d\eta} = \int\int \left| P_1 P_2 \bar{P}_3 \right| dy_1 dy_2 - \int\int \left| P_1' P_2' \underline{P}_3' \right| dy_1' dy_2' > 0, \tag{7.9}$$

而且在 S_3 向上的移动中, 直到 $\underline{P}_3$ 落到 $\underline{P}_1\underline{P}_2$ 上之时为止仍旧是正的. 因此, φ 是单调递增的.

这样, 我们证明了 $G \leqslant G^*$. 很明显, $G = G^*$ 当且仅当平行于 y 轴的弦的“上”端或“下”端常在同一直线上时才成立. 但是在 y 轴的任意选取下都要出现这种情况, 只当 $\mathscr{B}$ 是三角形之时才成为可能.

现在, 唯一性证明已经完毕, 就是: 在给定 F 的情况下, G 仅当三角形的时候才能取最大值. 剩下的还须证明最大值的存在.

为此, 我们可以这样进行. 如果 $\mathscr{B}_n$ 是一个凸 n 角形, 那么我们可把 $\mathscr{B}_n$ 这样削平化, 使它变为一个 $(n-i)$ 角形 $(i \geqslant 1)$. 我们仅须向 $\mathscr{B}_n$ 的一条对角线进行削平就可以了 (图 15). 容易证明, 对于三角形成立:

$$F_3^4 - 12G_3 = 0. \tag{7.10}$$

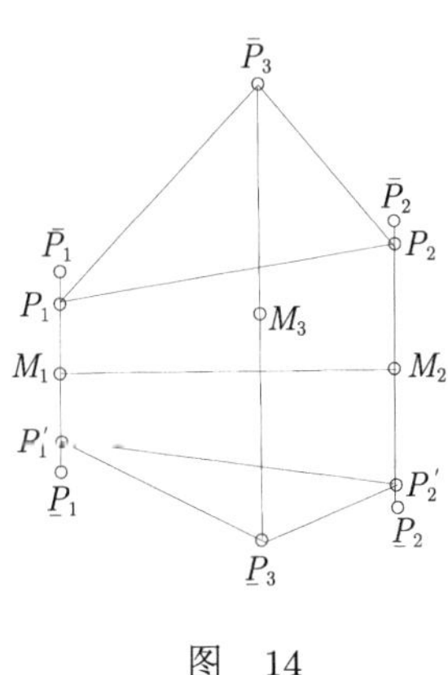

图 14

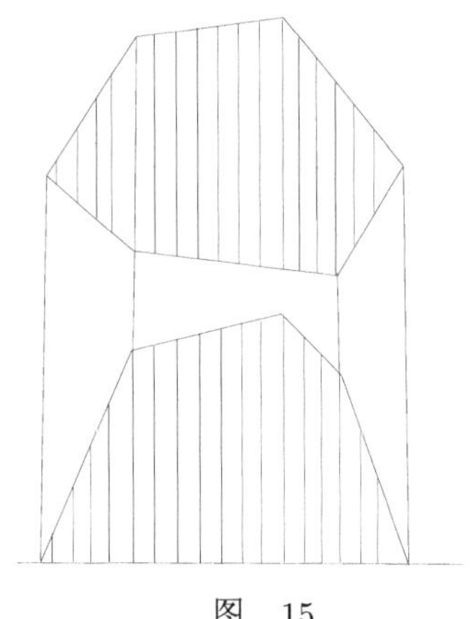

图 15

然而 $\mathscr{B}_n$ 在一定的 F 之下至多也不过经, $n-3$ 次削平化而使 G_n 逐步增大接近于三角形的情况, 所以对于 $\mathscr{B}_n$ 必有

$$F_n^4 - 12G_n \geqslant F_3^4 - 12G_3, \tag{7.11}$$

而且因此

$$F_n^4 - 12G_n \geqslant 0. \tag{7.12}$$

如果 $\mathscr{B}$ 是任意的凸域, 那么根据 $F(\mathscr{B})$ 和 $G(\mathscr{B})$ 的连续性 (§6) 我们可找出一个凸 n 角形 $\mathscr{B}_n$. 使得它的 F_n 和 G_n 都和 F, G 仅有任意小的差. 这么一来, 必须

成立

$$F^4 - 12G \geqslant 0, \tag{7.13}$$

否则, 我们将得选取 $\mathscr{B}_n$, 使它也满足

$$F_n^4 - 12G_n < 0,$$

而与 (7.12) 相矛盾.

总之, 关于 G 的最大值的存在性证明已被包括在 (7.13) 之中了.

上述有关于导函数 $d\varphi : d\eta$ 的证明方法是按照 T.Carlemann(1919) 的一种措施建立起来的, 用它还可证明下列的稍为一般化定理：

假设 $f(\delta)$ 对于 $\delta > 0$ 是连续、正值和单调递增 (减) 的函数. 在有定面积 F 的所有凸域 $\mathscr{B}$ 中, 椭圆和三角形是使积分

$$\int_{\mathscr{B}}\int_{\mathscr{B}}\int_{\mathscr{B}} f(|P_1P_2P_3|)dF_1dF_2dF_3$$

分别取最小和最大 (最大和最小) 值的凸域.

习题和定理

1. 证明公式 (3.9)：

$$k = p^3\left(p + \frac{d^2p}{d\tau^2}\right).$$

2. 证明一个有心卵形线至少具有八个六重点.

3. 设想一条卵形线所围成的凸域是由均匀的质量组成的, 设 P 是凸域的重心. 证明卵形线上至少有六个不同点, 从那里所引的仿射法线通过 P. 如果卵形线是有心的, 那么过中心至少可引四条直线, 使各条是卵形线的仿射 (二重) 法线.

4. 算出公式 (6.2) 和 (6.3) 中的最小值和最大值.

5. 设 S 为一条处处椭圆弯曲卵形线的仿射周长, $\bar{k}$ 和 $\underline{k}$ 分别为其极大和极小的仿射曲率. 证明

$$\frac{2\pi}{\sqrt{\bar{k}}} \leqslant S \leqslant \frac{2\pi}{\sqrt{\underline{k}}}. \qquad \text{(Blaschke, 1923)}$$

6. 用 §4 定理 I 的证法证明欧氏平面卵形线的相应定理. (Ogiwara, 1926)

7. 设 F 为凸域 $\mathscr{B}$ 的面积, Δ 为包括 $\mathscr{B}$ 的三角形中最小一个的面积, 那么 $2F \geqslant \Delta$, 而且仅当 $\mathscr{B}$ 是平行四边形时 $2F = \Delta$.

8. 用 §1 的方法证明：设 $\mathscr{B}$ 为面积 F 的凸域, 而且 Δ 为这样的变动三角形 OP_1P_2 中最大一个的面积, 其中一个顶点 O 是 $\mathscr{B}$ 内的固定点, 而其他二顶点 P_1,

P_2 则在 $\mathscr{B}$ 内变动, 那么 $\Delta \geqslant \frac{1}{2}F/\pi$, 等号当且仅当 $\mathscr{B}$ 是椭圆而 O 为其中心时成立.

(Blaschke, 1917)

9. 通过凸域 $\mathscr{M}$ 的重心任意引直线 G, 把 $\mathscr{M}$ 分为面积 M_1, M_2 的两领域, 那么

$$\frac{4}{5} \leqslant \frac{M_1}{M_2} \leqslant \frac{5}{4}.$$

其中一个等号仅在 $\mathscr{M}$ 为三角形时而且仅当 G 平行于三角形的一边时成立.

10. 设 $f(x)$ 是 $x(\geqslant 0)$ 的正值、单调递增函数, $|P_1P_2P_3|$ 是顶点 P_1, P_2, P_3 的三角形的面积 (绝对值), 而且 dF_k 是在 P_k 处的面积元素. 如果我们在凸域 $\mathscr{B}$ 内所有点 P_k 作出的二重积分

$$\int_{\mathscr{B}}\int_{\mathscr{B}} f(|P_1P_2P|)dF_1dF_2$$

是和 $\mathscr{B}$ 的边界点 P 无关而具有同一值, 那么 $\mathscr{B}$ 是由椭圆围成的.

(Blaschke, 1918)

第三章　仿射曲面论的几何结构

3.1　Transon 平面与仿射曲面法线的关系

设 $P(x)$ 是曲面 σ 的正常点; u, v 是 σ 的主切参数. 空间任何一点 z 都可表示为

$$z = x + xx_u + yx_v + zy, \tag{1.1}$$

式中

$$\begin{aligned} x &= \frac{1}{F}(z - x\,x_v y), \\ y &= -\frac{1}{F}(z - x\,x_u y), \\ z &= \frac{1}{F}(z - x\,x_u x_v), \end{aligned}$$

右边括号表示三阶行列式. 这里及以下我们沿用第一章 1.5 节的记号和公式, 但有声明的除外.

曲面在 P 点邻域的一点的坐标具有如下形式:

$$\begin{aligned} z = {} & x + x_u\,du + x_v\,dv + \frac{1}{2}(x_{uu}\,du^2 + 2x_{uv}dudv + x_{vv}dv^2) \\ & + \frac{1}{3!}(x_{uuu}du^3 + 3x_{uuv}du^2dv + 3x_{uvv}dudv^2 + x_{vvv}dv^3) + \cdots \end{aligned}$$

或者写为 (1.1), 其中

$$\begin{aligned} x = {} & du + \frac{1}{2}\left(\frac{F_u}{F}du^2 + \frac{D}{F}dv^2\right) \\ & + \frac{1}{3!}\left(\frac{F_{uu}}{F}\,du^3 - 3FHdu^2dv + 3\frac{D_u}{F}\,dudv^2 + \frac{D_v}{F}\,dv^3\right) + [4], \\ y = {} & dv + \frac{1}{2}\left(\frac{F_v}{F}dv^2 + \frac{A}{F}du^2\right) \\ & + \frac{1}{3!}\left(\frac{F_{vv}}{F}dv^3 - 3FH\,dv^2du + 3\frac{A_v}{F}\,dvdu^2 + \frac{A_u}{F}\,du^3\right) + [4], \\ z = {} & F\,dudv + \frac{1}{3!}\left(Adu^3 + 3F_udu^2dv + 3F_vdudv^2 + Ddv^3\right) \end{aligned}$$

$$+\frac{1}{4!}\Big\{2A_u du^4+4(F_{uu}+A_v)du^3dv+6(F_{uv}-F^2H)du^2dv^2$$
$$+4(F_{vv}+D_u)dudv^3+2D_vdv^4\Big\}+[5],$$

式中及下文中, $[s]$ 表示那些次数 $\geqslant s$ 的项的全体.

这样, 曲面 σ 在局部系统下的方程变为

$$z=Fxy-\frac{1}{3}(Ax^3+Dy^3)+\frac{1}{12}\Big\{A\frac{\partial\ln(F^3/A)}{\partial u}x^4-4A_vx^3y$$
$$-6F\frac{\partial^2\ln F}{\partial u\partial v}x^2y^2-4D_uxy^3+D\frac{\partial\ln(F^3/D)}{\partial v}y^4\Big\}+[5]. \tag{1.2}$$

设 P 点的非主切切线 t_n 为

$$z=0,\quad y-nx=0, \tag{1.3}$$

n 表示非零的有限参数. 那么, 通过 t_n 的一个平面的方程是

$$z-\rho(y-nx)=0, \tag{1.4}$$

这里 ρ 是参数. 为了求出平面 (1.4) 和 σ 的截线 $C_{n,\rho}$ 在 P 点邻域的展开, 把 (1.2) 代进 (1.4) 式并改写为

$$y=nx+\alpha x^2+\beta x^3+\gamma x^4+[5], \tag{1.5}$$

式中已令

$$\alpha=\frac{Fn}{\rho},$$
$$\beta=\frac{F^2n}{\rho^2}-\frac{1}{3\rho}(A+Dn^3),$$
$$\gamma=\frac{F^3n}{\rho^3}-\frac{F}{3\rho^2}(A+4Dn^3)+\frac{1}{12\rho}\varPhi$$

和

$$\varPhi=A\frac{\partial\ln(F^3/A)}{\partial u}-4A_vn-6F\frac{\partial^2\ln F}{\partial u\partial v}n^2-4D_un^3+D\frac{\partial\ln(F^3/D)}{\partial v}n^4.$$

从 (1.4) 式和 (1.5) 式我们得到

$$z=\bar{\alpha}x^2+\bar{\beta}x^3+\bar{\gamma}x^4+[5], \tag{1.6}$$

式中

$$\bar{\alpha}=\rho\alpha,\quad \bar{\beta}=\rho\beta,\quad \bar{\gamma}=\rho\gamma.$$

(1.6) 就是截线 $C_{n,\rho}$ 在 $xz-$ 平面上的平行投影, 而这投影在 P 点的密切抛物线显然具有形如

$$z=\bar{\alpha}(x+\bar{\sigma}z)^2 \tag{1.7}$$

的方程. 从 (1.6) 和 (1.7) 得知

$$\bar{\sigma}=\frac{1}{2\bar{\alpha}^2}\bar{\beta}.$$

可是 (1.6) 在 P 的仿射法线是密切抛物线 (1.7) 的直径, 所以 $C_{n,\rho}$ 在 P 的仿射法线决定于方程组

$$2\bar{\alpha}^2x+\bar{\beta}z=0,\quad z-\rho(y-nx)=0,$$

或者写成

$$\left.\begin{aligned}&2F^2n^2x+\left\{\frac{F^2n}{\rho}-\frac{1}{3}(A+Dn^3)\right\}z=0,\\&z-\rho(y-nx)=0.\end{aligned}\right\} \tag{1.8}$$

当 ρ 变动时, 这条仿射法线总是在一个平面 π_1 上: 由 (1.8) 两方程消去 ρ, 便得出 π_1 的方程

$$(A+Dn^3)z-3F^2n(y+nx)=0. \tag{1.9}$$

这就是 Transon (1841) 的结果, 因此, 称 π_1 为对应于曲面切线 t_n 的 Transon 平面. 如果把 (1.9) 写成

$$u_1x+u_2y+u_3z=0, \tag{1.10}$$

那么我们有

$$\left.\begin{aligned}\rho u_1&=3F^2n^2,\\\rho u_2&=3F^2n,\\\rho u_3&=-(A+Dn^3),\end{aligned}\right\} \tag{1.11}$$

$\rho\neq0$ 表示比例因子. 从此消去 n, 便得到三阶锥面 $\varGamma$:

$$Au_2^3+Du_1^3+3F^2u_1u_2u_3=0. \tag{1.12}$$

T.Kubota(窪田忠彦, 1930) 从另一个比较复杂的作法达到了同一锥面 $\varGamma$. 在讨论 $\varGamma$ 的重要性质之前, 有必要求它的点坐标的方程, 从而决定它的次数. 为此, 将 π_1 的方程 (1.9) 两边关于 n 偏微分一次, 我们容易导出: $\varGamma$ 是下列直线 d_n 的轨迹:

$$\left.\begin{aligned}&(2A-Dn^3)z-3F^2ny=0,\\&(A-2Dn^3)z+3F^2n^2x=0.\end{aligned}\right\} \tag{1.13}$$

从此消去 n, 便有 $z^2=0$ 和

$$
\begin{aligned}
W \equiv & -A^2D^2z^4+6ADF^4z^2xy+4F^6z(Ax^3+Dy^3) \\
& +3F^8x^2y^2=0.
\end{aligned} \tag{1.14}
$$

前者表示曲面的 (双重计算) 切平面, 而后者恰恰代表 $\varGamma$, 所以 $\varGamma$ 是四次代数锥面, 它沿着二主切切线和曲面切平面相切.

一方面, 我们由 $\varGamma$ 的平面坐标方程 (1.12) 容易看出: $\varGamma$ 有三张尖点平面, 而且它们相会于曲面 σ 在 P 点的仿射法线[1)]. 另一方面, 从 $\varGamma$ 的点坐标方程 (1.14) 推出: $\varGamma$ 具有三条尖点直线 c_1, c_2, c_3, 其方程则决定于

$$
\frac{\partial W}{\partial x}=\frac{\partial W}{\partial y}=\frac{\partial^2 W}{\partial x^2}\frac{\partial^2 W}{\partial y^2}-\left(\frac{\partial^2 W}{\partial x\partial y}\right)^2=0.
$$

实际上, c_i 的方程是

$$
\frac{x}{\varepsilon^{2i}B^2A}=\frac{y}{\varepsilon^iBA}=\frac{z}{-F^2}\quad(i=1,2,3), \tag{1.15}
$$

式中 ε 表示 1 的立方虚根, $B=\sqrt[3]{D/A}$.

从 (1.13) 和 (1.15) 我们还容易断定: 在曲面 σ 的 P 点对应于 c_1, c_2, c_3 的切线是 Darboux 切线, 而且切平面关于 c_1, c_2, c_3 所形成的三面体的极线是曲面的仿射法线. 三面体的三面和曲面切平面相交于 Darboux 切线, 而和各直线 c_i 与仿射曲面法线的平面则相交于 Segre 切线.

另外, 我们还可证明下列定理:

设想三条尖点直线和二主切切线、仿射曲面法线中的两条所决定的二次锥面. 那么剩下一条关于这锥面的极平面必通过两条尖点直线.

E.Bompiani (1920) 证明了关于 Darboux 曲线在 P 点的密切平面的三条交线和 Čech 轴的一个类似定理.

3.2 Moutard 织面

我们继 3.1 节之后考察曲面 σ 的平截线 $C_{n,\rho}$, 而取代密切抛物线的图形现在则是一般的密切二次曲线 $K_{n,\rho}$. 根据 Moutard 定理, 当 t_n 固定时, 这些 $K_{n,\rho}$(其中 ρ 被看成参数) 在同一个织面上, 即: 对应于切线 t_n 的 Moutard 织面.

为阐明这个事实, 我们取一个织面

$$
a_1x^2+a_2y^2+a_3z^2+2b_1yz+2b_2zx+2b_3xy+c_1x+c_2y+c_2z=0. \tag{2.1}
$$

1) (1.12) 的对偶方程表示笛卡儿叶线, 从它的三个拐点在 $x_3=0$ 上的事实立即推出这个结论.

因为它是过 P 点, 所以式中略去了常数项. 对于其余系数的决定将加上两组条件: (1) 各系数与 ρ 无关; (2) 将 (1.4) 和 (1.5) 代进 (2.1) 右边, 除了一个公因子外必须满足到 x 的 4 次为止. 实际上, 我们得到

$$a_1 = a_2 = 0, \quad a_3 = \frac{1}{9F^3n^3}(A + Dn^3)^2 - \frac{1}{12F^2n^2}\varPhi,$$
$$2b_1 = -\frac{1}{3Fn^2}(A - 2Dn^3), \quad 2b_2 = -\frac{1}{3Fn}(2A - Dn^3), 2b_3 = -F,$$
$$c_1 = c_2 = 0, \quad c_3 = 1.$$

因此, 曲面 σ 在 P 点对应于切线 t_n[方程 (1.3)] 的 Moutard 织面的方程是

$$\begin{aligned}&\left[4(A + Dn^3)^2 - 3F_n\left\{A\frac{\partial \ln(F^3/A)}{\partial u} - 4A_v n - 6F\frac{\partial^2 \ln F}{\partial u \partial v}n^2\right.\right.\\&\qquad\left.\left. -4D_u n^3 + D\frac{\partial \ln(F^3/D)}{\partial v}n^4\right\}\right]z^2 - 12F^2n(A - 2Dn^3)yz\\&\qquad +12F^2n^2(2A - Dn^3)zx + 36F^3n^3(z - Fxy) = 0.\end{aligned} \tag{2.2}$$

这个织面在 P 点的直径决定于两方程

$$\left.\begin{aligned}&(2A - Dn^3)z - 3F^2ny = 0,\\&(A - 2Dn^3)z + 3F^2n^2x = 0,\end{aligned}\right\} \tag{2.3}$$

即 (1.13). 所以, 当 t_n 在 P 点周围变动时, 直径 d_n 的轨迹是锥面 $\varGamma$. 这样, 我们获得了 $\varGamma$ 的另一几何作图.

我们考察平面 π_k, 它的方程是

$$(2A - Dn^3)z - 3F^2ny - k\{(A - 2Dn^3)z + 3F^2n^2x\} = 0$$

或

$$\{(k-2)A - (2k-1)Dn^3\}z + 3F^2n(y + knx) = 0. \tag{2.4}$$

特别是, 从 (1.9) 看出 π_1 恰恰是 Transon 平面. 另外, π_0 和 π_∞ 分别表示 d_n 和一条主切切线所在的平面. 因此, 作为通过直径 d_n 的一个平面的 π_k, 几何上是由交叉比值

$$(\pi_0\pi_\infty, \pi_k\pi_1) = k \tag{2.5}$$

定义起来的.

首先, 我们证明

定理. 当切线 t_n 在中心 P 的线束中变动时, 平面 π_k 包络成一个四次三阶的代数锥面 $\Gamma(k)$, 而且这锥面具有三条尖点直线, 沿它们的三张切平面相会于曲面在 P 点的仿射法线.

实际上, π_k 的平面坐标是

$$\begin{aligned}\rho u_1 &= 3F^2kn^2,\\ \rho u_2 &= 3F^2n,\\ \rho u_3 &= (k-2)A-(2k-1)Dn^3.\end{aligned}$$

从这些方程消去 n(当然也消去比例因数 ρ) 便获得包络面的方程

$$3F^2k^2u_1u_2u_3-k^3(k-2)Au_2^3+(2k-1)Du_1^3=0. \tag{2.6}$$

它一般是三阶四次锥面, 而具有三条尖点直线 $c_1(k)$, $c_2(k)$, $c_3(k)$.

为了找出这个锥面 $\Gamma(k)$ 的点坐标方程, 我们从方程 (2.4) 和其关于 n 的导来方程消去 n, 结果是:

$$\begin{aligned}&(2k-1)^2(k-2)^2A^2D^2z^4+6k(k-2)(2k-1)ADF^4xyz^2\\ &-4(2k-1)F^6Dzy^3+4k^3F^6A(k-2)zx^3-3k^2F^8x^2y^2=0.\end{aligned} \tag{2.7}$$

为了方便起见, 令

$$k(2-k)A=A_k,\quad \frac{2k-1}{k^2}D=D_k, \tag{2.8}$$

从而 $A_1=A$, $D_1=D$, 而且方程 (2.6) 和 (2.7) 分别简化成为

$$3F^2u_1u_2u_3+A_ku_2^3+D_ku_1^3=0 \tag{2.7$'$}$$

和

$$\begin{aligned}&-A_k^2D_k^2z^4+6A_kD_kF^4z^2xy+4F^6z(A_kx^3+D_ky^3)\\ &\qquad+3F^8x^2y^2=0.\end{aligned} \tag{2.8$'$}$$

这里有例外, 就是当 $k=0$ 或 $k=\infty$ 之时, 于是锥面分解为以 $y=z=0$ 为轴的平面束中的四个平面 $p_i(i=1,2,3,4)$

$$z(ABz+F^2y)(ABz+\varepsilon F^2y)(ABz+\varepsilon^2F^2y)=0$$

或以 $x=z=0$ 为轴的平面束中的四个平面 $q_i(i=1,2,3,4)$

$$z(AB^2z+F^2x)(AB^2z+\varepsilon F^2x)(AB^2z+\varepsilon^2F^2x)=0.$$

其中如前已令 $B=\sqrt[3]{D/A}$, $\varepsilon^3=1$. 每组平面的交叉比相等 $(=-\varepsilon)$.

显然, 将 $(2.7)'$ 和 $(2.8)'$ 中的 A_k 和 D_k 分别换作 A 和 D, 我们立刻得到锥面 Γ 的相应方程 (1.12) 和 (1.14). 所以按照 (1.15) 很快就写出尖点直线 $c_1(k)$, $c_2(k)$, $c_3(k)$ 的方程:

$$\frac{x}{\varepsilon^{2i}B_k^2A_k}=\frac{y}{\varepsilon^iB_kA_k}=\frac{z}{-F^2}\quad(i=1,2,3),\tag{2.9}$$

式中

$$B_k=\sqrt[3]{\frac{D_k}{A_k}}=\frac{1}{k}\sqrt[3]{\frac{2k-1}{2-k}}B.$$

沿 $c_i(k)$ 的切平面的方程是

$$x-\varepsilon^iB_ky=0\quad(i=1,2,3),\tag{2.10}$$

所以这三张平面相会于曲面在 P 点的仿射法线. 证毕.

从 (2.9) 还容易看出, 曲面的切平面关于三尖点直线所构成的三面体的极线是曲面的仿射法线.

在锥面 $\Gamma(k)$ 的单参数族中, $\Gamma(-1)$ 和 $\Gamma(1)$ 即 Γ 在下列事情上是具备相同性质的: 三尖点直线 $c_1(-1)$, $c_2(-1)$, $c_3(-1)$ 组成这样三面体, 它的三面与切平面相交于 Darboux 切线, 而且三尖点切平面与切平面相交于 Segre 切线.

这是由于, 从条件 $B_k=B$ 得出

$$k^3(2-k)=2k-1,$$

即

$$(k+1)(k-1)^3=0.$$

在一般场合下, 以 $c_1(k)$, $c_2(k)$, $c_3(k)$ 为三棱的三面体 T_k 的三面交切平面于三切线

$$z=x+\varepsilon^iB_ky=0\quad(i=1,2,3),\tag{2.11}$$

而 $\Gamma(k)$ 的三尖点平面交切平面于其共轭切线

$$z=x-\varepsilon^iB_ky=0.\tag{2.12}$$

我们提问, 什么时候三切线 (2.11) 会重合于 Segre 切线? 这发生在且仅在 k 满足方程

$$k^4-2k^3-2k+1=0\tag{2.13}$$

之时. 方程 (2.13) 有两实根 α, $\beta\left(\dfrac{1}{4}<\alpha<\dfrac{1}{2},\quad 2<\beta<3\right)$. 因此, 在单参数族的

锥面 $\Gamma(k)$ 中只有 $\Gamma(\alpha)$ 和 $\Gamma(\beta)$ 具备这样的性质: T_k 的三面交切平面于 Segre 切线, 且从而三尖点平面交切平面于 Darboux 切线.

在推导尖点直线 $c_1(k)$, $c_2(k)$, $c_3(k)$ 的方程时, 我们曾假定量 B_k 不等于 0 也非 ∞. 但当 $k=\infty$, $k=\dfrac{1}{2}$ 时或当 $k=0$, $k=2$ 时, B_k 变为 0 或 ∞. 两锥面 $\Gamma(0)$ 和 $\Gamma(\infty)$ 都分解为四张平面, 如前文所述. 当 $k=2$ 或 $k=\dfrac{1}{2}$ 时, 对应的锥面 $\Gamma(k)$ 便分解为二次锥面 Γ_2' 或 Γ_2'' 和一个双重计算的平面[1]. 事实上, $\Gamma(2)$ 和 $\Gamma\left(\dfrac{1}{2}\right)$ 分别决定于

$$(F^2x^2+Dyz)y^2=0$$

和

$$(F^2y^2+Axz)x^2=0,$$

于是 Γ_2' 和 Γ_2'' 的方程分别是

$$F^2x^2+Dyz=0 \tag{2.14}$$

和

$$F^2y^2+Axz=0. \tag{2.15}$$

可是各二次锥面决定于 Γ 的三尖点直线、仿射曲面法线和一条主切切线, 所以我们得到 $\Gamma(2)$ 和 $\Gamma\left(\dfrac{1}{2}\right)$ 的几何结构.

一般说来, 从 $\Gamma(k)$ 的三尖点直线出发, 加上二主切切线和仿射曲面法线共三条中的两条直线, 我们同样得到以 P 点为顶点的三个二次锥面 $\Gamma_2(k)$, $\Gamma_2'(k)$, $\Gamma_2''(k)$; 它们的方程分别为

$$A_kD_kz^2-F^4xy=0, \tag{2.16}$$

$$F^2x^2+D_kyz=0, \tag{2.17}$$

$$F^2y^2+A_kxz=0. \tag{2.18}$$

从 (2.9) 容易看出, 锥面 $\Gamma(k)$ 的尖点直线组 $\{c_1(k), c_2(k), c_3(k)\}$ 决定于下列方程中的两个:

$$F^2x+\varepsilon^{2i}B_k^2A_kz=0, \quad F^2y+\varepsilon^iB_kA_kz=0, \quad x-\varepsilon^iB_ky=0, \tag{2.19}$$

其中, $i=1,2,3$. 如果从两个方程消去 k, 我们就有

$$F^8x^3y^3-6F^4ADx^2y^2z^2-4F^2ADz^3(Ax^3+Dy^3)-3A^2D^2xyz^4=0, \tag{2.20}$$

---

1) W. Haack (*Math. Zeits*, 1931, 33(8): 260) 曾从直线几何的角度也获得了这二锥面, 并称为曲率锥面.

这方程表示一个六次锥面. 由于它再也不含有 ε^i, 所以这个锥面是 $\Gamma(k)$ 的尖点直线组全体 (对于所有 k) 的轨迹. 此外, 我们容易看出, 这个锥面以各主切切线为三重线, 而且以曲面在 P 点的仿射法线为节点线.

一般说来, 一个以 P 为顶点的六次锥面是由过 P 的 27 条直线决定的, 所以 9 个任意尖点直线组 $\{c_1(k), c_2(k), c_3(k)\}$ 完全决定了所有其他尖点直线都在其上的六次锥面.

对于 $\Gamma_2(k)$, $\Gamma_2'(k)$, $\Gamma_2''(k)$ 的任何一个, 比方 $\Gamma_2(k)$, 二主切切线所决定的平面, 即切平面, 和仿射曲面法线有极平面和极直线的关系; 对于 $\Gamma_2'(k)$, $\Gamma_2''(k)$ 同样成立类似关系.

我们还要应用锥面 $\Gamma_2(k)$, 借以解释 Pick 不变量 J 和仿射平均曲率 H 的几何意义. 为此, 考察曲面 σ 在 P 点的 Lie 织面:

$$2(z - Fxy) = Hz^2. \tag{2.21}$$

从此和 (2.16) 得出 $\Gamma_2(k)$ 和这织面的交线: 二主切切线和一条二次曲线

$$z = \left[\frac{H}{2} - \frac{1}{2}(k-2)(2k-1)J\right]^{-1},$$

$$Fxy = -k^{-1}(k-2)(2k-1)J\left[\frac{H}{2} - \frac{1}{2}(k-2)(2k-1)J\right]^{-1}.$$

后者在切平面的一张平行平面上, 并与曲面的仿射法线相交于一点, 这交点到 P 点的仿射距离等于

$$p_k = \left[\frac{H}{2} - \frac{1}{2}(k-2)(2k-1)J\right]^{-1}. \tag{2.22}$$

最后关系对于各不同的数值 k 给出了我们所求的几何意义, 比方说, 设 $h \neq k$, 我们有

$$\left.\begin{aligned} J &= \frac{1}{\lambda_h - \lambda_k}\left[\frac{1}{p_h} - \frac{1}{p_k}\right], \\ H &= \frac{2}{\lambda_h - \lambda_k}\left[\frac{\lambda_k}{p_h} - \frac{\lambda_h}{p_k}\right], \end{aligned}\right\} \tag{2.23}$$

式中已令 $\lambda_k = k^{-1}(2-k)(2k-1)$, 等等.

特别是, 当 $h=-1$ 和 $k=1$ 时, 我们得到

$$\left.\begin{aligned} J &= \frac{1}{8}\left(\frac{1}{p_{-1}} - \frac{1}{p_1}\right), \\ H &= \frac{1}{4}\left(\frac{9}{p_{-1}} - \frac{1}{p_{-1}}\right). \end{aligned}\right\} \tag{2.24}$$

上文中曾指出锥面 $\Gamma(-1)$ 的一个特征, 在这里又应用它作几何解释. 另一方面, 在曲面 σ 的一点 P 作过它的任一包络柱面和其与曲面 σ 的接触曲线. Blaschke[1)]证明: 这接触曲线在 P 点的密切平面包络一个三阶锥面. 但是我们将证下列定理:

锥面 $\Gamma(-1)$ 恰恰是 Blaschke 锥面.

实际上, 所论包络柱面的接触曲线决定于方程

$$\frac{\partial z}{\partial x}+\lambda\frac{\partial z}{\partial y}=0, \tag{2.25}$$

式中 λ 表示参数. 可是从曲面 σ 的归范展开 (1.2) 我们改写 (2.25) 为

$$F(\lambda x+y)-(Ax^2+D\lambda y^2)+[3]=0,$$

所以在 P 点 $(x=y=0)$

$$\frac{dy}{dx}=-\lambda,\quad \frac{d^2y}{dx^2}=\frac{2}{F}(A+D\lambda^3). \tag{2.26}$$

另一方面, 从方程

$$u_1x+u_2y+u_3z=0$$

即

$$u_1x+u_2y+u_3(Fxy)+[3]=0$$

导出 (2.26) 的两值, 并把它们和 (2.26) 相比较, 便有

$$\frac{u_1}{u_2}=\lambda,\quad F^2\frac{u_3}{u_2}=\frac{A+D\lambda^3}{\lambda}.$$

因此, Blaschke 锥面的方程是

$$F^2u_1u_2u_3-Au_2^3-Du_1^3=0,$$

它表示了 $\Gamma(-1)$. 证毕.

我们必须考虑两个尖点直线拼三小组 $t(k)=\{c_i(k)\}$ 和 $t(h)=\{c_i(h)\}\,(h\neq k,$ $i=1,2,3)$ 在同一个二次锥面上的问题. 从 (2.9) 立即导出充要条件:

$$\begin{vmatrix} B_k^4A_k^2 & B_k^2A_k^2 & 1 & B_kA_k & B_k^2A_k & B_k^3A_k^2 \\ \varepsilon B_k^4A_k^2 & \varepsilon^2B_k^2A_k^2 & 1 & \varepsilon B_kA_k & \varepsilon^2B_k^2A_k & B_k^3A_k^2 \\ \varepsilon^2B_k^4A_k^2 & \varepsilon B_k^2A_k^2 & 1 & \varepsilon^2B_kA_k & \varepsilon B_k^2A_k & B_k^3A_k^2 \\ B_h^4A_h^2 & B_h^2A_h^2 & 1 & B_hA_h & B_h^2A_h & B_h^3A_h^2 \\ \varepsilon B_h^4A_h^2 & \varepsilon^2B_h^2A_h^2 & 1 & \varepsilon B_hA_h & \varepsilon^2B_h^2A_h & B_h^3A_h^2 \\ \varepsilon^2B_h^4A_h^2 & \varepsilon B_h^2A_h^2 & 1 & \varepsilon^2B_hA_h & \varepsilon B_h^2A_h & B_h^3A_h^2 \end{vmatrix}=0$$

1) DG II, 121 页.

或

$$(P_k^3A_k^2 - P_h^3A_h^2)(D_k - D_h)(A_k - A_h) = 0.$$

将 (2.8) 代进, 便有

$$h = \frac{1}{k},\ h = 2 - k,\ h = \frac{k}{2k-1}. \tag{2.27}$$

当 $k = 1$ 时, 上列三个数相等; 反过来, 也成立. 这就是说, 只有锥面 Γ 具备这样的性质: 它的三条尖点直线不在其余锥面的三条尖点直线也在其上的一个锥面上.

现在我们提问: 对应于 k 和 (2.27) 中的二值比方 $k^{-1}, 2-k$ 的三组 $t(k), t\left(\dfrac{1}{k}\right)$, $t(2-k)$ 的尖点直线, 会不会在同一个二次锥面 $\bar{\Gamma}$ 上. 倘若可能, 分别以 k^{-1}, $2-k$ 代替上列三组, $t\left(\dfrac{1}{k}\right), t(k), t\left(\dfrac{2k-1}{k}\right)$ 也将在 $\bar{\Gamma}$ 上, 因为后者决定于 $t(k), t\left(\dfrac{1}{k}\right)$; 同样, $t(2-k), t\left(\dfrac{1}{2-k}\right), t(k)$ 也将在 $\bar{\Gamma}$ 上, 因为后者也决定于 $t(2-k), t(k)$. 这样一来, $t(k), t\left(\dfrac{1}{k}\right), t(2-k), t\left(\dfrac{2k-1}{k}\right), t\left(\dfrac{1}{2k-1}\right)$ 的 15 条尖点直线都在二次锥面 $\bar{\Gamma}$ 上. 但是, 除非六次锥面 (2.20) 分解, 不可能有这种情况. 然而 (2.20) 是不分解的, 所以我们课题的回答是否定的.

最后, 我们转到 Lie 织面和锥面 $\Gamma_2'(k)$ 或 $\Gamma_2''(k)$ 的交线的讨论. 为了书写简便起见, 特别对于 $k = 1$, 即对于 Γ_2' 和 Γ_2'' 进行, 因为方程 (2.17) 和 (2.18) 分别变为 (2.14) 和 (2.15), 因而可把 A_k 和 D_k 写为 A 和 D, 而其他照旧.

Lie 织面的定义如下: 在一个双曲弯曲的曲面 σ 的一点 P 引曲面的两条主切曲线 u_0 和 v_0, 并在 u_0 曲线上取 P 的两邻近点 Q, R, 而在这三点引主切曲线 v 的切线, 这三条切线所决定的织面称为 Lie 织面.

根据 Lie 的指点, 即使交换主切曲线 u 和 v, 所得到的织面仍然不变. 我们容易证明: 曲面 σ 在 P 点的 Lie 织面的方程是

$$2(z - Fxy) = Hz^2. \tag{2.28}$$

或者写成参数表示 (参照 Blaschke DG II, 223 页):

$$\left.\begin{aligned} x &= \frac{2\lambda}{H\lambda\mu + 2F},\\ y &= \frac{2\mu}{H\lambda\mu + 2F},\\ z &= \frac{2\lambda\mu}{H\lambda\mu + 2F}. \end{aligned}\right\} \tag{2.29}$$

设 C_3' 和 C_3'' 分别是 Lie 织面和 Γ_2', Γ_2'' 的交线. 它们都是三次挠曲线, 这可从下述计算证明之. 例如, 取 Γ_2' 来说, 从 (2.14) 和 (2.29) 得出

$$\lambda = 0 \quad 或 \quad \lambda = -\frac{D}{F}\mu^2.$$

前一方程给出了主切切线 $x = z = 0$; 后一方程则表示一条三次挠曲线 C_3':

$$\left.\begin{aligned} x &= -\frac{2D\mu^2}{2F^3 - DH\mu^3}, \\ y &= \frac{2F^2\mu}{2F^3 - DH\mu^3}, \\ z &= -\frac{2D\mu^3}{2F^3 - DH\mu^3}. \end{aligned}\right\} \tag{2.30}$$

同样, 另一条三次挠曲线 C_3'' 的参数表示为

$$\left.\begin{aligned} x &= \frac{2F^2\lambda}{2F^3 - AH\lambda^3}, \\ y &= -\frac{2A\lambda^2}{2F^3 - AH\lambda^3}, \\ z &= -\frac{2A\lambda^3}{2F^3 - AH\lambda^3}. \end{aligned}\right\} \tag{2.31}$$

将 (2.30) 关于 μ 微分两侧, 并以 表示导微, 我们有

$$\left.\begin{aligned} \dot{x} &= -\frac{2D\mu(4F^3 + DH\mu^3)}{(2F^3 - DH\mu^3)^2}, \\ \dot{y} &= \frac{4F^2(F^3 + DH\mu^3)}{(2F^3 - DH\mu^3)^2}, \\ \dot{z} &= -\frac{12F^3D\mu^2}{(2F^3 - DH\mu^3)^2}; \text{等等}, \end{aligned}\right\} \tag{2.32}$$

由此得知: 曲线 C_3' 在 P 点分别是以主切切线 $z = y = 0$ 和曲面的切平面为切线和密切平面的.

对于 C_3'' 成立类似的定理.

现在考察 C_3' 的切线面:

$$\left.\begin{aligned} x &= -\frac{2D\mu^2}{2F^3 - DH\mu^3} - \rho D\mu(4F^3 + DH\mu^3), \\ y &= \frac{2F^2\mu}{2F^3 - DH\mu^3} + 2\rho F^2(F^3 + DH\mu^3), \\ z &= -\frac{2D\mu^3}{2F^3 - DH\mu^3} - 6\rho F^3 D\mu^2. \end{aligned}\right\} \tag{2.33}$$

它被 P 点的切平面截下的截口曲线是抛物线

$$x=-\frac{D}{3F^3}\mu^2,\quad y=\frac{2}{3F}\mu$$

或写为

$$y^2+\frac{4F}{3D}x=0. \tag{2.34}$$

显然, 主切切线 $y=z=0$ 是其直径, 而和另一条主切切线 $x=z=0$ 相切.

同样, 从 C_3'' 导出另一条抛物线

$$x^2+\frac{4F}{3A}y=0. \tag{2.35}$$

这两抛物线除了 P 点而外, 还在另外三点相交, 而且三点在三直线

$$z=Ax^3-Dy^3=0 \tag{2.36}$$

即在 P 点的 Segre 切线上. 这个结果和 Čech(1922) 的一个相类似.

因为 C_3' 和 C_3'' 在 P 点的密切平面都重合于曲面的切平面, 所以按照 Weitzenböck(1918) 关于挠曲线的仿射主法线的几何解释便可断定: C_3' 和 C_3'' 在 P 点的仿射主法线分别是主切切线 $y=z=0$ 和 $x=z=0$, 而且它们在 P 点的仿射曲率都等于 0.

为了要找出曲线 C_3' 和 C_3'' 的其他性质, 我们把 (2.32) 两边再一次关于 μ 导微:

$$\begin{aligned}
\ddot{x}&=-4D\frac{4F^6+14F^3DH\mu^3+D^2H^2\mu^6}{(2F^3-DH\mu^3)^3},\\
\ddot{y}&=12F^2DH\mu^2\frac{4F^3+DH\mu^3}{(2F^3-DH\mu^3)^3},\\
\ddot{z}&=-48F^3D\mu\frac{F^3+DH\mu^3}{(2F^3-DH\mu^3)^3};\\
\dddot{x}&=-12D^2H\mu\frac{40F^6+32F^3DH\mu^3+D^2H^2\mu^6}{(2F^3-DH\mu^3)^4},\\
\dddot{y}&=24F^2DH\mu\frac{8F^6+19F^3DH\mu^3+2D^2H^2\mu^6}{(2F^3-DH\mu^3)^4},\\
\dddot{z}&=-48F^3D\frac{2F^6+16F^3DH\mu^3+5D^2H^2\mu^6}{(2F^3-DH\mu^3)^4},
\end{aligned}$$

从此得出

$$\varphi^{-6}\equiv(\dot{x}\ddot{y}\dddot{z})=-\frac{192\,F^5D^2}{(2F^3-DH\mu^3)^4}$$

或

$$\varphi=\sqrt[6]{-\frac{1}{192\,F^5D^2}}\,(2F^3-DH\mu^3)^{2/3}.$$

这些量在 P 点 $(\mu=0)$ 的数值如下：

$$\begin{aligned}
&\dot{x}_0=0, && \ddot{x}_0=-\frac{2D}{F}, && \dddot{x}_0=0, && \ddddot{x}_0=0,\\
&\dot{y}_0=\frac{1}{F}, && \ddot{y}_0=0, && \dddot{y}_0=0, && \ddddot{y}_0=\frac{12DH}{F^4},\\
&\dot{z}_0=0, && \ddot{z}_0=0, && \dddot{z}_0=-\frac{6D}{F^3}, && \ddddot{z}=0,\\
&\varphi_0=\sqrt[6]{-\frac{1}{192\,F^3D^2}}2^{2/3}F^2, && \dot{\varphi}_0=0, && && \ddot{\varphi}_0=0,\\
&\dddot{\varphi}_0=-4\sqrt[3]{2}\sqrt[6]{-\frac{1}{192\,F^5D^2}}\frac{DH}{F}.
\end{aligned}$$

如同第一章 1.4 节所用的一样, 我们把关于 C_3' 的仿射弧长的导微记作一撇, 那么得到各有关量在 P 点的值：

$$\begin{aligned}
&x'=0, && y'=\frac{\varphi}{F}, && z'=0,\\
&x''=-\frac{2D\varphi^2}{F^2}, && y''=0, && z''=0,\\
&x'''=0, && y'''=0, && z'''=-6\frac{D}{F^3}\varphi^3.
\end{aligned}$$

最后一列的数值表明, C_3' 在 P 点的仿射副法线重合于曲面的仿射法线.

同样的事实关于曲线 C_3'' 也成立.

从上列公式容易算出 C_3'' 在 P 点的仿射挠率 t_1：

$$t_1=-\frac{5i}{\sqrt{3}}\sqrt{F}\,H. \tag{2.37}$$

同样, 我们可算出 C_3' 的仿射挠率, 而实际上也是 t_1.

一条挠曲线在一点 P 的三条邻近的仿射主法线决定了一个所谓仿射主织面[1)]. 从 (2.37) 我们立即得到定理：

在 P 点, 二曲线 C_3' 和 C_3'' 具有一个公共的仿射主织面; 它属于 Darboux 织面束, 而且其中心与 P 的连线是仿射曲面法线.

从 (2.31) 和 (2.37) 又得到定理：

如果对于 k 的某特定值曲线 $C_3'(k)$ 或 $C_3''(k)$ 变为三次抛物线, 那么对于 k 的任何值也成立. 当且仅当曲面是仿射极小曲面时, 这种情况才会在曲面的各点出现.

1) 苏步青, Jap.Journ.Math.,1930, 7: 1—7.

3.3　主切密切织面偶

我们考察一个曲面 σ、其上的一条曲线 C 和 C 上三个邻点 P、P_1、P_2 在这些点各引通过它而属于一系的主切曲线在这点的切线, 用以决定一个织面. 当 P_1、P_2 沿 C 独立趋近 P 时, 这个织面的极限称为 C 在 P 点的一个主切密切织面 (Bompiani 1926). 如果使用 σ 的第二系主切曲线, 就得到第二个主切密切织面. 本节里, 我们将从仿射几何的角度把主切密切织面同曲面的仿射法线、Darboux 切线、Segre 切线、Bompiani 初等形式和 Fubini 射影线素联系起来, 而明确它们之间的几何结构.

设曲面 σ 参考于其主切参数 u, v 的方程为

$$x = x(u, v). \tag{3.1}$$

从曲线 C 的各点引系 $u(dv = 0)$ 的主切曲线的切线, 其全体形成一个直纹面 $R^{(u)}$; $R^{(u)}$ 的方程为

$$z(u, w) = x + wx_u, \tag{3.2}$$

式中 x、x_u 里的 v 应被看成 u 的函数. 曲线 C 可以作为曲面 σ 上一个单参数族曲线

$$dv - \lambda du = 0 \tag{3.3}$$

的一个成员看待.

现在对 (3.2) 作关于 u, w 的各阶偏导数, 在各过程都要参考 (3.3) 和第一章 (5.70), (5.74) 进行计算, 我们便有

$$\begin{aligned}
z_u &= \left(1 + w\frac{F_u}{F}\right)x_u + \left(\lambda + w\frac{A}{F}\right)x_v + \lambda wFy,\\
z_w &= x_u\,,\\
z_{uu} &= (*)x_u + \left[\frac{A}{F} + \lambda' + \lambda^2\frac{F_v}{F} + w\left(\frac{A_u}{F} + 2\lambda\frac{A_v}{F} - \lambda^2 HF\right)\right]x_v\\
&\quad + [2\lambda F + w(A + 2\lambda F_u + \lambda^2 F_v + \lambda' F)]y\,,\\
z_{uw} &= \frac{F_u}{F}x_u + \frac{A}{F}x_v + \lambda Fy\,,
\end{aligned}$$

式中 λ' 表示 λ 的全导数. 于是 $R^{(u)}$ 的弯曲主切曲线的微分方程

$$(z_{uu}, z_u, z_w)du + 2(z_{uw}, z_u, z_w)dw = 0$$

化为下列形式：

$$\begin{aligned}1+\frac{dw}{du}=&-\frac{1}{\lambda}w\left(\frac{A}{F}+\lambda\frac{F_v}{F}\right)+\frac{1}{2}\frac{w^2}{\lambda^2}\Bigg[-\left(\frac{A}{F}\right)^2\\&+\lambda\frac{A\partial}{F\partial u}\ln(A/F^2)+\lambda^2\frac{A}{F}\frac{\partial}{\partial v}\ln(A^2/F)-\lambda^3HF-\lambda'\frac{A}{F}\Bigg].\end{aligned}\tag{3.4}$$

通过 $R^{(u)}$ 的一点 z 引其弯曲主切曲线在 z 点的切线, 那么其上的一点具有坐标

$$\bar{z}(w,\mu)=z+\mu\frac{dz}{du},\tag{3.5}$$

其中 μ 是另一参数而且变数 w 是根据 (3.4) 被看为 u 的函数的. 如果把空间一点的坐标表示为 (1.1) 的形式, 那么由 (3.5) 给定的点 $\bar{z}$ 的局部坐标 x, y, z 如下：

$$\left.\begin{aligned}&x=w+\mu\left(1+\frac{dw}{du}+w\frac{F_u}{F}\right),\\&y=\mu\left(\lambda+w\frac{A}{F}\right),\\&z=\lambda Fw\mu.\end{aligned}\right\}\tag{3.6}$$

为了求出 $R^{(u)}$ 在 P 点沿主切切线 u 的密切织面的方程, 我们把 (3.4) 代进 (3.6) 的第一方程中, 然后从变形后的 (3.6) 消去 μ 和 w, 因此得到

$$\begin{aligned}&\lambda^3(Hz^2-2z+2Fxy)-2\frac{A}{F}\lambda^2xz+2\frac{A}{F}\lambda yz\\&-\frac{A}{F^2}\left\{\frac{A}{F}+\lambda\frac{A_u}{A}+\lambda^2\frac{\partial}{\partial v}\ln(A^2/F)-\lambda'\right\}z^2=0,\end{aligned}\tag{3.7}$$

这就是 C 在 P 点的第一主切密切织面 $Q^{(u)}$ 的方程. C 在 P 点的第二主切织面 $Q^{(v)}$ 的方程是

$$\begin{aligned}&Hz^2-2z+2Fxy+2\frac{D}{F}\lambda^2xz-2\frac{D}{F}\lambda yz\\&-\frac{D}{F^2}\lambda\left\{\frac{D}{F}\lambda^2+\frac{D_v}{D}\lambda+\frac{\partial}{\partial u}\ln(D^2/F)+\lambda'\right\}z^2=0.\end{aligned}\tag{3.8}$$

$Q^{(u)}, Q^{(v)}$ 的过 P 点的直径分别决定于方程

$$x:y:z=-\frac{A}{F^2\lambda^2}:\frac{A}{F^2\lambda}:1\tag{3.9}$$

和

$$x:y:z=\frac{D}{F^2}\lambda:-\frac{D}{F^2}\lambda^2:1.\tag{3.10}$$

由于这些方程和 λ' 都无关, 所以我们可以推定: 凡在曲面点 P 相切的一族曲线的主切密切织面的中心都在过 P 点的一条直线上. 我们因此称这直线为属于 P 点公共切线的中心线. 这样, 我们得到二中心线 (3.9) 和 (3.10).

从方程 (3.10) 和 (3.9) 分别消去 λ, 结果是

$$Dyz + F^2x^2 = 0,$$

$$Axz + F^2y^2 = 0.$$

这两个二次锥面就是 3.2 节中所得到的 Γ_2' 和 Γ_2''. 这样, 我们获得新的几何解释:

当切线在中心 P 的线束中变动时, 对应的二中心线分别画出二次锥面 Γ_2' 和 Γ_2''.

过两直线 (3.9) 和 (3.10) 的平面决定于方程

$$\begin{vmatrix} x, & y, & z \\ -\dfrac{A}{F^2\lambda^2}, & \dfrac{A}{F^2\lambda}, & 1 \\ \dfrac{D}{F^2}\lambda, & -\dfrac{D}{F^2}\lambda^2, & 1 \end{vmatrix} = 0$$

即

$$(A + D\lambda^3)(y + \lambda x) = 0.$$

当且仅当切线是一条 Darboux 切线时, 这平面为不定. 就是说, Darboux 切线的方向是这样曲线的方向, 使得它所对应的两系主切密切织面具有一条公共中心线.

这个结果也可导自 Bompiani 的一个定理; 反过来也成立[1).]

在其他场合, 这两中心线决定一张对应于切线 t_λ 的平面 π_λ:

$$y + \lambda x = 0, \tag{3.11}$$

它通过 t_λ 的共轭切线和曲面的仿射法线. 因此, 二条对应于曲面在 P 点各切线的中心线决定了一个平面束, 而曲面在 P 点的仿射法线是作为这个平面束的轴出现的.

织面 $Q^{(u)}$ 当 $\lambda \to \infty$ 时趋近 Lie 织面

$$Hz^2 - 2z + 2Fxy = 0. \tag{3.12}$$

同样, 织面 $Q^{(v)}$ 当 $\lambda \to 0$ 时也趋近 Lie 织面.

现在作中心线 (3.9) 关于 Lie 织面的共轭直线, 它当然在切平面 $z = 0$ 上, 而且随着切线 t_λ 的变动包络一条抛物线 C_1. 我们容易求出 C_1 的方程

$$z = Ax^2 - 4Fy = 0. \tag{3.13}$$

1) 参考 Pubini-Čech:Geometria proiettiva differenziale (以下简称 F-Č:GPD), Vol. II, Appendix 2; 或 Haak: §2 脚注.

这抛物线在 P 点与一条主切切线 $z=x=0$ 相切, 且以另一条主切切线 $y=z=0$ 为直径. 同样, 我们得到第二抛物线 C_2:

$$z=Dy^2-4Fx=0. \tag{3.14}$$

这二抛物线除在 P 点相交而外, 还有三个交点 P_1, P_2, P_3; 各交点在 Segre 切线上:

$$Ax^3-Dy^3=0. \tag{3.15}$$

$P_r(r=1,2,3)$ 的坐标为

$$x=\frac{4\varepsilon^r F}{AB^2},\quad y=\frac{4\varepsilon^{2r}F}{AB},\quad z=0, \tag{3.16}$$

式中如前已令 $B=\sqrt[3]{A/D}$, $\varepsilon=\sqrt[3]{1}$(虚根). 这些点构成一个三角形, 其重心是 P, 而且各边平行于 Darboux 切线.

让我们考察两个更为一般的抛物线:

$$x^2-k\frac{F}{A}y=0,\quad y^2-k\frac{F}{D}x=0. \tag{3.17}$$

当 $k=4$ 时, 它们就是 C_1, C_2. 当 $k=2$ 时, 我们获得 Čech (1922) 的抛物线: 在 P 点和一条主切曲线成二阶接触而以另一主切切线为直径的抛物线. 当 $k=-\dfrac{4}{3}$ 时, 我们得到 3.2 节中的 (2.35) 和 (2.34). 所以, 运用交叉比或者按照 Memke-Segre 不变量, 从上列三对抛物线便可几何学上定义抛物线 (3.17).

上述一些关于 C_1, C_2 的结果都可以拓广到这里来, 而无须修正.

现在曲面上取 P 的一个邻点 P', 我们不妨把 PP' 的连线看做在切平面; 设 G_1, G_2 是两抛物线 (3.17) 和 PP' 的 P 以外的交点. 容易证明:

$$\frac{Adu^2}{Fdv}=k\frac{PP'}{PG_1},\quad \frac{Ddv^2}{Fdu}=k\frac{PP'}{PG_2}, \tag{3.18}$$

式中已省掉一阶以上的微小. 最后关系式 (3.18) 表明了 Bompiani 初等形式的几何意义.

设 P^* 是 P 关于 G_1, G_2 的调和共轭点. 从 (3.18) 我们导出

$$k\frac{PP'}{PP^*}=\frac{Adu^3+Ddv^3}{2F\,dudv}. \tag{3.19}$$

这样, 我们完成了 Fubini 射影线素的几何解释.

3.4 Čech 变换 $\sum\limits_k$ 及其应用

Čech(1922) 证明了一个重要的定理：Lie 配极、Moutard 对应和 Segre 对应在射影空间曲面的一个正常点都属于一个单参数族的变换 $\sum\limits_k$ 之中[1)]. 如果给定了 Lie 配极, 那么我们按照曲面在一点的切平面上的某些二次曲线偶便可构造出任一变换 $\sum\limits_k$.

在前面三节中, 我们获得了四次锥面 $\Gamma(k)$ 和两个二次锥面 Γ_2'、Γ_2''. 这个构图和 $\sum\limits_k$ 的构图结合起来, 便产生一个问题：给定两锥面 Γ_2'、Γ_2''; 怎样构造出任一锥面 $\Gamma(k)$? 这个问题的解答不仅阐明了锥面 Γ_2'、Γ_2'' 和 $\Gamma(k)$ 之间的关系, 而且还对射影曲面论中的对应问题给出启发. 这两个问题形成本节研究的对象. 因此, 我们分为两部分进行讨论.

I. 变换 $\sum\limits_k$ 的几何结构

3.4.1 Lie 配极

设 $x_i(u,v)\,(i=1,2,3,4)$ 是三维射影空间 $\mathbb{P}^3$ 里一个非退缩非直纹曲面 σ 上一个点 O 的 Fubini 法射影坐标. 又设 σ 上的参数网是主切网. 那么函数 x 都是 Fubini 归范型微分方程组

$$\left.\begin{aligned} x_{uu}&=\theta_u x_u+\beta x_v+px,\\ x_{vv}&=\theta_v x_v+\gamma x_u+qx, \end{aligned}\right\}(\theta=\ln\beta\gamma) \tag{4.1}$$

的解[2)]. 这组方程是被假定为完全可积分的. 空间任何一点 P 的坐标可表成 $x_1x+x_2x_u+x_3x_v+x_4x_{uv}$, 其中 x_1, x_2, x_3, x_4 表示 P 参考于共变四面体 $[x x_u\, x_v\, x_{uv}]$ 添上适当单位点的局部坐标. 令

$$x=\frac{x_2}{x_1},\ y=\frac{x_3}{x_1},\ z=\frac{x_4}{x_1} \tag{4.2}$$

且称 P 的非齐次坐标.

设 C 为曲面上过 O 点而且与切线 t_λ

$$y-\lambda x=z=0 \tag{4.3}$$

1) 参考 F-Č:GPD,Vol.II,chap.IX.

2) 参考 F-Č:GPD,Vol.I.

相切的曲线. 如 3.3 节所示, 在 O 点属于 C 的主切密切织面 $Q^{(u)}$ 和 $Q^{(v)}$ 分别决定于方程

$$k_1z^2+\beta\lambda(\lambda x-y)z+\lambda^3(z-xy)=0, \tag{4.4}$$

$$k_2z^2+\gamma\lambda(y-\lambda x)z+z-xy=0, \tag{4.5}$$

式中 k_1, k_2 是由 C 的二阶元素组成的量, 在以下讨论中它们不起任何作用.

现在, 在 O 点的切平面上取一条不通过 O 的直线 l_2:

$$z=\frac{x}{a}+\frac{y}{b}-1=0 \tag{4.6}$$

并作 l_2 与 t_λ 的交点 P:

$$x=\frac{ab}{a\lambda+b},\quad y=\frac{ab\lambda}{a\lambda+b},\quad z=0. \tag{4.7}$$

另一方面, 我们考察 l_2 关于 $Q^{(u)}$ 和 $Q^{(v)}$ 的共轭直线 $l_1^{(u)}$ 和 $l_1^{(v)}$, 而且从它们的方程

$$\left.\begin{aligned}b\lambda^2x&=(\lambda^2-b\beta)z,\\a\lambda y&=(a\beta+\lambda)z\end{aligned}\right\} \tag{4.8}$$

和

$$\left.\begin{aligned}bx&=(1+\gamma b\lambda)z,\\ay&=(1-\gamma a\lambda^2)z\end{aligned}\right\} \tag{4.9}$$

导出这两条共轭直线所在的平面. 首先指出, 当且仅当

$$\beta+\gamma\lambda^3=0 \tag{4.10}$$

即 t_λ 是 Darboux 切线时, $l_1^{(u)}$ 和 $l_1^{(v)}$ 相重合, 因此它们所在的平面变为不定. 除此而外, 所在平面的方程是

$$ab\lambda x+aby-(a\lambda+b)z=0. \tag{4.11}$$

所以 P 点和这平面之间构成曲面在 O 点关于 Lie 织面的配极.

3.4.2 Moutard 对应

曲面在 O 点的切平面上一点 $P(x_1,x_2,x_3,0)$ 同通过 O 的一张平面 π

$$\eta_3x+\eta_2y-\eta_1z=0 \tag{4.12}$$

两者之间如果成立下列关系:

$$\left.\begin{aligned}\rho\eta_1 &= x_1x_2x_3 + k(\beta x_2^3 + \gamma x_3^3),\\ \rho\eta_2 &= x_2^2x_3,\\ \rho\eta_3 &= x_2x_3^2,\end{aligned}\right\} \tag{4.13}$$

那么就称为 Čech 变换 $\sum\limits_k$.

从上一段立即看出, $\sum\limits_0$ 就是 Lie 配极. 反过来, 由 $\sum\limits_0$ 和切平面上某些二次曲线偶可以造出 $\sum\limits_k$. 可是, 在这里我们却从共轭极线 $l_1^{(u)}$ 和 $l_1^{(v)}$ 造出 Moutard 对应来. 实际上, 当曲面的切线 t_λ 变到邻近切线时, 对应的各条直线 $l_1^{(u)}$(或 $l_1^{(v)}$) 和它的邻近直线决定了一张平面 $\pi^{(u)}$(或 $\pi^{(v)}$). 于是我们有

$$\pi^{(u)} \equiv ab(\lambda^2x + 2\lambda y) - (a\lambda^2 + ab\beta + 2b\lambda)z = 0, \tag{4.14}$$

$$\pi^{(v)} \equiv ab(2\lambda x + y) - (2a\lambda + ab\gamma\lambda^2 + b)z = 0. \tag{4.15}$$

这两个平面的交线 $l_1^{(m)}$ 同直线 l_2 相对应, 就是说: 由 (4.3) 给定的 l_2 对应于 $l_1^{(m)}$, 而后者的方程是 (4.14) 和 (4.15):

$$\left.\begin{aligned}3\lambda(ay - z) + a(\gamma\lambda^3 - 2\beta)z = 0,\\ 3\lambda^2(bx - z) + b(\beta - 2\gamma\lambda^3)z = 0.\end{aligned}\right\} \tag{4.16}$$

可是属于 t_λ 的 Moutard 织面具有如下的方程:

$$(*)z^2 + 3\lambda^2(z - xy) + \lambda(2\beta - \gamma\lambda^3)xz - (\beta - 2\gamma\lambda^3)yz = 0, \tag{4.17}$$

式中 $(*)$ 表示我们用不着的系数. 比较 (4.3) 和 (4.16), 便得出下列定理:

两直线 l_2 和 $l_1^{(m)}$ 是关于切线 t_λ 所对应的 Moutard 织面的共轭极线.

如果把 l_2 和 t_λ 的交点 $P(x_1, x_2, x_3, 0)$ 固定下来而变动 l_2, 那么对应的直线 $l_1^{(m)}$ 常在一个固定平面上:

$$\pi^{(m)} \equiv 3ab\lambda(\lambda x + y) - [\,ab(\beta + \gamma\lambda^3) + 3\lambda(a\lambda + b)\,]z = 0, \tag{4.18}$$

或

$$\pi^{(m)} \equiv 3x_2x_3(x_3x + x_2y) - (\beta x_2^3 + \gamma x_3^3 + x_1x_2x_3)z = 0. \tag*{(4.18)$'$}$$

所以 P 点与 $\pi^{(m)}$ 平面之间的对应是 Moutard 对应.

同样, 如果把 l_2 和 t_λ 的共轭切线 $\bar{t}_\lambda$ 的交点 $\bar{P}(\bar{x}_1, \bar{x}_2, \bar{x}_3, 0)$ 固定下来而变动 l_2, 那么对应直线 $l_1^{(m)}$ 描成一个固定平面

$$\bar{\pi}^{(m)} \equiv ab\lambda(\lambda x - y) + [\,ab(\beta - \gamma\lambda^3) + \lambda(b - a\lambda)\,]z = 0. \tag{4.19}$$

按照关系

$$\bar{x}_1 = b - a\lambda, \quad \bar{x}_2 = ab, \quad \bar{x}_3 = -ab\lambda \tag{4.20}$$

改写 (4.19) 为

$$\bar{x}_2\bar{x}_3(\bar{x}_3 x + \bar{x}_2 y) - [\,3(\beta\bar{x}_2^3 + \gamma\bar{x}_3^3) + \bar{x}_1\bar{x}_2\bar{x}_3\,]z = 0, \tag{4.19$'$}$$

我们获得 P 点与 $\bar{\pi}^{(m)}$ 平面之间的新对应 $\sum\limits_3$.

容易看出, 当切线 t_λ 变动时, 固定直线 l_2 的各条对应极线 $l_1^{(u)}$ 或 $l_1^{(v)}$ 各自描出二次锥面 $\Gamma_2^{(u)}$ 或 $\Gamma_2^{(v)}$. 这些锥面也分别是平面 $\pi^{(u)}$ 和 $\pi^{(v)}$ 的包络, 而且有平面坐标表示的方程

$$4u_3\left(u_3 + \frac{u_1}{b} + \frac{u_2}{a}\right) + \beta u_2^2 = 0, \tag{4.21}$$

$$4u_3\left(u_3 + \frac{u_1}{b} + \frac{u_2}{a}\right) + \gamma u_1^2 = 0. \tag{4.22}$$

平面 $\pi^{(m)}$ 的包络是四次三阶的锥面, 而且有三条为 $\Gamma_2^{(u)}$ 和 $\Gamma_2^{(v)}$ 所共有的尖点直线. $\Gamma_2^{(u)}$ 和 $\Gamma_2^{(v)}$ 另有一条公共线, 它是固定直线 l_2 的关于 Lie 配极的直线. 下文第 II 部分中将详细讨论这个构图.

3.4.3 Segre 对应

我们重新考察平面 $\pi^{(m)}$. 这平面和其邻近平面相交于直线:

$$\left.\begin{aligned} &3ab\lambda(\lambda x + y) - [\,ab(\beta + \gamma\lambda^3) + 3\lambda(a\lambda + b)\,]z = 0, \\ &ab(2\lambda x + y) - [\,ab\gamma\lambda^2 + 2a\lambda + b]z = 0. \end{aligned}\right\} \tag{4.23}$$

令

$$\bar{x}_1 = b - a\lambda, \quad \bar{x}_2 = ab, \quad \bar{x}_3 = -ab\lambda, \tag{4.24}$$

并改写 (4.23) 为

$$\left.\begin{aligned} &3\bar{x}_2\bar{x}_3(-\bar{x}_3 x + \bar{x}_2 y) + \{\beta\bar{x}_2^3 - \gamma\bar{x}_3^3 + 3\bar{x}_1\bar{x}_2\bar{x}_3 - 6b\bar{x}_2\bar{x}_3\}z = 0, \\ &\bar{x}_2\bar{x}_3(-2\bar{x}_3 x + \bar{x}_2 y) + \{-\gamma\bar{x}_3^3 + 2\bar{x}_1\bar{x}_2\bar{x}_3 - 3b\bar{x}_2\bar{x}_3\}z = 0. \end{aligned}\right\} \tag{4.23$'$}$$

从此消去 b, 便导出一个平面 $\pi^{(s)}$ 的方程:

$$\bar{x}_2\bar{x}_3(\bar{x}_3 x + \bar{x}_2 y) + (\beta\bar{x}_2^3 + \gamma\bar{x}_3^3 - \bar{x}_1\bar{x}_2\bar{x}_3)z = 0. \tag{4.25}$$

$\pi^{(s)}$ 代表直线 (4.23) 当直线 l_2 被固定其与 $\bar{t}_\lambda$ 即 t_λ 的共轭切线的交点 $\bar{P}(\bar{x}_1, \bar{x}_2, \bar{x}_3, 0)$ 而变动时所描出的轨迹. $\bar{P}$ 点和 $\pi^{(s)}$ 平面之间的对应是 Segre 对应.

平面 $\pi^{(s)}$ 也可作为平面 $\pi^{(m)}$ 关于 $\pi^{(u)}$ 和 $\pi^{(v)}$ 的调和共轭平面加以作图. 实际上, 从 (4.14)、(4.15)、(4.18) 写出

$$\pi^{(m)} \equiv \pi^{(u)} + \lambda\pi^{(v)},$$

所以调和共轭平面的方程

$$\pi^{(s)} \equiv \pi^{(u)} - \lambda\pi^{(v)} = 0$$

即

$$\pi^{(s)} \equiv ab\lambda(-\lambda x + y) - [-a\lambda^2 + ab(\beta - \gamma\lambda^3) + b\lambda]z = 0. \tag{4.26}$$

把 (4.24) 代进 (4.26), 我们便获得平面 (4.25).

令 $\pi^{(s)}$ 与其邻近平面的交线同 l_2 相对应, 当后一直线常通过点 P 时:

$$x_1 = a\lambda + b, x_2 = ab, x_3 = ab\lambda, \tag{4.27}$$

那么交线常在平面上:

$$x_2x_3(x_3x + x_2y) - [3(\beta x_2^3 + \gamma x_3^3) + x_1x_2x_3]z = 0. \tag{4.28}$$

这样, P 点与平面 (4.28) 做成 Čech 变换 $\sum\limits_{3}$.

3.4.4　新变换 $\sum\limits_{1/10}$ 和 $\sum\limits_{1/2}$

在一条曲面曲线 C 上取两邻近点 O、O' 和通过各点的主切曲线, 我们于是得到一个主切曲四边形 $OO_1O'O_2$. 当 O 固定而 O' 在 C 上变动时, 主切弦 $O'O_1$ 描成一个直纹面 $R^{(u)}$. $R^{(u)}$ 沿 $O'O_1$ 的密切织面当 O' 沿 C 趋近 O 时的极限就是被 Bompiani 命名为 C 在 O 的一个主切弦的织面. 换用另一主切弦 $O'O_2$, 便有第二个主切弦的织面.

诚然, 这两织面决定于 C 在 O 的二阶元素. 但是, 我们容易证明: 对 O 点切平面上的点与过 O 的平面之间所作关于各织面的配极则仅与 C 在 O 的一阶元素有关. 实际上, 设 C 在 O 点的切线 t_λ 的方程为 (4.3). 那么第一和第二主切弦织面 Q_1 和 Q_2 分别有方程

$$2(z - xy) + \gamma\lambda yz - \frac{1}{3}\gamma\lambda^2 xz + k_1z^2 = 0 \tag{4.29}$$

和

$$2(z - xy)\lambda^2 - \frac{1}{3}\beta yz + \beta\lambda xz + k_2z^2 = 0, \tag{4.30}$$

式中 k_1、k_2 表示 C 的二阶元素所决定的二量. 直线 l_2:

$$z = \frac{x}{a} + \frac{y}{b} - 1 = 0. \tag{4.31}$$

关于 Q_1 和 Q_2 的共轭极线分别决定于方程组:

$$\left.\begin{aligned} &ay + \left(\frac{1}{6}a\gamma\lambda^2 - 1\right)z = 0, \\ &bx - \left(\frac{1}{2}b\gamma\lambda + 1\right)z = 0; \end{aligned}\right\} \tag{4.32}$$

$$\left.\begin{aligned} &a\lambda y - \left(\frac{1}{2}a\beta + \lambda\right)z = 0, \\ &b\lambda^2 x + \left(\frac{1}{6}b\beta - \lambda^2\right)z = 0. \end{aligned}\right\} \tag{4.33}$$

这样, 我们证明了这两直线仅仅与参数 λ 有关.

现在, 令切线 t_λ 在 O 点回转, 于是直线 (4.32) 和其邻近直线决定一张平面 π_1:

$$\pi_1 \equiv ab\left(\frac{3}{2}y + \lambda x\right) - \left(\frac{1}{4}ab\gamma\lambda^2 + \frac{3}{2}b + a\lambda\right)z = 0. \tag{4.34}$$

同样, 我们得到另一张平面 π_2:

$$\pi_2 \equiv ab\lambda\left(y + \frac{3}{2}\lambda x\right) - \left(\frac{1}{4}ab\beta + b\lambda + \frac{3}{2}a\lambda^2\right)z = 0. \tag{4.35}$$

因此, 对于 l_2 就有二平面 π_1、π_2 的交线 $(\pi_1\pi_2)$ 与之对应. 如果固定 l_2 与 t_λ 的交点 P

$$x_1 = b + a\lambda, \quad x_2 = ab, \quad x_3 = ab\lambda \tag{4.36}$$

而变动 l_2, 那么对应直线 $(\pi_1\pi_2)$ 描成一张平面:

$$x_2x_3(x_3x + x_2y) - \left[\frac{1}{10}(\beta x_2^3 + \gamma x_3^3) + x_1x_2x_3\right]z = 0. \tag{4.37}$$

这个对应就是 Čech 变换 $\sum\limits_{1/10}$.

如果相反, 固定 l_2 与 $\bar{t}_\lambda$ 的交点 $\bar{P}$

$$\bar{x}_1 = b - a\lambda, \quad \bar{x}_2 = ab, \quad \bar{x}_3 = -ab\lambda \tag{4.38}$$

而变动 l_2, 那么对应直线 $(\pi_1\pi_2)$ 描成平面:

$$\bar{x}_2\bar{x}_3(\bar{x}_3x + \bar{x}_2y) - \left[\frac{1}{2}(\beta\bar{x}_2^3 + \gamma\bar{x}_3^3) + \bar{x}_1\bar{x}_2\bar{x}_3\right]z = 0. \tag{4.39}$$

所得到的是 $\bar{P}$ 与这平面间的一个新的 Čech 变换 $\sum\limits_{1/2}$.

3.4.5 $\sum\limits_{k}$ 的某族

让我们回到 1—3 段中讨论过的课题去. 在那里已观察了 $\pi^{(m)}$ 的关于 $\pi^{(u)}$、$\pi^{(v)}$ 的共轭平面 $\pi^{(s)}$. 这平面和其邻近平面决定一条直线, 方程是:

$$\left.\begin{aligned}\pi^{(s)} &\equiv ab\lambda(-\lambda x+y)-[-a\lambda^2+ab(\beta-\gamma\lambda^3)+b\lambda]z=0,\\ \frac{\partial\pi^{(s)}}{\partial\lambda} &\equiv ab(-2\lambda x+y)-(-2a\lambda-3ab\gamma\lambda^2+b)z=0.\end{aligned}\right\}\tag{4.40}$$

这直线和 $l_1^{(u)}(l_1^{(v)})$ 决定一张平面 $\pi_1^{(u)}(\pi_1^{(v)})$. 记 $\pi^{(s)}$ 关于 $\pi_1^{(u)}$ 和 $\pi_1^{(v)}$ 的共轭平面为 π_2. 过直线 (4.40) 的任一平面都具有形如

$$\pi^{(s)}+\rho\frac{\partial\pi^{(s)}}{\partial\lambda}=0.\tag{4.41}$$

特别当 $\rho=-\dfrac{1}{3}\lambda$ 或 $\rho=\infty$ 时, 它通过 $l_1^{(u)}$ 或 $l_1^{(v)}$, 不过 $\beta+\gamma\lambda^3=0$ 时必须除外, 而这时 $l_1^{(u)}$ 和 $l_1^{(v)}$ 都重合于直线 (4.40). 所以在 (4.41) 中令 $\rho=-\dfrac{2}{3}\lambda$, 便获得 π_2 的方程, 即

$$\pi_2\equiv ab\lambda(\lambda x+y)-[a\lambda^2+3ab(\beta+\gamma\lambda^3)+b\lambda]z=0.\tag{4.42}$$

这平面与点 $P(x_1,x_2,x_3,0)$

$$x_1=a\lambda+b,\quad x_2=ab,\quad x_3=ab\lambda\tag{4.43}$$

之间的对应是变换 $\sum\limits_{3}$.

因为平面 $\pi_1^{(u)}$、$\pi_1^{(v)}$ 分别地决定于方程

$$\begin{aligned}\pi_1^{(u)} &\equiv ab\lambda(-\lambda x+2y)+(a\lambda^2-3ab\beta-2b\lambda)z=0,\\ \pi_1^{(v)} &\equiv ab(-2\lambda x+y)+(2a\lambda+3ab\gamma\lambda^2-b)z=0,\end{aligned}$$

而每张平面和其邻近平面各有一条交线, 所以我们得到两条交线:

$$l_{12}^{(u)}:\quad\left.\begin{aligned}a\lambda y&=(\lambda+3a\beta)z,\\ b\lambda^2x&=(\lambda^2+3b\beta)z;\end{aligned}\right\}\tag{4.44}$$

$$l_{12}^{(v)}:\quad\left.\begin{aligned}bx&=(1+3b\gamma\lambda)z,\\ ay&=(1+3a\gamma\lambda^2)z.\end{aligned}\right\}\tag{4.45}$$

同样, 平面 π_2 和其邻近平面相交于直线:

$$\left.\begin{aligned}&ab\lambda(\lambda x+y)-\{a\lambda^2+3ab(\beta+\gamma\lambda^3)+b\lambda\}z=0,\\ &ab(2\lambda x+y)-(2a\lambda+9ab\gamma\lambda^2+b)z=0.\end{aligned}\right\}\tag{4.46}$$

如果以直线 (4.46)、$l_{12}^{(u)}$、$l_{12}^{(v)}$ 分别代替直线 (4.40)、$l_1^{(u)}$、$l_1^{(v)}$ 而且利用曾经对 $\pi_1^{(u)}$、$\pi_1^{(v)}$ 和 $\pi^{(s)}$ 用过的方法, 我们就容易得出相当于 π_2 的一张平面 π_3:

$$\pi_3 \equiv ab\lambda(-\lambda x + y) + [a\lambda^2 - 9ab(\beta - \gamma\lambda^3) - b\lambda]z = 0. \tag{4.47}$$

这张平面与点 $\bar{P}$:

$$\bar{x}_1 = -a\lambda + b, \quad \bar{x}_2 = ab, \quad \bar{x}_3 = -ab\lambda \tag{4.48}$$

构成对应 $\sum\limits_{-9}$.

如果我们重复 n 次同一过程, 那么便获得一张平面 π_n

$$\pi_n \equiv [(-1)^n\lambda x + y]ab\lambda - [(-1)^n a\lambda^2 + 3^{n-1}ab\{\beta + (-1)^n\gamma\lambda^3\} + b\lambda]z = 0 \tag{4.49}$$

和两条直线

$$l_{1n}^{(u)}: \left.\begin{array}{l} b\lambda^2 x = \{\lambda^2 + (-1)^n 3^{n-1}b\beta\}z, \\ a\lambda y = (\lambda + 3^{n-1}a\beta)z; \end{array}\right\} \tag{4.50}$$

$$l_{1n}^{(v)}: \left.\begin{array}{l} bx = (1 + 3^{n-1}b\gamma\lambda)z, \\ ay = \{1 + (-1)^n 3^{n-1}a\gamma\lambda^2\}z. \end{array}\right\} \tag{4.51}$$

这个主张显然在 $n = 2$ 的场合成立. 假如它在 π_n、$l_{1n}^{(u)}$、$l_{1n}^{(v)}$ 时成立而从此能够证明它在 π_{n+1}、$l_{1,n+1}^{(u)}$、$l_{1,n+1}^{(v)}$ 时也成立的话, 那么按照数学归纳法就可完成我们对上述主张的证明.

我们将首先观察 π_n 和其邻近平面的交线. 过这交线的任何平面必具有方程

$$\pi_n + \rho\frac{\partial\pi_n}{\partial\lambda} = 0. \tag{4.52}$$

在这里我们假定 $\beta + (-1)^{n+1}\gamma\lambda^3 \neq 0$. 当 $\rho = -\dfrac{1}{3}\lambda$ 时, 平面 (4.52) 通过直线 $l_{1n}^{(u)}$; 当 $\rho = \infty$ 时, 它通过 $l_{1n}^{(v)}$. 这样, 我们获得两平面:

$$\pi_n^{(u)} \equiv ab\lambda[(-1)^n\lambda x + 2y] - [(-1)^n a\lambda^2 + 3^n ab\beta + 2b\lambda]z = 0, \tag{4.53}$$

$$\pi_n^{(v)} \equiv ab[2(-1)^n\lambda x + y] - [2(-1)^n a\lambda + 3^n ab\gamma\lambda^2 + b]z = 0. \tag{4.54}$$

因此, π_n 关于 $\pi_n^{(u)}$ 和 $\pi_n^{(v)}$ 的调和共轭平面是由方程 (4.52) 在 $\rho = -\dfrac{2}{3}\lambda$ 时决定的:

$$ab\lambda[(-1)^{n+1}\lambda x + y] - [(-1)^{n+1}a\lambda^2 + 3^n ab\{\beta + (-1)^{n+1}\gamma\lambda^3\} + b\lambda]z = 0, \tag{4.55}$$

而这恰恰表示了平面 π_{n+1}.

平面 $\pi_n^{(u)}$ 和其邻近平面的交线是

$$\pi_n^{(u)}=0,\quad \frac{\partial\pi_n^{(u)}}{\partial\lambda}=0,$$

或写成

$$\left.\begin{aligned}&b\lambda^2x=\{\lambda^2+(-1)^{n+1}3^nb\beta\}z,\\&a\lambda y=(\lambda+3^na\beta)z.\end{aligned}\right\}\tag{4.56}$$

这就是直线 $l_{1,n+1}^{(u)}$. 同样, 我们可证平面 $x_n^{(v)}$ 和其邻近平面相交于直线 $l_{1,n+1}^{(v)}$.

这样一来, 我们完成了证明.

如此获得的平面 π_n 与点

$$x_1=(-1)^na\lambda+b,\quad x_2=ab,\quad x_3=(-1)^nab\lambda\tag{4.57}$$

之间成立对应 $\sum\limits_{(-1)^n3^{n-1}}$.

这里必须指出从 $\sum\limits_{(-1)^n3^{n-1}}$ 作出 $\sum\limits_{(-1)^{n+1}3^n}$ 的过程中的一个注记.

设 π_n 和其邻近平面的交线同直线 l_2 相对应. 当 l_2 在以点

$$x_1=(-1)^{n+1}a\lambda+b,\quad x_2=ab,\quad x_3=(-1)^{n+1}ab\lambda\tag{4.58}$$

为中心的线束中变动时, 对应直线描成一张平面:

$$x_2x_3(x_3x+x_2y)-[\,(-1)^{n+1}3^n(\beta x_2^3+\gamma x_3^3)+x_1x_2x_3\,]z=0.\tag{4.59}$$

这就是点 (4.58) 在 $\sum\limits_{(-1)^{n+1}3^n}$ 下的对应平面.

3.4.6 Bompiani 初等形式

本段的内容实质上是和 3.3 节末段中的结果等价的.

我们在段 2 里已作了两个二次锥面 $\Gamma_2^{(u)}$ 和 $\Gamma_2^{(v)}$, 使它们和定直线 l_2 在主切密切织面的配极下互相对应. 现在又作 $\Gamma_2^{(u)}$ 和 $\Gamma_2^{(v)}$ 在 Lie 配极下的对应图形: 曲面在 O 点切平面上的两个二次曲线 C_1, C_2, 它们的方程是

$$4x_3\left(\frac{x_2}{a}+\frac{x_3}{b}-x_1\right)+\beta x_2^2=0,\quad x_4=0;\tag{4.60}$$

$$4x_2\left(\frac{x_2}{a}+\frac{x_3}{b}-x_1\right)+\gamma x_3^2=0,\quad x_4=0.\tag{4.61}$$

这两个二次曲线除了在 O 点外, 还在另外三点 O_1、O_2、O_3 相交, 而且这三点落在三条 Segre 切线上:

$$\beta x_2^3-\gamma x_3^3=x_4=0. \tag{4.62}$$

O_r 的坐标是

$$x_1':x_2:x_3:x_4=-\beta:4\varepsilon^r B:4\varepsilon^{2r}B^2:0,$$

式中已令

$$\varepsilon=\sqrt[3]{1}\quad(\text{虚根}),\quad B=\sqrt[3]{\frac{\beta}{\gamma}},\quad x_1'=\frac{x_2}{a}+\frac{x_3}{b}-x_1.$$

这些点形成这样一个三角形, 各边和一条 Darboux 切线在 l_2 的一点相交, 而且 l_2 关于它的极点就是 O.

现在考察曲面上 O 的无限近点 O'. 于是连线 OO' 可以看成 O 点切平面上的直线, 从而除在 O 点外, 和二次曲线 C_1、C_2 还分别在二点 G_1、G_2 相交, 而且和 l_2 在点 G' 相交. 我们容易证明: 只要把高于一阶的微小省略掉, 一定成立关系:

$$\beta\frac{du^2}{dv}=4(OG',O'G_1), \tag{4.63}$$

$$\gamma\frac{dv^2}{du}=4(OG',O'G_2). \tag{4.64}$$

右侧括号表示其中四点 (在所列顺序下) 的交叉比. 这样, 我们获得了 Bompiani 初等形式的几何解释.

设 O^* 是 O 关于 G_1、G_2 的第四调和共轭点. 我们还得到 Fubini 射影线素的几何意义:

$$\frac{\beta du^3+\gamma dv^3}{2dudv}=4(OG',O'G^*). \tag{4.65}$$

II. 变换 $\sum\limits_k$ 在仿射曲面论中的应用

3.4.7 二次锥面 $\Gamma_2'(k)$ 和 $\Gamma_2''(k)$ 的作图

我们转入二次锥面 Γ_2'、Γ_2'' 即曲率锥面, 和其他按照交叉比导出的一些锥面的讨论.

首先指出, 对应于切线 t_λ:

$$y-\lambda x=z=0 \tag{4.66}$$

的两条中心线 [参考 3.3 节] 的方程是

$$x:y:z=-\frac{A}{F^2\lambda^2}:\frac{A}{F^2\lambda}:1 \tag{4.67}$$

和

$$x : y : z = \frac{D}{F^2}\lambda : -\frac{D}{F^2}\lambda^2 : 1. \tag{4.68}$$

通过前一条 (4.67) 引三张平面 π_0''、π_∞'' 和 π_1'' 使分别通过一条主切切线 $x = z = 0$, 另一条主切切线和 t_λ 的共轭切线; 于是通过同一条中心线并按交叉比

$$(\pi_0''\pi_\infty'', \pi_l''\pi_1'') = l$$

引第四平面 π_l'', 我们将证: 平面 $\pi_{\frac{2}{k}}''$ 的包络 (t_λ 变动) 是锥面 $\Gamma_2''(k)$:

$$F^2y^2 + A_kxz = 0, \tag{4.69}$$

式中已令

$$A_k = k(2-k)A. \tag{4.70}$$

实际上, π_l'' 的方程是

$$x + \frac{A}{F^2\lambda^2}z + l\left(\frac{y}{\lambda} - \frac{A}{F^2\lambda^2}z\right) = 0, \tag{4.71}$$

所以它的包络是

$$F^2y^2 + \frac{4(l-1)}{l^2}Azx = 0.$$

令 $l = \dfrac{2}{k}$, 便获得 (4.69).

同样, 取第二条中心线 (4.68) 又可导出锥面 $\Gamma_2'(k)$

$$F^2x^2 + D_kyz = 0, \quad D_k = \frac{2k-1}{k^2} \tag{4.72}$$

作为平面 $\pi'_{\frac{1}{2k}}$ 的包络, 其中 π_l' 的定义和 π_l'' 的相类似.

我们容易证明: 平面 $\pi'_{\frac{1}{2k}}$、$\pi''_{\frac{1}{k}}$ 分别和锥面 $\Gamma_2'(k)$、$\Gamma_2''(k)$ 的接触线决定了一张过曲面的仿射法线的平面.

3.4.8　四次锥面 $\boldsymbol{\Gamma(k)}$ 的作图

现在我们将考察三个锥面 $\Gamma_2'(k)$、$\Gamma_2''(k)$ 和 $\Gamma(k)$ 的构图. 为此, 过曲面的仿射法线引任一平面, 使与二锥面 $\Gamma_2'(k)$、$\Gamma_2''(k)$ 相交于一对直线, 而且称它们为这些锥面的对应母线. 于此, 我们将证明下列定理:

二锥面 $\Gamma_2'(k)$ 和 $\Gamma_2''(k)$ 在对应母线的切平面相交于锥面 $\Gamma(k)$ 的一条母线.

证明如下：$\Gamma_2'(k)$ 和 $\Gamma_2''(k)$ 的对应母线是属于同一切线 t_λ 的，我们在那里的切平面显然是 $\pi'_{\frac{1}{2k}}$、$\pi''_{\frac{2}{k}}$. 因此这二平面的交线决定于方程组：

$$\left.\begin{aligned} &x - \frac{D}{F^2}\lambda z + \frac{1}{2k}\left(\frac{y}{\lambda} + \frac{D}{F^2}\lambda z\right) = 0, \\ &x + \frac{A}{F^2\lambda^2}z + \frac{2}{k}\left(\frac{y}{\lambda} - \frac{A}{F^2\lambda^2}\right) = 0, \end{aligned}\right\} \tag{4.73}$$

也就是

$$\left.\begin{aligned} &\{(k-2)A - (2k-1)D\lambda^3\}z + 3F^2\lambda(y + \lambda kx) = 0, \\ &-(2k-1)D\lambda^2 z + F^2(y + 2\lambda kx) = 0. \end{aligned}\right\} \tag{4.74}$$

这条直线描成一个锥面，它也是平面 $(4.74)_1$ 的包络. 以 $u_1, u_2, u_3, u_4 = 0$ 表示这平面的坐标，并从方程

$$\rho u_1 = 3F^2k\lambda^2, \quad \rho u_2 = 3F^2\lambda,$$

$$\rho u_3 = (k-2)A - (2k-1)D\lambda^3, \quad \rho u_4 = 0$$

消去 λ，我们便获得平面坐标表示的锥面方程

$$3F^2k^2u_1u_2u_3 + k^3(2-k)Au_2^3 + (2k-1)Du_1^3 = 0,$$

或写成

$$3F^3u_1u_2u_3 + A_ku_2^3 + D_ku_1^3 = 0, \quad u_4 = 0. \tag{4.75}$$

这就是 $\Gamma(k)$ 的方程. 证毕.

当 $k = 1$ 时，我们得出推理：

设 C_λ'、C_λ'' 是属于切线 t_λ 的两中心线；两曲率锥面 Γ_2'、Γ_2'' 在 C_λ'、C_λ'' 的切平面相交，交线是属于 t_λ 的 Moutard 织面的直径，因此，交线的轨迹是锥面 Γ.

把方程 (4.73) 写成如下的形式：

$$p' \equiv 2\lambda^2kx + \lambda y - (2k-1)\frac{D}{F^2}\lambda^3 z = 0,$$

$$p'' \equiv \lambda^2kx + 2\lambda y - (2-k)\frac{A}{F^2}z = 0,$$

我们看出：$(4.74)_1$ 可写成 $p' + p'' = 0$. 所以，平面 $(4.74)_1$ 关于 $\pi'_{\frac{1}{2k}}$、$\pi''_{\frac{2}{k}}$ 的调和共轭平面的方程是

$$p' - p'' \equiv \{(k-2)A + (2k-1)D\lambda^3\}\frac{z}{F^2} + \lambda(y - \lambda kx) = 0, \tag{4.76}$$

即

$$\left.\begin{aligned}\rho u_1 &= -F^2 k\lambda^2,\\ \rho u_2 &= F^2\lambda,\\ \rho u_3 &= (k-2)A+(2k-1)D\lambda^3,\\ \rho u_4 &= 0.\end{aligned}\right\}\tag{4.77}$$

从此消去 λ, 我们获得另一锥面 $\Gamma'(k)$:

$$F^2u_1u_2u_3 - A_ku_2^3 - D_ku_1^3 = 0,\quad u_4 = 0.\tag{4.78}$$

容易看出, 新锥面 $\Gamma'(k)$ 同 $\Gamma(k)$ 具有同样的性质: 它是四次三阶, 而且有三条尖点母线, 沿这些母线的三张切平面即尖点切平面相会于曲面的仿射法线.

由于 k 是参数, 所以我们得到四次锥面的另一单参数族.

在特殊场合 $k=1$, 我们有下列定理:

设 C'_λ、C''_λ 是如前所述的属于切线 t_λ 的二中心线, 又设 d_λ 是 Moutard 织面的对应直径; 那么通过 C'_λ、C''_λ 的平面常要通过 t_λ 的共轭切线 $\bar{t}_\lambda$. 如果 l_λ 是 $\bar{t}_\lambda$ 关于 C'_λ、C''_λ 的调和共轭, 那么平面 $[l_\lambda, d_\lambda]$ 的包络是 Blaschke 锥面.

以上两系锥面 $\{\Gamma(k)\}$ 和 $\{\Gamma'(k)\}$ 是互异的. 如果第一系中有一个锥面, 比方说 $\Gamma(l)$ 重合于第二系中的 $\Gamma'(m)$, 那么两数 l 和 m 必须满足下列方程组:

$$\frac{1}{3}l(2-l) = m(m-2),\quad \frac{2l-1}{3l^2} = \frac{1-2m}{m^2}.$$

容易求出唯一组解: $l=-1$, $m=1$, 因此, 对应的锥面 $\Gamma(-1)=\Gamma'(1)$ 是 Blaschke 锥面. 换言之, 两系锥面 $\{\Gamma(k)\}$ 和 $\{\Gamma'(k)\}$ 的唯一公共锥面是 Blaschke 锥面.

这样, 我们获得了锥面系 $\{\Gamma(k)\}$ 中四个显著锥面: 二曲率锥面、Blaschke 锥面和锥面 Γ 的完备构图.

3.4.9　四次锥面导来族

锥面 $\Gamma'(k)$ 的母线决定于方程组:

$$\left.\begin{aligned}&\{(k-2)A+(2k-1)D\lambda^3\}\frac{z}{F^2} + \lambda(y-\lambda kx) = 0,\\ &3(2k-1)D\lambda^2\frac{z}{F^2} + y - 2k\lambda x = 0,\end{aligned}\right\}\tag{4.79}$$

即

$$\left.\begin{aligned}\pi &\equiv \{(k-2)A-2(2k-1)D\lambda^3\}z + F^2\lambda^2kx = 0,\\ \pi' &\equiv \{2(k-2)A-(2k-1)D\lambda^3\}z + F^2\lambda y = 0.\end{aligned}\right\}\tag{4.80}$$

而且这个锥面沿这母线的切平面的方程是

$$\pi' - \pi = 0.\tag{4.81}$$

通过母线 (4.80) 的平面具有方程

$$\pi + \rho\pi' = 0, \tag{4.82}$$

其中, 当 $\rho = -1$ 时, 我们得到上述的切平面. 此外, 还有两平面 π_1'、π_1'', 它们分别通过 $\Gamma_2'(k)$、$\Gamma_2''(k)$ 的对应母线; 所对应的 ρ 分别是 $-\dfrac{1}{2}$ 和 -2. 为了求平面 (4.81) 关于 π_1'、π_1'' 的第四调和平面, 我们只需在 (4.82) 令 $\rho = 1$, 便得出它的方程:

$$F^2\lambda(y + \lambda kx) + 3\{(k-2)A - (2k-1)D\lambda^3\}z = 0. \tag{4.83}$$

从此可见, 这平面的包络决定于平面坐标表示的方程:

$$F^2u_1u_2u_3 + 3(A_ku_2^3 + D_ku_1^3) = 0, \quad u_4 = 0. \tag{4.84}$$

另一方面, π_1'、π_1'' 的包络分别是二次锥面 $\bar{\Gamma}_2'(k)$、$\bar{\Gamma}_2''(k)$:

$$F^2x^2 - 3D_kyz = 0, \tag{4.85}$$

$$F^2y^2 - 3A_kxz = 0. \tag{4.86}$$

现在, 把上面用于 $\Gamma_2'(k)$、$\Gamma_2'(k)$ 和 $\Gamma'(k)$ 的方法应用于新锥面 $\bar{\Gamma}_2'(k)$、$\bar{\Gamma}_2''(k)$ 和 $\bar{\Gamma}'(k)$; 以下依此类推, 直到重复 n 回之后, 我们终于获得四次锥面 $\Gamma^{(n)}(k)$:

$$F^2u_1u_2u_3 + (-1)^n3^{n-1}(A_ku_2^3 + D_ku_1^3) = 0, \quad u_4 = 0, \tag{4.87}$$

以及两个附属二次锥面:

$$F^2x^2 + (-1)^{n-1}3^{n-1}D_kyz = 0, \tag{4.88}$$

$$F^2y^2 + (-1)^{n-1}3^{n-1}A_kxz = 0. \tag{4.89}$$

我们可证: 任一导来锥面都是四次的; 它具有三条尖点母线, 而且三张尖点切平面相会于曲面的仿射法线.

3.4.10 仿射测地锥面

我们将研究 Blaschke 锥面与仿射测地锥面之间的关系, 以结束本节. 为了求出 Blaschke 锥面对应于切线 t_λ 的母线 b_λ, 设 t_λ 的方程为 (4.3), 而且令 (4.76) 中的 $k = 1$, 我们便得到 Blaschke 锥面沿 b_λ 的切平面的方程:

$$(-A + D\lambda^3)z + F^2\lambda(y - \lambda x) = 0. \tag{4.90}$$

因此, b_λ 决定于方程组:

$$x : y : z = \frac{A + 2D\lambda^3}{F^2\lambda^2} : \frac{2A + D\lambda^3}{F^2\lambda} : 1. \tag{4.91}$$

这母线和曲面的仿射法线所决定的平面交曲面切平面于一直线, 以 l_λ 记之. 设 l_λ 关于前两直线的调和共轭直线为 g_λ. 我们容易得出 g_λ 的方程

$$x : y : z = \frac{A + 2D\lambda^3}{2F^2\lambda^2} : \frac{2A + D\lambda^3}{2F^2\lambda} : 1 \tag{4.92}$$

即

$$\left.\begin{aligned} &\pi \equiv 2F^2\lambda(\lambda x - y) + (A - D\lambda^3)z = 0, \\ &\frac{\partial \pi}{\partial \lambda} \equiv 2F^2(2\lambda x - y) - 3D\lambda^2 z = 0. \end{aligned}\right\} \tag{4.93}$$

由此可见, g_λ 的轨迹也可看成平面 π 的包络, 而 π 的平面坐标如下:

$$\rho u_1 = 2F^2\lambda^2,\ \rho u_2 = -2F^2\lambda,\ \rho u_3 = A - D\lambda^3,\ \rho u_4 = 0. \tag{4.94}$$

这些表明, 包络锥面的方程是

$$2F^2 u_1 u_2 u_3 = A u_2^3 + D u_1^3, \quad u_4 = 0. \tag{4.95}$$

可是平面 π 密切于那条在 O 点与 t_λ 相切的仿射测地线. 因为, 曲面的仿射测地线的微分方程是

$$u'' = -\frac{F_u}{F} u'^2 + \frac{F_v}{F} u'. \tag{4.96}$$

于是这曲线在 O 点的密切平面是

$$(Au'^3 - D)z - 2F^2 u'^2 y + 2F^2 u' x = 0. \tag{4.97}$$

在这里令 $u' = \dfrac{1}{\lambda}$, 便导出平面 π. 这样, 我们获得定理:

Blaschke 锥面的母线与仿射测地锥面的母线之间存在这样的一一对应, 使得过一对对应母线 b_λ 和 g_λ 的平面 π 常通过仿射法线 n; 而且 b_λ 和 n 是调和共轭于 g_λ 和 l_λ, 其中 l_λ 表示 π 和曲面切平面的交线.

习题和定理

1. 设 π 为平行于曲面在 P 点的切平面, 并通过曲面的仿射法线上的单位点. 又设 P_1、P_2、P_3 分别是 π 和锥面 Γ 的三尖点母线的交点,V 是四面体 $PP_1P_2P_3$ 的体积. 证明 $|J| = 2\sqrt{3}\,|V|/3$.

2. 曲面在 P 点的 Lie 织面和锥面 $\Gamma_2(1)$ 相交于两主切切线和另一条两次曲线. 设 π 是后者的平面. 如果 Lie 织面的中心到 P 的仿射距离是 p, 而且 π 和仿射曲面法线的交点到 P 的仿射距离是 p', 证明 $J = 1/p' - 1/(2p)$.

3. 求挠曲线在其正常点的仿射主法线织面, 并证明它是完全决定于仿射挠率 t 的.

4. 证明平面 π_k(3.2 节) 关于 Lie 织面的极点在 P 点切平面上描出一条三次曲线 C_k, 而 C_k 在 P 点切于二主切切线并其三个拐点在无限远直线上.

5. 在曲面 σ 的正常点 P 作与 σ 成二阶接触的织面, 使得它和 σ 的交线在 P 点的三条切线中有两条重合于 σ 在 P 点的非主切切线 t. 证明这种织面属于一个织面束, 而且属于 t 的 Moutard 织面也在这束中 (因而称为 Moutard 织面束). (Ichida 1934)

6. 在前题中如果三条切线中有两条重合而剩下一条恰恰是 t, 那么所作的织面必属于两附属束中之一. (苏步青, 1934)

7. 属于同一切线 t 的 Moutard 束和二附属束的三条中心线 l_M、l_1、l_{-1} 是共平面的, 而且这平面是 t 的对应 Transon 平面. 当切线 t 变动时, 各中心线描成同一个锥面 Γ, 也即 Transon 平面的包络锥面. (苏步青, 1934)

8. 设 $\bar{t}$ 是 t 的共轭切线, 于是与 l_M、l_1、l_{-1} 和 $\bar{t}$ 是共平面的. 证明 $\bar{t}$ 关于 l_1、l_{-1} 的第四调和共轭直线描成二次锥面 C_2, 而且曲面的仿射法线和切平面关于 C_2 是配极关系. (苏步青, 1934)

9. 证明前题中的锥面 C_2 是由两主切切线和 $\Gamma\left(\dfrac{11 \pm 2\sqrt{10}}{9}\right)$ 的三条尖点母线决定的. (苏步青, 1934)

10. 在一个 Moutard 织面束中有一个抛物面, 称为属于 t 的密切抛物面, 它和 Lie 织面除在二主切切线外, 还相交于二次曲线. 当且仅当 t 是 Darboux 切线时, 这二次曲线才和 t 相切. (苏步青)

第四章　仿射铸面与仿射旋转面论

4.1　仿射铸面及其变换

4.1.1　仿射铸面的定义与方程

Kubota(窪田忠彦, 1914) 和 Blaschke(1916) 都研究了椭球面的一个特征：假设从一张固定平面上一点引一个卵形面 $\mathscr{E}$ 的外切锥面, 其接触曲线是平面曲线. 那么 $\mathscr{E}$ 一定是椭球面.

同这个问题相关联地, 我们提出一个新课题：决定这样的曲面, 使之具备一个性质, 即以定曲线上任一点为顶点而引曲面的外切锥面, 其接触曲线都是平面曲线.

取这里的 ∞^1 接触曲线为 u 曲线, 而且取以包络锥面的母线为其切线的曲线为 v 曲线, 于是曲面上 (u,v) 形成了共轭网. 设曲面的参数表示为 $x=x(u,v)$. 根据假设, u 曲线 $(v=\text{const})$ 或称 C 曲线都是平面曲线, 而且从 C 上任一点所引 v 曲线 $(u=\text{const})$ 的切线都要通过一点 $P(\xi)$, 其中各坐标单是 v 的函数. 这样, 我们有：

$$\frac{\partial x}{\partial v}=\phi(u,v)(\xi(v)-x), \tag{1.1}$$

而且由于 C 在一平面上,

$$\alpha x=1 \qquad (\alpha=\alpha(v)). \tag{1.2}$$

对 (1.2) 进行关于 v 的偏导微, 且利用 (1.1) 和 (1.2),

$$(\alpha' x)+\phi[\,(\alpha\xi)-1\,]=0, \tag{1.3}$$

式中一撇表示关于 v 的导微.

陆续微分的结果如下：

$$\begin{aligned}(\alpha'' x)\ &+\phi[\,(\alpha'\xi)-(\alpha' x)\,]+\phi_v[\,(\alpha\xi)-1\,]\\ &+\phi[\,(\alpha\xi')+(\alpha'\xi)\,]=0,\end{aligned} \tag{1.4}$$

$$\begin{aligned}(\alpha''' x)\ &+\phi[(\alpha''\xi)-(\alpha'' x)]+\phi_v[(\alpha'\xi)\\ &-(\alpha' x)]+\phi[(\alpha''\xi)+(\alpha'\xi')-(\alpha'' x)]\\ &-\phi^2[(\alpha'\xi)-(\alpha' x)]+\phi_{vv}[(\alpha\xi)\\ &-1]+\phi_v[(\alpha'\xi)+(\alpha'\xi')]+\phi_v[(\alpha'\xi)\end{aligned}$$

$$+(\alpha\xi')] + \phi[(\alpha''\xi) + 2(\alpha'\xi')$$
$$+(\alpha\xi'')] = 0, \tag{1.5}$$

其中 $\phi_v = \dfrac{\partial\phi}{\partial v}, \phi_{vv} = \dfrac{\partial^2\phi}{\partial v^2}$.

可是 (1.2) — (1.5) 构成关于 $x_1, x_2, x_3, 1$ 的线性方程组, 所以我们得出一个微分方程:

$$A\phi_{vv} + B\phi_v + C\phi + D\phi^2 + E = 0, \tag{1.6}$$

式中各系数都是 v 的单独函数. 因此成立定理:

如果从一条曲线 $\xi(v)$ 上任一点所作曲面的包络锥面都有平面的接触曲线, 那么曲面的方程可以表成

$$x = \exp\left(-\int\phi\,dv\right)\left(\int\xi\phi\exp\left(\int\phi\,dv\right)dv + U\right), \tag{1.7}$$

式中 ϕ 表示 (1.6) 的解, 而且 $U(U_1, U_2, U_3)$ 单独是 u 的函数.

上列定理仅仅给出了所拟课题的一般解, 尽管我们由于方程 (1.6) 一般是解不出来的缘故而很难获得曲面的一般表示. 在 Salkowski [1)]所讨论的场合, (1.6) 中 ϕ^2 的系数 D 恒为 0, 所以 ϕ 的一般形式且因而曲面的一般方程是被完全决定了的.

下文将讨论两种被我们认为更有趣的情况.

首先, 我们假定: 当所论曲面被一系平行平面所截断时, 各截面曲线同时是从一条曲线 $\xi(v)$ 上任一点所作的曲面包络面的接触曲线.

设平行平面的单位法向量为 α(常向量), 那么这系平面的方程可表成

$$\alpha x = v. \tag{1.8}$$

关于 v 微分 (1.8) 的两边, 并从 (1.1) 代进, 我们便有

$$\alpha(\xi - x) = \phi^{-1}$$

或者写成

$$\phi = (\alpha\xi - v)^{-1}. \tag{1.9}$$

于是方程 (1.7) 变为

$$x = \exp\left(-\int(\alpha\xi - v)^{-1}dv\right)\left(\int\frac{\xi\exp\left(\int(\alpha\xi - v)^{-1}dv\right)}{\alpha\xi - v}dv + U\right), \tag{1.10}$$

式中 U 满足关系

$$(\alpha U) = 0. \tag{1.11}$$

---

1) E. Salkowski: Affine Differentialgeometrie (以下简称 Salkowski: ADG), 166 页, 1934 年版.

这样, 我们得到定理:

凡一个曲面与平行平面系 (1.8) 的交线同时也是从一条曲线 $\xi(v)$ 上任一点所作的曲面包络面与曲面的接触曲线, 这种曲面的最一般方程可以表示为 (1.10), 其中 U 满足关系 (1.11).

如此特征化的曲面将称"仿射铸面", 而且 u 曲线和 v 曲线分别称"平行曲线"和"子午线".

在讨论仿射铸面的性质之前, 我们将从 (1.6) 的另一种可解情况研究这样的曲面: 当它为一平面束的平面所截断时, 各条截面曲线同时也是从一条曲线 $\xi(v)$ 上任一点所作曲面包络面与曲面的接触曲线. 当然, 这种曲面的表示可从方程 (1.10) 加以推导, 不过, 我们需要一个射影变换把无限远直线拉到平面束的轴线来. 但是, 我们将用下述方法求出这种曲面的具体表示.

取平面束的轴线作为 x_3 轴, 于是平面束的方程是

$$x_1 + vx_2 = 0, \tag{1.12}$$

式中 v 是这样决定的参数, 使得曲面上的曲线 $v = \text{const}$ 同时是从 $\xi(v)$ 点所作的曲面包络面与曲面的接触线. 经过 (1.12) 两边关于 v 的导微和从 (1.1) 对 $\dfrac{\partial x_1}{\partial v}$、$\dfrac{\partial x_2}{\partial v}$ 的代进, 我们有

$$(\xi_1 + v\xi_2)\phi + x_2 = 0, \tag{1.13}$$

从此导出 Riccati 型微分方程:

$$\phi_v + \frac{\xi_1' + v\xi_2' + 2\xi_2}{\xi_1 + v\xi_2}\phi + \phi^2 = 0. \tag{1.14}$$

所以函数 ϕ 具有形式

$$\phi = \frac{UV_1' + V_2'}{UV_1 + V_2}, \tag{1.15}$$

式中 $V_1(v)$、$V_2(v)$ 是二阶常微分方程

$$\frac{d^2V}{dv^2} + \frac{\xi_1 + v\xi_2 + 2\xi_2}{\xi_1 + v\xi_2}\frac{dV}{dv} = 0 \tag{1.16}$$

的二独立解, 而且 U 单独是 u 的函数.

从 (1.12)、(1.13) 和 $(1.1)_3$ 便获得所求曲面的方程:

$$\left.\begin{aligned}
x_1 &= v(\xi_1 + v\xi_2)\frac{UV_1' + V_2'}{UV_1 + V_2},\\
x_2 &= -(\xi_1 + v\xi_2)\frac{UV_1' + V_2'}{UV_1 + V_2},\\
x_3 &= \frac{1}{UV_1 + V_2}\left(U\int \xi_3 V_1' dv + \int \xi_3 V_2' dv + U_3\right),
\end{aligned}\right\} \tag{1.17}$$

这里 U_3 是另一个单独 u 的函数.

现在, 我们仍回到仿射铸面的讨论去. 令

$$V = \exp\left(-\int \phi\, dv\right) = \exp\left(-\int (\alpha\xi - v)^{-1} dv\right). \tag{1.18}$$

从 (1.10) 推出

$$\left.\begin{array}{l} x_u = VU',\ x_{uu} = VU'',\ x_{uuv} = V'U'', \\ x_v = \phi(\xi - x),\ x_{uv} = V'U', \\ x_{vv} = (\phi^1 - \phi^2)(\xi - x) + \phi\xi'. \end{array}\right\} \tag{1.19}$$

于是

$$\left.\begin{array}{l} L = (x_{uu}\, x_u\, x_v) = -\dfrac{V^2}{\alpha_3}\delta, \\ M = (x_{uv}\, x_u\, x_v) = 0, \\ N = (x_{vv}\, x_u\, x_v) = -\phi^2 V\Delta, \end{array}\right\} \tag{1.20}$$

其中

$$\delta = \begin{vmatrix} U_1'\, U_2' \\ U_1''\, U_2'' \end{vmatrix}, \Delta = (U', \xi', \xi - x). \tag{1.21}$$

这样, 我们获得曲面的第一仿射基本形式的系数 (第一章 1.5 节):

$$\left.\begin{array}{l} E = -\alpha_3^{-\frac{3}{4}}\phi^{-\frac{1}{2}} V^{\frac{5}{4}}\,\Delta^{-\frac{1}{4}}\,\delta^{\frac{3}{4}}, \\ F = 0, \\ G = -\alpha_3^{\frac{1}{4}}\phi^{\frac{3}{2}} V^{\frac{1}{4}}\,\Delta^{\frac{3}{4}}\,\delta^{-\frac{1}{4}}. \end{array}\right\} \tag{1.22}$$

另外, 从 (1.19) 导出

$$(x_{uvv}\, x_u\, x_v) = 0.$$

所以作为第二仿射基本形式的系数就有:

$$A = \frac{1}{2}\frac{EG_u}{G}, \quad C = -\frac{1}{2}G_u. \tag{1.23}$$

可是

$$\left.\begin{array}{l} \left\{\begin{matrix} 11 \\ 1 \end{matrix}\right\} = \dfrac{E_u}{2E}, \left\{\begin{matrix} 12 \\ 1 \end{matrix}\right\} = \dfrac{E_v}{2E}, \left\{\begin{matrix} 22 \\ 1 \end{matrix}\right\} = -\dfrac{G_u}{2E}, \\ \left\{\begin{matrix} 11 \\ 2 \end{matrix}\right\} = -\dfrac{E_v}{2G}, \left\{\begin{matrix} 12 \\ 2 \end{matrix}\right\} = \dfrac{G_u}{2G}, \left\{\begin{matrix} 22 \\ 2 \end{matrix}\right\} = \dfrac{G_v}{2G}, \end{array}\right\} \tag{1.24}$$

所以仿射曲面论的基本方程中有如下的一组:

$$x_{vv} = -\frac{G_u}{E}x_u + \frac{1}{G}\left(\frac{1}{2}G_v + D\right)x_v - Gy, \tag{1.25}$$

式中 y 表示曲面在 x 点的仿射法线向量. 我们在下一节中将利用这个公式.

从 (1.19) 还得出

$$(x_{vvv}x_{vv}x_v) = \phi^3(\xi - x, \xi'\xi''). \tag{1.26}$$

如果 (ξ) 是一条直线, 那么 $(x_{vvv}\,x_{vv}\,x_v) = 0$, 就是曲面的各子午线都是平面曲线; 反过来, 也成立. 因此我们导出定理:

为了仿射铸面的子午线都是平面曲线, 充要条件是: 曲线 (ξ) 变为直线.

4.1.2 仿射铸面的变换

我们从仿射铸面的方程 (1.10) 和 (1.11) 看出, 或者从曲面的定义也可明了, 曲面是由 (α), (ξ) 和 (U) 完全决定的: 第一向量表示了一系平行平面的方向, 第二向量表示了曲面沿其平行曲线的包络锥的顶点曲线而且最后第三向量在条件 (1.11) 下表示了平行曲线的形状. 所以为简便起见采用记号 $[\alpha, \xi, U]$ 来表示曲面.

特别是, 挠曲线 (ξ) (称曲面的 $\varGamma$ 线) 是和仿射铸面仿射透视式地关联着的. 换言之, 成立定理:

当一个仿射铸面经过仿射变换之后变为另一个仿射铸面时, 前者的 $\varGamma$ 线变为后者的 $\varGamma$ 线.

首先, 我们对一个仿射铸面 (x) 的 $\varGamma$ 线 (ξ) 单独施行仿射变换:

$$[\xi^*] = T[\xi], \tag{1.27}$$

式中

$$T = \begin{pmatrix} \alpha_1 & \beta_1 & \gamma_1 \\ \alpha_2 & \beta_2 & \gamma_2 \\ \alpha_3 & \beta_3 & \gamma_3 \end{pmatrix}, \det(\alpha\beta\gamma) \neq 0 \tag{1.28}$$

而且 $[\xi]$ 表示 3×1 矩阵; 但对 (α) 和 (U) 则保持不变. 为了明确曲面 (x) 变换后的仿射曲面 (x^*), 导入

$$[\alpha^*] = \overline{T}\,[\alpha], \tag{1.29}$$

其中 $\overline{T}$ 表示 T 的转折矩阵, 我们从 (1.27) 便有

$$(\alpha\xi^*) = (\alpha^*\xi), \tag{1.30}$$

所以

$$\begin{aligned} &\int \frac{\xi^*}{(\alpha\xi^*) - v} \exp\left(\int \frac{dv}{(\alpha\xi^*) - v}\right) dv \\ =& T\left\{\int \frac{\xi}{(\alpha^*\xi) - v} \exp\left(\int \frac{dv}{(\alpha^*\xi) - v}\right) dv\right\}. \end{aligned} \tag{1.31}$$

令

$$[U]=T[U^*], \tag{1.32}$$

以致

$$(\alpha U)=(\alpha^* U^*)=0, \tag{1.33}$$

而且

$$x^*=\exp\left(-\int\frac{dv}{(\alpha\xi^*)-v}\right)\left(\int\frac{\xi^*}{(\alpha\xi^*)-v}\cdot\exp\left(\int\frac{dv}{(\alpha\xi^*)-v}\right)dv+U\right)=T(\bar{x}), \tag{1.34}$$

式中已置

$$\bar{x}=\exp\left(-\int\frac{dv}{(\alpha^*\xi)-v}\right)\left(\int\frac{\xi}{(\alpha^*\xi)-v}\cdot\exp\left(\int\frac{dv}{(\alpha^*\xi)-v}\right)dv+U^*\right). \tag{1.35}$$

可是最后方程根据 (1.33) 恰恰定义了一个仿射铸面 $[\alpha^*,\xi,U^*]$ 即 $[\overline{T}(\alpha),\xi,T^{-1}(U)]$. 所以我们得到定理:

如果一个仿射铸面 $[\alpha,\xi,U]$ 的 Γ 线受到仿射变换 T, 而 (α) 和 (U) 都不变, 那么变换后的仿射铸面 $[\alpha,\xi^*,U]$ 是可以由仿射铸面 $[\overline{T}(\alpha),\xi,T^{-1}(U)]$ 经过同一仿射变换 T 而得来的, 或者以记号表示为

$$[\alpha,T(\xi),U]=T[\overline{T}(\alpha),\xi,T^{-1}(U)]. \tag{1.36}$$

我们从最后关系导出更一般的关系. 例如, 如果 $R=ST$, 那么成立

$$\begin{aligned}[\alpha,ST(\xi),U]&=[\alpha,R(\xi),U]=R[\overline{R}(\alpha),\xi,R^{-1}(U)]\\&=ST[\overline{T}\,\overline{S}(\alpha),\xi,T^{-1}S^{-1}(U)]\end{aligned}$$

即

$$[\alpha,ST(\xi),U]=ST[\overline{T}\,\overline{S}(\alpha),\xi,T^{-1}S^{-1}(U)]. \tag{1.37}$$

令 $S=T$, 便有

$$[\alpha,T^2(\xi),U]=T^2[\overline{T}^2(\alpha),\xi,T^{-2}(U)]. \tag{1.38}$$

其他依此类推, 不另赘述.

其次, 我们将简单地指出平行平面受到仿射变换

$$\alpha^*=T(\alpha) \tag{1.39}$$

而其他元素 (ξ) 和 (U) 照旧的情况下应有的关系

$$[T(\alpha),\xi,U]=\overline{T}^{-1}[\alpha,\overline{T}(\xi),\overline{T}(U)], \tag{1.40}$$

或者更一般的关系, 例如:

$$[ST(\alpha),\xi,U]=\overline{S}^{\,-1}\overline{T}^{\,-1}\,[\,\alpha,\overline{T}\,\overline{S}(\xi),\overline{T}\,\overline{S}(U)\,] \tag{1.41}$$

等. 如果把 (1.36) 和 (1.40) 同时应用, 我们容易看到

$$[\,T(\alpha),S(\xi),U\,]=S[\,\overline{S}\,T(\alpha),\xi,S^{-1}(U)\,]. \tag{1.42}$$

特别是, 令 $T=\overline{S}^{\,-1}$, 并以 $S(U)$ 代替 U, 便得到

$$[\,\overline{S}^{\,-1}(\alpha),S(\xi),S(U)\,]=S[\,\alpha,\xi,U\,]. \tag{1.43}$$

4.1.3　仿射铸面的仿射变形

设 S 和 S^* 是分别以

$$\left.\begin{aligned}&Q=E\,du^2+2F\,du\,dv+G\,dv^2,\\&Q^*=E^*du^{*2}+2F^*\,du^*\,dv^*+G^*\,dv^{*2}\end{aligned}\right\} \tag{1.44}$$

为其第一仿射基本形式的曲面. 如果存在它们之间一对一的对应

$$\Phi(u,v)=\Phi^*(u^*,v^*),\quad \Psi(u,v)=\Psi^*(u^*,v^*), \tag{1.45}$$

使得 Q 和 Q^* 互为变换, 那么称 S 和 S^* 为可仿射变形.

已给定 S 而求所有与 S 可仿射变形的曲面 S^* 的问题, 是十分困难的, 因为甚至在普通曲面论中同样的问题还未解决. 但是, 正如下文所示, 关于仿射铸面的仿射变形问题我们将作出其完全解.

首先, 在两曲面有公共平行平面和 U 曲线的假定下, 我们解这个问题.

一般说来, 当二仿射铸面 S 和 S^* 互为可仿射变形时, 在同一组参数 u, v 选取下, 必须成立

$$E^*=E,\quad F^*=F,\quad G^*=G, \tag{1.46}$$

或按 (1.22) 改写成为

$$\begin{aligned}\phi^{*-\frac12}\,V^{*\frac34}\,\Delta^{*-\frac14}&=\phi^{-\frac12}\,V^{\frac54}\,\Delta^{-\frac14},\\ \phi^{*\frac32}\,V^{*\frac14}\,\Delta^{*\frac34}&=\phi^{\frac32}\,V^{\frac14}\,\Delta^{\frac34},\end{aligned}$$

即

$$\phi^*=\phi,\quad \Delta^*=\Delta. \tag{1.47}$$

在上述假定下, 这二方程采取下列形式:

$$\alpha(\xi^*-\xi)=0, \tag{1.48}$$

$$(U'\xi'\xi-x)=(U'\xi^{*'}\xi^*-x^*), \tag{1.49}$$

式中

$$(\alpha U)=0. \tag{1.50}$$

令

$$\xi^*=\xi+\alpha(v), \tag{1.51}$$

则 (1.48) 化为

$$\alpha\alpha=0. \tag{1.52}$$

我们的课题归结为：求向量 α 使满足 (1.50) 和 (1.49). 为此, 把 (1.51) 代进 (1.49) 的右边并注意到

$$\xi^*-x^*=\xi-x+V\int\frac{\alpha'}{V}dv,\quad V=\exp\left(-\int\phi dv\right),$$

便得到

$$(U',\alpha',\xi-x)+V\left(U',\xi'+\alpha',\int\frac{\alpha'}{V}dv\right)=0. \tag{1.53}$$

令

$$\int\frac{\alpha'}{V}\,dv=\Xi, \tag{1.54}$$

于是

$$\alpha'=V\,\frac{d\Xi}{dv}, \tag{1.55}$$

$$(\alpha\Xi)=0, \tag{1.56}$$

而且 (1.53) 变为

$$\left(U',\ \frac{d\Xi}{dv},\ \Xi+\int\frac{\xi'}{V}dv-U\right)+\left(U',\ \frac{\xi'}{V}\Xi\right)=0. \tag{1.57}$$

在不失去一般性之下, 我们可以假定 $\alpha_3=c\neq 0$. 按照 (1.50)、(1.56) 和关系式

$$(\alpha\xi')=\frac{VV''}{V'^2},$$

改写 (1.57) 为

$$\begin{vmatrix} U_1' & \dfrac{d\Xi_1}{dv} & * \\ U_2' & \dfrac{d\Xi_2}{dv} & * \\ 0 & 0 & \displaystyle\int\frac{V''}{V'^2}\,dv \end{vmatrix}+\begin{vmatrix} U_1' & * & \Xi_1 \\ U_2' & * & \Xi_2 \\ 0 & \dfrac{V''}{V'^2} & 0 \end{vmatrix}=0. \tag{1.58}$$

然而

$$\int \frac{V''}{V'^2} dv = -\left(\frac{1}{V'} + k\right) \quad (k = \text{const}),$$

所以

$$\left(\frac{1}{V'} + k\right) \begin{vmatrix} U_1' & \dfrac{d\Xi_1}{dv} \\ U_2' & \dfrac{d\Xi_2}{dv} \end{vmatrix} + \frac{V''}{V'^2} \begin{vmatrix} U_1' & \Xi_1 \\ U_2' & \Xi_2 \end{vmatrix} = 0,$$

或写成

$$\begin{vmatrix} U_1', & (kV'^2 + V')\dfrac{d\Xi_1}{dv} + V''\Xi_1 \\ U_2', & (kV'^2 + V')\dfrac{d\Xi_2}{dv} + V''\Xi_2 \end{vmatrix} = 0. \qquad (1.59)$$

假如第二列中有一个元素不等于 0, 比方说

$$kV'^2 + V'\frac{d\Xi_2}{dv} + V''\Xi_2 \neq 0,$$

那么必须成立

$$\frac{U_1'}{U_2'} = \frac{(kV'^2 + V')\dfrac{d\Xi_1}{dv} + V''\Xi_1}{(kV'^2 + V')\dfrac{d\Xi_2}{dv} + V''\Xi_2} = \text{const}.$$

于是 $U_1 = \text{const}\, U_2 + \text{const}$ (此外 $\alpha_1 U_1 + \alpha_2 U_2 + \alpha_3 U_3 = 0$), 所以平行曲线都是直线而且沿平行曲线的包络锥面变为同一平面. 这样, 产生了矛盾. 因此

$$(kV'^2 + V')\frac{d\Xi_1}{dv} + V''\Xi_1 = 0,$$

$$(kV'^2 + V')\frac{d\Xi_2}{dv} + V''\Xi_2 = 0.$$

(1.56) 就表明

$$(kV'^2 + V')\frac{d\Xi}{dv} + V''\Xi = 0.$$

积分后,

$$\Xi = -\frac{kV' + 1}{V'} c, \qquad (1.60)$$

其中常向量 c 满足关系

$$(\alpha c) = 0. \qquad (1.61)$$

从 (1.55) 得出

$$\alpha = (\alpha\xi)c + k, \qquad (1.62)$$

式中 k 表示常向量, 而且按照 (1.52) 和 (1.61) 还满足

$$(\alpha k) = 0. \tag{1.63}$$

综合之, 我们有定理:

凡与给定的仿射铸面 $[\alpha, \xi, U]$ 仿射可变形的所有仿射铸面 $[\alpha, \xi^*, U]$ 是由下列方程决定的:

$$\xi^* = S\xi + k, \tag{1.64}$$

式中

$$S = \begin{pmatrix} 1 + c_1\alpha_1 & c_1\alpha_2 & c_1\alpha_3 \\ c_2\alpha_1 & 1 + c_2\alpha_2 & c_2\alpha_3 \\ c_3\alpha_1 & c_3\alpha_2 & 1 + c_3\alpha_3 \end{pmatrix}, \tag{1.65}$$

而且常向量 c 和 k 分别满足 (1.61) 和 (1.63).

其次, 我们将讨论两个具有公共平行平面和 Γ 线的仿射铸面之间的仿射变形问题. 以下假定 Γ 线是挠曲线.

两曲面 $[\alpha, \xi, U]$ 和 $[\alpha, \xi, U^*]$ 互为仿射变形的条件是

$$(U^{*'}, \xi', \xi - x^*) = (U^*, \xi', \xi - x), \tag{1.66}$$

式中

$$(\alpha U^*) = 0, \quad (\alpha U) = 0. \tag{1.67}$$

令 $U^* = U + u$, 则

$$(\alpha u) = 0. \tag{1.68}$$

于是 (1.66) 变为

$$\left(u', \xi', \int \frac{\xi'}{V} dv - U\right) - (U' + u', \xi', u') = 0, \tag{1.69}$$

如前假定 $\alpha_3 \neq 0$. 我们便可改写最后方程为

$$\begin{vmatrix} u_1', \int \frac{\xi_1'}{V} dv + \left(k + \frac{1}{V'}\right) \frac{V'^2}{VV''}\xi_1' \\ u_2', \int \frac{\xi_2'}{V} dv + \left(k + \frac{1}{V'}\right) \frac{V'^2}{VV''}\xi_2' \end{vmatrix} = \begin{vmatrix} u_1' & U_1 \\ u_2' & U_2 \end{vmatrix} - \begin{vmatrix} U_1' + u_1', & u_1 \\ U_2' + u_2', & u_2 \end{vmatrix}. \tag{1.70}$$

右边单独是 u 的函数, 因此, 我们得到

$$\left(k + \frac{1}{V'}\right) \begin{vmatrix} u_1', & \frac{d}{dv}\left(\frac{V'^2}{VV''}\xi_1'\right) \\ u_2', & \frac{d}{dv}\left(\frac{V'^2}{VV''}\xi_2'\right) \end{vmatrix} = 0. \tag{1.71}$$

如果 $k+\dfrac{1}{V'}=0$, 那么 $V=-(v+\bar{k})/k\quad(k=\text{const})$, 于是 $(\alpha\xi)+\bar{k}=0$, 就是 $\varGamma$ 线在平面上而与假设不符. 所以 (1.71) 的右边行列式等于 0. 如果 $u_2'\neq 0$, 那么

$$\frac{u_1'}{u_2'}=\frac{\dfrac{d}{dv}\left(\dfrac{V'^2}{VV''}\xi_1'\right)}{\dfrac{d}{dv}\left(\dfrac{V'^2}{VV''}\xi_2'\right)}=\text{const}(=\bar{c}),$$

于是

$$\frac{V'^2}{VV''}(\xi_1'-\bar{c}\,\xi_2')=\text{const}(=\bar{c}'),$$

或

$$(a_1\bar{c}'-1)\xi_1+(a_2\bar{c}'+\bar{c})\xi_2+c\bar{c}'\,\xi_3=\text{const}.$$

这样, 也产生了矛盾.

所以 $u_1=c_1$ 且从而 $u_2=c_2$ (c_1, c_2 : 常数). 这时, 条件 (1.70) 变为

$$\begin{vmatrix} U_1' & c_1 \\ U_2' & c_2 \end{vmatrix}=0\,.$$

如果 $c_2\neq 0$, 那么

$$U_1=\frac{c_1\,U_2}{c_2}+\text{const}.$$

这也是在除外之列. 因此, 我们最后得到

$$u_1=0,\quad u_2=0,\quad u_3=0\,.$$

换言之：凡具有公共平行平面和 $\varGamma$ 线的两个仿射可变形的仿射铸面, 一定是合同的.

最后, 我们把上述二定理结合起来, 用以决定两个任意给定的仿射铸面 $[\,\alpha,\xi,U\,]$ 和 $[\alpha^*,\xi^*,U^*]$ 互为仿射变形的条件.

显然, 必有一个等积仿射变换 $T(\det|T|=1)$, 使得

$$\alpha^*=\overline{T}(\alpha),\tag{1.72}$$

式中 $\overline{T}$ 如前表示 T 的转折矩阵.

现在用 T 使 $[\,\alpha^*\xi^*U^*\,]$ 变换为 $[\,\alpha,T(\xi^*)\,,\;T(U^*)\,]$, 后者显然是和 $[\,\alpha,\xi,T(U^*)\,]$ 仿射可变形的. 于是按前一定理

$$\xi=ST(\xi^*),\tag{1.73}$$

其中 S 是由 (1.65) 定义的.

由于 $[\,\alpha,\xi,T(U^*)\,]$ 和 $[\,\alpha,\xi,U\,]$ 互为仿射变形, 所以根据后一定理便得知 $U=T(U^*)$.

因此, 两个仿射铸面 $[\alpha,\xi,U]$ 和 $[\alpha^*,\xi^*,U^*]$ 互为仿射变化的充要条件为:

$$\left.\begin{aligned}\xi^*&=T^{-1}S^{-1}(\xi),\\U^*&=T^{-1}(U),\end{aligned}\right\}\tag{1.74}$$

式中 T 是由 (1.72) 决定的.

另一方面, (1.36) 表明:

$$[\overline{T}(\alpha),T^{-1}S^{-1}(\xi),T^{-1}(U)]=T^{-1}[\alpha,S^{-1}(\xi),U].\tag{1.75}$$

而且仿射可变形性是在单位仿射变换下被保持着的, 所以只有曲面 $[\alpha,S^{-1}(\xi),U]$ 和从此经单位仿射变换得出的曲面是和 $[\alpha,\xi,U]$ 仿射可变形的.

本节将讨论矩阵 S 或其 n 阶的类似

$$S\begin{pmatrix}\alpha\\c\end{pmatrix}=\begin{pmatrix}1+c_1\alpha_1 & c_1\alpha_2 & \cdots & c_1\alpha_n\\ c_2\alpha_1 & 1+c_2\alpha_2 & \cdots & c_2\alpha_n\\ \vdots & \vdots & & \vdots\\ c_n\alpha_1 & c_n\alpha_2 & \cdots & 1+c_n\alpha_n\end{pmatrix},\quad (\alpha c)=0$$

的性质作为结束.

首先我们可证: 矩阵 $S\begin{pmatrix}\alpha\\c\end{pmatrix}$ 是幺模的, 就是 $\det|S|=1$. 另外, 下列一些关系也是容易得到证明的:

$$\begin{aligned}&S\begin{pmatrix}\alpha\\c\end{pmatrix}\cdot S\begin{pmatrix}\alpha\\c'\end{pmatrix}=S\begin{pmatrix}\alpha\\c+c'\end{pmatrix},\quad S\begin{pmatrix}\alpha\\c\end{pmatrix}=\overline{S}\begin{pmatrix}\alpha\\a\end{pmatrix},\\&S\begin{pmatrix}\alpha\\c\end{pmatrix}\cdot S\begin{pmatrix}\alpha'\\c\end{pmatrix}=S\begin{pmatrix}\alpha+\alpha'\\c\end{pmatrix},\\&S^{-1}\begin{pmatrix}\alpha\\c\end{pmatrix}=S\begin{pmatrix}-\alpha\\c\end{pmatrix}=S\begin{pmatrix}\alpha\\-c\end{pmatrix},\\&S\begin{pmatrix}0\\c\end{pmatrix}=S\begin{pmatrix}\alpha\\0\end{pmatrix}=1,\quad S\begin{pmatrix}p\,\alpha\\c\end{pmatrix}=S\begin{pmatrix}\alpha\\p\,c\end{pmatrix}\ (p\text{: 任何常数}),\\&S\begin{pmatrix}\alpha'\\c\end{pmatrix}\cdot S\begin{pmatrix}\alpha'\\c'\end{pmatrix}\cdot S\begin{pmatrix}\alpha\\c\end{pmatrix}\cdot S\begin{pmatrix}\alpha\\c'\end{pmatrix}=S\begin{pmatrix}\alpha+\alpha'\\c+c'\end{pmatrix}.\end{aligned}$$

从此可见, S 的全体形成一个阿贝尔群.

4.2 仿射旋转面

仿射铸面的一种特殊情况即我们将称之为仿射旋转面的场合, 是相当值得注意的. W. Süss(1928) 和我们独立地获得了这一族曲面, 而所用的方法包括曲面的定义则迥然不同. 下文将根据我们的定义导出这个特殊族, 并在本章以下几节里详述这种曲面的特征.

定义 当一个仿射铸面的仿射法线落在子午线 4.1 节的密切平面上时, 称它为仿射旋转面.

设仿射铸面为 $[\alpha,\xi,U]$, 它的方程是 (1.10) 和 (1.11). 从基本方程 (1.25) 立即看出：曲面的仿射法线要落在子午线 (即 v 曲线) 的密切平面上, 充要条件是

$$G_u=0\,. \tag{2.1}$$

首先, 我们证明定理：

仿射旋转面的平行曲线都是二次曲线.

为了证明这个定理, 我们考察 $[\alpha,\xi,U]$ 的平行曲线即 u 曲线；方程 (1.10) 和 (1.11) 表明：这些曲线都是用仿射变换把 $(x_1^*,\,x_2^*)$ 平面上的曲线 (x^*) ：

$$C^*\,x_1^*=U_1(u),\quad x_2^*=U_2(u) \tag{2.2}$$

变换而得来的. 所以我们仅须阐明 C^* 是二次曲线就够了.

为此, 取 C^* 的仿射弧长为参数 u, 以致

$$\delta=\begin{vmatrix} U_1' & U_2' \\ U_1'' & U_2'' \end{vmatrix}=1 \tag{2.3}$$

(参照第一章 1.5 节), 于是方程 (1.22) 变为

$$E=-a_3^{-\frac{3}{4}}\phi^{-\frac{1}{2}}V^{\frac{5}{4}}\Delta^{-\frac{1}{4}},\ F=0,\ G=-a_3^{\frac{1}{4}}\phi^{\frac{3}{2}}V^{\frac{1}{4}}\Delta^{\frac{3}{4}}. \tag{2.4}$$

因为 G 按照 (2.1) 单独是 v 的函数, 所以 Δ 也单是 v 的函数, 就是：

$$\Delta=\begin{vmatrix} U_1' & U_2' & U_3' \\ \xi_1' & \xi_2' & \xi_3' \\ \xi_1-x_1 & \xi_2-x_2 & \xi_3-x_3 \end{vmatrix}=\varphi(v). \tag{2.5}$$

可是

$$(\alpha\xi)=v+\frac{1}{\phi},\quad (\alpha\xi')=1-\frac{\phi'}{\phi^2}, \tag{2.6}$$

所以

$$a_3\Delta=a_3\varphi(v)=\begin{vmatrix} U_1' & U_2' & 0 \\ \xi_1' & \xi_2' & 1-\dfrac{\phi'}{\phi^2} \\ \xi_1-x_1 & \xi_2-x_2 & \dfrac{1}{\phi} \end{vmatrix}=U_1'f_1+U_2'f_2, \tag{2.7}$$

式中已令

$$f_1 = \begin{vmatrix} \xi_2' & 1-\dfrac{\phi'}{\phi^2} \\ \xi_2 - x_2 & \dfrac{1}{\phi} \end{vmatrix}, \quad f_2 = \begin{vmatrix} 1-\dfrac{\phi'}{\phi^2} & \xi_1' \\ \dfrac{1}{\phi} & \xi_1 - x_1 \end{vmatrix} \tag{2.8}$$

我们算出

$$\frac{\partial f_1}{\partial u} = VU_2'\left(1-\frac{\phi'}{\phi^2}\right), \quad \frac{\partial f_2}{\partial u} = -VU_1'\left(1-\frac{\phi'}{\phi^2}\right), \tag{2.9}$$

从而得到

$$U_1'\frac{\partial f_1}{\partial u} + U_2'\frac{\partial f_2}{\partial u} = 0. \tag{2.10}$$

另一方面, 关于 u 微分 (2.7) 两边, 而且按照 (2.10) 写下其结果:

$$U_1''f_1 + U_2''f_2 = 0.$$

再从此和 (2.7) 解出

$$f_1 = a_3\varphi(v)U_2'', \quad f_2 = -a_3\varphi(v)U_1''. \tag{2.11}$$

从此

$$\frac{\partial f_1}{\partial u} = a_3\varphi(v)U_2''', \quad \frac{\partial f_2}{\partial u} = -a_3\varphi(v)U_1'''. \tag{2.12}$$

比较 (2.9) 与 (2.12), 我们就有

$$\frac{U_1'''}{U_1'} = \frac{U_2'''}{U_2'} = \frac{a_3\varphi(v)}{V(1-\phi'/\phi^2)} = \text{const} \quad (\text{设为} \ \ -k). \tag{2.13}$$

换言之, 曲线 $C^*(x^*)$ 满足方程

$$x^{*'''} + kx^{*'} = 0. \tag{2.14}$$

所以, 曲线 C^* 及所有的平行曲线 C 都是二次曲线 (参照第一章 1.3 节). 这样, 完成了定理的证明.

现在, 我们将按 C^* 是椭圆 $(k>0)$、双曲线 $(k<0)$ 或抛物线 $(k=0)$ 而把仿射旋转面区分为椭圆型、双曲型或抛物型. 为了方便起见, 在不失一般性的情况下采用平面

$$x_1 = v \tag{2.15}$$

作为平面 (1.8), 而简化方程 (1.10) 为

$$\left.\begin{aligned} &x_1 = v, \\ &x_2 = \exp\left(-\int\phi dv\right)\left(\int\xi_2\phi\exp\left(\int\phi dv\right)dv + U_2\right), \\ &x_3 = \exp\left(-\int\phi dv\right)\left(\int\xi_3\phi\exp\left(\int\phi dv\right)dv + U_3\right), \end{aligned}\right\} \tag{2.16}$$

式中 $\phi=(\xi_1-v)^{-1}$.

第一种: 抛物型仿射旋转面.

曲线 C^* 的方程可被写成

$$U_2=u,\quad U_3=\frac{1}{2}u^2; \tag{2.17}$$

而且 (2.5) 变为

$$\Delta=\begin{vmatrix}0, & 1, & u\\ \xi_1', & \xi_2', & \xi_3'\\ \xi_1-v, & V\left(\displaystyle\int \xi_2'V^{-1}\,dv-u\right), & V\left(\displaystyle\int \xi_3'V^{-1}\,dv-\frac{1}{2}u^2\right)\end{vmatrix}=\varphi(v). \tag{2.18}$$

使其中 u 和 u^2 的系数等于零, 我们便有

$$\left.\begin{aligned}V\xi_1'\left(\int \xi_2'V^{-1}\,dv\right)-\xi_2'(\xi_1-v)=0,\\ \xi_1'V=0.\end{aligned}\right\} \tag{2.19}$$

从此 $\xi_1=\text{const}$, $\xi_2=\text{const}$. 经过适当的坐标原点的移位, 可把这两常数化为 0. 因此, Γ 线是 x_3 轴.

这样, 所求的曲面可写成

$$x_1=v,\ x_2=uv,\ x_3=v\left(-\int \xi_3(v)\,dv+\frac{1}{2}u^2\right), \tag{I}$$

式中 $\xi_3(v)$ 表示 v 的任意函数.

由 (I) 看出: 抛物型仿射旋转面的子午线都是平面曲线, 而且它们所在的平面都通过 x_3 轴. 因此, 曲面的所有仿射法线都和此轴相交.

第二种: 椭圆型仿射旋转面.

此时, $k=\kappa^2>0$. 我们可把 C^* 曲线表成

$$U_2=a_2\cos\kappa u,\quad U_3=a_3\sin\kappa u. \tag{2.20}$$

通过对行列式 Δ 的计算且使其中 $\cos\kappa u$、$\sin\kappa u$ 的各系数等于零, 我们便得到

$$\left.\begin{aligned}&\xi_1'V\int \xi_2'V^{-1}\,dv-\xi_2'(\xi_1-v)=0,\\ &a_2a_3\xi_1'V+\xi_2'(\xi_1-v)=-\varphi(v),\\ &\xi_2'V\int \xi_3'V^{-1}dv-\xi_3'(\xi_1-v)=0.\end{aligned}\right\} \tag{2.21}$$

假如 $\xi_2' \neq 0, \xi_3' \neq 0$, 那么从 (2.21) 必然要产生矛盾：$\xi_2' = 0, \xi_3' = 0$, 因为 $V \neq 0$. 倘若 $\xi_2' = \xi_3' = 0$. 从 (2.21) 的第三方程将导出 $\xi_1' = 0$. 总之, 我们如果要取 $\xi_1(v)$ 为 v 的任意函数, 势必成立 $\xi_2' = 0, \xi_3' = 0$.

同第一种情形一样, 所求曲面的方程可以写成

$$\left.\begin{aligned} x_1 &= v, \\ x_2 &= \frac{a_2}{a_1}\exp\left(-\int(\xi_1 - v)^{-1}\,dv\right)\cos\kappa u, \\ x_3 &= \frac{a_3}{a_1}\exp\left(-\int(\xi_1 - v)^{-1}\,dv\right)\sin\kappa u, \end{aligned}\right\} \tag{II}$$

式中 $\xi_1(v)$ 表示 v 的任意函数.

我们同样看到, 这种仿射旋转面的所有仿射法线都和 x_1 轴相交.

特别是, 当 $\xi_1 = \dfrac{a_1^2}{v}$ 时, 方程 (II) 表示椭球

$$\frac{x_1^2}{a_1^2} + \frac{x_2^2}{a_2^2} + \frac{x_3^2}{a_3^2} = 1.$$

第三种：双曲型仿射旋转面.

$$C^*:\quad U_2 = \frac{a_2}{a_1}\cosh\kappa u,\quad U_3 = \frac{a_3}{a_1}\sinh\kappa u, \tag{2.22}$$

式中 $k = -\kappa^2 < 0$.

此时, 我们同样得到所求的曲面：

$$\left.\begin{aligned} x_1 &= v, \\ x_2 &= \frac{a_2}{a_1}\exp\left(-\int(\xi - v)^{-1}\,dv\right)\cosh\kappa u, \\ x_3 &= \frac{a_3}{a_1}\exp\left(-\int(\xi - v)^{-1}\,dv\right)\sinh\kappa u, \end{aligned}\right\} \tag{III}$$

式中 $\xi(v)$ 表示 v 的任意函数.

特别是, 当 $\xi_1 = \dfrac{a_1^2}{v}$ 时, 方程 (III) 表示双曲面

$$\frac{x_1^2}{a_1^2} + \frac{x_2^2}{a_2^2} - \frac{x_3^2}{a_3^2} = 1.$$

综合以上结果：仿射旋转面按其所属是抛物型、椭圆型和双曲型之不同而分别被表示为方程 (I)、(II) 和 (III).

下面, 我们将列举仿射旋转面的一些显著性质.

性质 1　仿射旋转面的仿射法线都和定直线, 即曲面的轴相交, 而且各子午线在过轴的一张平面上.

这一性质就是 Süss [*Math, Annalen*, **98**(1928), 648—696 页] 用以决定仿射旋转面的一个主要条件. 我们后文 (4.3 节) 将阐明他的定义和我们的定义两者的一致性.

性质 2 仿射旋转面的仿射曲率线是由其子午线和平行曲线两系平面曲线组成的.

实际上, 曲面沿其各条子午线的仿射法线都落在这条子午线的平面上, 所以子午线是曲面的仿射曲率线. 另一方面, 平行曲线和子午线构成共轭系, 因此, 平行曲线也是仿射曲率线.

性质 3 仿射旋转面的平行曲线是它的 Darboux 曲线, 而且其余二系 Darboux 曲线和二系主切曲线构成一个有常数交比的系统.

实际上, 从 (1.23), (2.1) 和二次基本形式与三次基本形式的反极性 (第一章 1.5 节) 我们得出

$$A = 0,\ C = 0,\ B = -\frac{ED}{G}, \tag{2.23}$$

于是 Darboux 曲线决定于方程:

$$(3Edu^2 - Gdv^2)dv = 0.$$

这就阐明了性质 3 .

这个上半性质还是仿射旋转面的一个特征 (参看下面 4.4 节).

性质 4 仿射旋转面的仿射法曲率半径沿各条平行曲线都是常数.

实际上, 从 (2.4) 和第一章 1.5 节公式得知 E、G 都是 v 的函数 ($F = 0$), 于是二次基本形式的 Gauss 曲率 K 也是 v 的函数. 我们算出三次基本形式的系数

$$\left.\begin{aligned} &A = 0,\ C = 0,\ D = -\frac{G}{E}B, \\ &B = -\frac{\kappa^{\frac{1}{2}}V}{(v-\xi_1)^{\frac{1}{2}}\xi_1'^{\frac{1}{4}}} - \frac{1}{2}E_v\text{: 单独是 } v \text{ 的函数.} \end{aligned}\right\} \tag{2.24}$$

由此可见, Pick 不变量

$$J = -\frac{2B^2}{E^2G} \tag{2.25}$$

也单独是 v 的函数.

曲面的仿射曲率线决定于方程

$$Pdu^2 + 2Qdudv + Rdv^2 = 0,$$

式中

$$\left.\begin{aligned} &P = 0, \quad R = 0, \\ &Q = \frac{1}{EG}\left[B_v + \frac{1}{2}B\left(\frac{E_v}{E} - \frac{G_v}{G}\right)\right]. \end{aligned}\right\} \tag{2.26}$$

然而仿射曲率半径是

$$R_1 = (J + K + Q)^{-1}, \quad R_2 = (J + K - Q)^{-1},$$

因此, 它们都单独是 v 的函数.

性质 5 仿射铸面的子午线同时是某一方面的包络柱面与曲面的接触线即影界线, 特别是, 仿射旋转面的子午线是平面影界线.

从最后这一性质看来, 仿射铸面是可以作为另一出发点来定义的, 就是说：在其上与 ∞^1 系的影界线共轭的曲线都在平行平面上. 我们由此得到启发, 把仿射铸面扩大到更一般的曲面 (参照 4.3 节).

仿射旋转面的另一定义是来自下述的一个特征, 就是我们将证明定理：

如果仿射铸面经过关于一个二次曲面的配极仍然是仿射铸面, 那么它一定是仿射旋转面.

证明 由于仿射铸面容许任何线性变换的, 我们只需考察关于原点为中心的单位球的配极就够了.

一个曲面 $(x(u,v))$ 的参数曲线构成共轭网的充要条件是 x 满足拉普拉斯方程：

$$\frac{\partial^2 \theta}{\partial u \, \partial v} + A\frac{\partial \theta}{\partial u} + B\frac{\partial \theta}{\partial v} = 0, \tag{2.27}$$

式中, A 和 B 都是 u 和 v 的任意函数.

在仿射铸面的场合, 我们有

$$\frac{\partial x}{\partial v} = \phi(v)(\xi(v) - x), \tag{2.28}$$

所以 $x(u,v)$ 满足

$$\frac{\partial^2 \theta}{\partial u \, \partial v} + \phi(v)\frac{\partial \theta}{\partial u} = 0. \tag{2.29}$$

反过来, 如果 (2.27) 中成立

$$A = A(v), \quad B = 0, \tag{2.30}$$

那么关于 u 积分之后便获得三个独立解 $x_i(u,v)(i=1,2,3)$, 它们确实定义一个仿射铸面.

因此, 拉普拉斯方程 (2.27) 的解要定义仿射铸面的充要条件是 (2.30).

为了书写方便, 记 $x_1 = x$, $x_2 = y$, $x_3 = z$. 在不失一般性的情况下, 我们把仿射铸面的方程写成

$$x = v, y = V\left(\int \xi_2 \phi V^{-1} \, dv + U_2\right), \; z = V\left(\int \xi_3 \phi V^{-1} \, dv + U_3\right), \tag{2.31}$$

式中已令

$$\phi = \frac{1}{\xi_1 - v}, \quad V = \exp\left(-\int \phi\, dv\right) \tag{2.32}$$

而且 ξ_1, ξ_2, ξ_3 都单独是 v 的函数；U_2, U_3 单独是 u 的函数.

由此得出

$$\left.\begin{aligned} &x_u = 0, x_v = 1, x_{uu} = 0, x_{uv} = 0, x_{vv} = 0;\\ &y_u = VU_2', y_v = \phi(\xi_2 - y), y_{uu} = VU_2'',\\ &y_{uv} = V'U_2', y_{vv} = \left(\frac{\phi'}{\phi} - \phi\right) y_v + \phi\xi_2';\\ &z_u = VU_3', z_v = \phi(\xi_3 - z), z_{uu} = VU_3'',\\ &z_{uv} = V'U_3', z_{vv} = \left(\frac{\phi'}{\phi} - \phi\right) z_v + \phi'\xi_3'. \end{aligned}\right\} \tag{2.33}$$

曲面 (x, y, z) 经过关于单位球的配极而变成曲面

$$X = X(u, v), \quad Y = Y(u, v), \quad Z = Z(u, v), \tag{2.34}$$

其中 (u, v) 仍然在新曲面构成共轭网, 因而 (2.34) 是一个拉普拉斯方程的解. 为了阐明这一事实, 我们首先指出：

$$X = \frac{1}{H}\begin{vmatrix} y_u\ z_u \\ y_v\ z_v \end{vmatrix}, Y = \frac{1}{H}\begin{vmatrix} z_u\ x_u \\ z_v\ x_v \end{vmatrix}, Z = \frac{1}{H}\begin{vmatrix} x_u\ y_u \\ x_v\ y_v \end{vmatrix}. \tag{2.35}$$

其中

$$H = \begin{vmatrix} x & y & z \\ x_u & y_u & z_u \\ x_v & y_v & z_v \end{vmatrix}. \tag{2.36}$$

从此容易导出 X, Y, Z 所满足的拉普拉斯方程：

$$\frac{\partial^2 \omega}{\partial u\, \partial v} + \left(\frac{H_v}{H} - \frac{V'}{V}\right)\frac{\partial \omega}{\partial u} + \frac{H_u}{H}\frac{\partial \omega}{\partial v} = 0. \tag{2.37}$$

曲面 (X, Y, Z) 也要成为仿射铸面, 此时充要条件 (2.30) 变为

$$H_u = 0. \tag{2.38}$$

换言之, H 单独是 v 的函数. 把 (2.33) 代进 (2.36), (2.38) 便可改写为

$$\begin{vmatrix} x & y & z \\ 0 & U_2' & U_3' \\ \xi_1 & \xi_2 & \xi_3 \end{vmatrix} = \psi(v), \tag{2.39}$$

或者

$$U_2' f_2 + U_3' f_3 = \psi(v), \tag{2.40}$$

式中已令

$$f_2 = \begin{vmatrix} x & z \\ \xi_1 & \xi_3 \end{vmatrix}, f_2 = -\begin{vmatrix} x & y \\ \xi_1 & \xi_2 \end{vmatrix}. \tag{2.41}$$

可是

$$\left.\begin{aligned} \frac{\partial f_2}{\partial u} &= \begin{vmatrix} x_u & z_u \\ \xi_1 & \xi_3 \end{vmatrix} = -V\xi_1 U_3', \\ \frac{\partial f_3}{\partial u} &= -\begin{vmatrix} x_u & y_u \\ \xi_1 & \xi_2 \end{vmatrix} = +V\xi_1 U_2', \end{aligned}\right\} \tag{2.42}$$

所以

$$U_2' \frac{\partial f_2}{\partial u} + U_3' \frac{\partial f_3}{\partial u} = 0. \tag{2.43}$$

另外, 关于 u 微分 (2.40) 并用 (2.43), 就有

$$U_2'' f_2 + U_3'' f_3 = 0. \tag{2.44}$$

同上述一样, 我们从 (2.40) 和 (2.44) 得知曲线

$$C^* : y^* = U_2, \ z^* = U_3$$

在 $(y^* z^*)$ 平面上是二次曲线. 于是按照 C^* 的仿射曲率 k 之不同而区分为三种仿射旋转面.

第一种: $k = 0$.

所求的曲面是抛物型仿射旋转面:

$$x = v, \ y = uv, \ z = V\left(-\int \xi_3(v)\, dv + \frac{1}{2}u^2\right). \tag{I}$$

第二种: $k = \kappa^2 > 0$.

所求的曲面是椭圆型仿射旋转面:

$$\left.\begin{aligned} x &= v, \\ y &= \frac{b}{a}\exp\left(-\int \frac{dv}{\xi_1(v) - v}\right)\cos \kappa u, \\ z &= \frac{c}{a}\exp\left(-\int \frac{dv}{\xi_1(v) - v}\right)\sin \kappa u. \end{aligned}\right\} \tag{II}$$

第三种: $k = -\kappa^2 < 0$.

所求的曲面是双曲型仿射旋转面:

$$\left.\begin{aligned} x &= v, \\ y &= \frac{b}{a}\exp\left(-\int \frac{dv}{\xi_1(v) - v}\right)\cosh \kappa u, \\ z &= \frac{c}{a}\exp\left(-\int \frac{dv}{\xi_1(v) - v}\right)\sinh \kappa u. \end{aligned}\right\} \tag{III}$$

至此, 完成了定理的证明.

4.3 一般化仿射铸面与仿射旋转面

为了阐明 Süss 所定义的曲面族和我们的仿射旋转面族两者的一致性, 我们首先证明下列关于仿射旋转面的一个特征:

设一个曲面的所有仿射法线都和一定 (有限远) 直线 (称为轴) 相交, 而且通过轴的任何平面和曲面的交线 (称为子午线) 都是影界线. 那么, 曲面必须是仿射旋转面.

我们在轴 a 上取坐标原点 O, 而且采用曲面的仿射曲率线作为参数曲线 u、v, 于是 (第一章 (5.77))

$$y_u = -\frac{1}{R_1}x_u, \quad y_v = -\frac{1}{R_2}x_v, \tag{3.1}$$

式中 y 表示曲面的仿射法线向量, 而且 R_1、R_2 表示两仿射主曲率半径.

从假定得出: 必有两函数 $\alpha(u,v)$ 和 $\beta(u,v)$ 使下式成立

$$x + \alpha y = \beta\boldsymbol{\alpha}, \tag{3.2}$$

式中 $\boldsymbol{\alpha}$ 表示轴 a 的单位向量.

由 (3.1) 和 (3.2) 我们可导出

$$\beta_v\left(1-\frac{\alpha}{R_1}\right)x_u - \beta_u\left(1-\frac{\alpha}{R_2}\right)x_v + (\alpha_u\beta_v - \alpha_v\beta_u)y = 0,$$

于是成立关系式:

$$\beta_u = \alpha_u = 0,\ \alpha = R_1,\ R_1 \neq R_2, \tag{3.3}$$

这里假定了所论曲面不是仿射球 (参照 Süss: 前揭论文).

现在, 对 (3.2) 进行关于 v 的微分而且利用 (3.1) 改写, 我们便有

$$\left(1-\frac{\alpha}{R_2}\right)x_v = \beta_v\boldsymbol{\alpha} - \alpha_v y, \tag{3.4}$$

或

$$\left(1-\frac{\alpha}{R_2}\right)x_v = \frac{\alpha_v}{\alpha}\left\{\left(\beta - \alpha\frac{\beta_v}{\alpha_v}\right)\boldsymbol{\alpha} - x\right\}. \tag{3.5}$$

由于 $\beta - \alpha\dfrac{\beta_v}{\alpha_v}$ 单独是 v 的函数, 所以我们有

(I) 沿每条 u 曲线各点的切平面都通过轴 a 上的一点.

再度关于 v 微分 (3.4) 的两边, 我们又得到

$$\left(1-\frac{\alpha}{R_2}\right)x_{vv} - \left\{\frac{\alpha_v}{R_2} + \left(\frac{\alpha}{R_2}\right)_v\right\}x_v - \alpha_{vv}y = \beta_{vv}\boldsymbol{\alpha},$$

或者按关系式 (3.2) 改写成

$$\left(1-\frac{\alpha}{R_2}\right)x_{vv}-\left\{\frac{\alpha_v}{R_2}+\left(\frac{\alpha}{R_2}\right)_v\right\}x_v=\frac{\beta_{vv}}{\beta}\left\{x+\left(\frac{\alpha_{vv}}{\beta_{vv}}\beta+\alpha\right)y\right\}, \tag{3.6}$$

由此可见:

(II) 曲面的仿射法线落在子午线的密切平面上.

根据假设我们还有

$$(x_{uvv}\,x_u\,x_v)=0,$$

因此,

$$C=\frac{(x_{uvv}\,x_u\,x_v)}{\sqrt{|EG-F^2|}}-\frac{1}{2}G_u-F_u=-\frac{1}{2}G_u. \tag{3.7}$$

于是仿射曲面论的基本方程给出

$$x_{uv}=\frac{1}{E}\left(\frac{1}{2}E_v+B\right)x_u\,(=a'x_u), \tag{3.8}$$

$$x_{vv}=-\frac{1}{E}G_u\,x_u+\frac{1}{G}\left(\frac{1}{2}G_v+D\right)x_v-Gy. \tag{3.9}$$

可是曲面的仿射法线落在子午线的密切平面上, 所以

$$G_u=0, \tag{3.10}$$

就是说, G 单独是 v 的函数.

另一方面, 从关系 (3.4) 又得到

$$\left(1-\frac{\alpha}{R_2}\right)x_{uv}-\left(\frac{\alpha}{R_2}\right)_v x_v-\frac{\alpha_v}{R_1}x_u=0. \tag{3.8$'$}$$

把它和 (3.8) 相比较, 我们获得

$$\frac{\partial R_2}{\partial u}=0 \quad 即 \quad R_2=R_2(v). \tag{3.11}$$

从 (3.6) 可见

$$\frac{\beta_{vv}}{\beta}(x_u x_v x)+\left\{\alpha_{vv}+\frac{\alpha\beta_{vv}}{\beta}+\left(1-\frac{\alpha}{R_2}\right)G\right\}(x_u x_v y)=0, \tag{3.12}$$

由于各行列式的系数单独是 v 的函数,

$$\frac{\beta_{vv}}{\beta}(x_{uu}x_v x)+\left\{\alpha_{vv}+\frac{\alpha\beta_{vv}}{\beta}+\left(1-\frac{\alpha}{R_2}\right)G\right\}(x_{uu}x_v y)=0. \tag{3.13}$$

另外, 我们有

$$\left.\begin{array}{l}(xx_v y)=0,\\ x_{uu}=ax_u+bx_v+cy,\end{array}\right\} \tag{3.14}$$

从而得出

$$(x_{uuu}x_vx)=a(x_{uu}x_vx)+\left(a_u+a'b-\frac{c}{R_1}\right)(x_ux_vx),$$

$$(x_{uuu}x_vy)=a(x_{uu}x_vy)+\left(a_u+a'b-\frac{c}{R_1}\right)(x_ux_vy),$$

于是

$$\frac{\beta_{vv}}{\beta}(x_{uuu}x_vx)+\left\{\alpha_{vv}+\frac{\alpha\beta_{vv}}{\beta}+\left(1-\frac{\alpha}{R_2}\right)G\right\}(x_{uuu}x_vy)=0. \tag{3.15}$$

三个关系式 (3.12)、(3.13) 和 (3.15) 也可被写成

$$(zx_u)=0,\quad (zx_{uu})=0,\quad (zx_{uuu})=0, \tag{3.16}$$

式中已令

$$z=\frac{\beta_{vv}}{\beta}(x_v\times x)+\left\{\alpha_{vv}+\frac{\alpha\beta_{vv}}{\beta}+\left(1-\frac{\alpha}{R_2}\right)G\right\}(x_v\times y).$$

如果 $z=0$, 或者 $(x_v\times x_{vv})=0$, 那么 v 曲线都是直线, 因此, 所论曲面是一个锥面, 这是平凡的.

所以 (3.16) 便给出了

$$(x_{uuu}\,x_{uu}\,x_u)=0\,,$$

就是说, 各条 u 曲线是平面曲线.

利用 (3.8)′ 和 (3.11), 我们有

$\dfrac{x_{uv}}{x_u}=\dfrac{\alpha_vR_2}{R_1(R_2-\alpha)}$: 单独是 v 的函数, 比方记作 $\dfrac{\varphi'(v)}{\varphi(v)}$, 由此导出

$$x_u=\varphi(v)\cdot w(u). \tag{3.17}$$

换言之, u 曲线的切线沿各条 v 曲线都是相平行的. 所以我们获得:

(III) 各条 u 曲线在一族平行平面上.

综合以上结果 (I)—(III), 我们断定: 所论的曲面必须是仿射旋转面.

其次, 我们将由 § 2 中所述的仿射铸面的性质 5 得到启发而把仿射铸面拓广成更一般的曲面, 就是在这种曲面上存在两族共轭曲线, 一族由平面曲线组成, 而另一族则由包络柱面或锥面的接触曲线组成. 以下分别称第一类或第二类一般化仿射铸面 (简称 G. M. 曲面).

我们将证明定理:

第一类 G. M. 曲面的包络柱面的母线都平行于某一平面, 而第二类 G. M. 曲面的包络锥面的尖点在某一直线上.

首先, 考察第二类 G. M. 曲面, 而且取包络锥面的接触曲线和其共轭曲线 (根据定义都是平面曲线) 作为 u 曲线和 v 曲线. 那么, 我们有

$$x_v = \phi(u,v)(\xi - x), \tag{3.18}$$

式中 ϕ 表示任意函数, 而 ξ 表示单独 v 的向量函数. 从此得出曲面的方程:

$$x = \exp\left(-\int \phi\, dv\right)\left(\int \xi\,\phi \exp\left(\int \phi\, dv\right) dv + U\right), \tag{3.19}$$

其中, 积分是部分地关于 v 进行, 而且 U 是单独 u 的向量函数.

我们由 (3.18) 导出

$$x_{vv} = \left(\frac{\phi_v}{\phi} - \phi\right) x_v + \phi\xi',$$
$$x_{vvv} = (*)x_{vv} + (*)x_v + \phi_v\xi' + \phi\xi'',$$

式中 $\xi' = \dfrac{d\xi}{dv}, \xi'' = \dfrac{d^2\xi}{dv^2}$.

因此, 我们有

$$(x_{vvv}\, x_{vv}\, x_v) = \phi^3(\xi'', \xi', \xi - x). \tag{3.20}$$

可是 v 曲线是平面曲线, 上式左边恒为零, 所以矩阵

$$\begin{pmatrix} \xi_1' & \xi_2' & \xi_3' \\ \xi_1'' & \xi_2'' & \xi_3'' \end{pmatrix}$$

中, 所有二阶行列式恒为零. 这就是说, 包络锥面的顶点 (ξ) 在某一直线上.

同样, 我们可证定理的前半. 实际上, 在第一类 G. M. 曲面的场合, 我们有

$$x_v = \phi(u,v)\,\alpha(v), \tag{3.21}$$

式中 $\alpha(\alpha_1, \alpha_2, \alpha_3)$ 表示包络柱面的母线的方向余弦. 可是, 从 v 曲线是平面曲线这一事实得知

$$(x_{vvv}x_{vv}x_v) = \phi^3(\alpha''(v)\alpha'(v)\alpha(v)) = 0. \tag{3.22}$$

所以母线常平行于某一平面.

这样, 完成了定理的证明.

我们由这定理还可导出推论：第一类 G. M. 曲面是可以由第二类 G. M. 曲面经过射影变换而求得的, 而且反过来也成立.

另一种一般化仿射铸面现在将成为我们的研究对象.

假设在这种曲面 (以下简称 S 曲面) 上有二族共轭曲线, 其中一族是由影界线组成的, 而另一族则由包络锥面的接触曲线组成. 我们取后者为 u 曲线, 而取前者为 v 曲线. 因此, 所论的 S 曲面决定于方程组:

$$x_u = \psi(u,v)\alpha(u), \quad x_v = \phi(u,v)(\xi(v) - x), \tag{3.23}$$

由此得出

$$x_{uv} = \frac{\psi_v}{\psi} x_u = \frac{\phi_u}{\phi} x_v - \phi x_u. \tag{3.24}$$

所以

$$\phi_u = 0, \quad \frac{\psi_v}{\psi} = -\phi$$

或者

$$\phi = \phi(v), \quad \psi = \exp\left(-\int \phi\, dv\right) \cdot \theta(u), \tag{3.25}$$

式中 $\theta(u)$ 表示单独 u 的函数.

这样, S 曲面的方程是:

$$x = \exp\left(-\int \phi\, dv\right)\left(\int \phi\xi \exp\left(\int \phi\, dv\right) dv + U\right), \tag{3.26}$$

式中

$$U = \int \theta(u)\alpha(u) du \tag{3.27}$$

表示 u 的任意向量函数.

我们看到, S 曲面族包括仿射铸面在内, 或者换言之：如果包络锥面的接触曲线都是平面曲线, 那么 S 曲面就变为仿射铸面. 因为这时, 影界线的母线平行某一平面, 于是根据本节定理包络锥面的接触线在平行平面上.

在这里, 我们将研究 S 曲面的特殊族, 族中曲面的仿射法线落在影界线的密切平面上.

我们从 (3.26) 算出

$$\left.\begin{aligned} L &= (x_{uu}x_u x_v) = V^2\phi\delta, \\ M &= (x_{uv}x_u x_v) = 0, \\ N &= (x_{vv}x_u x_v) = V^2\phi\Delta, \end{aligned}\right\} \tag{3.28}$$

式中已令

$$\begin{aligned} V &= \exp\left(-\int \phi\, dv\right), \\ \delta &= (U'', U', \xi - x), \\ \Delta &= (\xi', U', \xi - x). \end{aligned} \tag{3.29}$$

因此,

$$G = V^{1/4}\phi^{5/4}\delta^{-1/4}\Delta^{3/4}. \tag{3.30}$$

然而 $(x_{uvv}x_u x_v) = 0$, 而且仿射曲面论的基本方程中有

$$x_{vv} = -\frac{G_u}{E}x_u + (*)x_v - Gy.$$

所以仿射法线 y 要落在 v 曲线的密切平面上, 充要条件是

$$G_u = 0,$$

即

$$\frac{3\Delta_u}{\Delta} - \frac{\delta_u}{\delta} = 0 \quad \text{或} \quad \frac{3(\xi', U'', \xi - x)}{(\xi', U', \xi - x)} = \frac{(U''', U', \xi - x)}{(U''U', \xi - x)}. \tag{3.31}$$

把最后公共比值记作 p, 以致

$$\left.\begin{aligned} (U''', U', \xi - x) &= p(U'', U', \xi - x), \\ 3(\xi', U'', \xi - x) &= p(\xi', U', \xi - x). \end{aligned}\right\} \tag{3.32}$$

我们首先要证 $p = 0$.

倘若 $(U'U''U''') = 0$, 那么 S 曲面变为仿射铸面, 于是所求的就是仿射旋转面.

倘若 $(U'U''U''') \neq 0$, 那么我们采用空间曲线

$$C^* : x^* = U$$

的仿射弧长作为参数 u, 使得 (第一章 § 4)

$$(U'U''U''') = +1 \tag{3.33}$$

而且

$$U^{\mathrm{IV}} + kU'' + tU' = 0. \tag{3.34}$$

令 $v = v_0$, 则 p 可以看为单独 u 的函数. 关于 u 微分 $(3.32)_1$ 的两边, 并由 (3.34) 代进 U^{IV}, 我们有

$$(U''', U'', \xi - x) = (p^2 + p_u + k)(U'', U', \xi - x),$$

从此得出

$$(U'U''U''')V = (p_{uu} + 3pp_u + kp + p^3 + k' - t)(U'', U', \xi - x), \tag{3.35}$$

$$p_{uuu} + 4pp_{uu} + (k + 6p^2)p_u + 3p_u^2 + 2k'p + kp^2 - pt + p^4 + k'' - t' = 0, \tag{3.36}$$

因为 $(U'', U', \xi - x) \neq 0$.

另一方面, 从 $(3.32)_2$ 同样经过两次关于 u 的导微和关系 (3.34) 的利用, 我们得到

$$\begin{aligned} 6V(k'-t)(\xi'U''U') = \bigg\{ & p_{uuu} + \frac{5}{3}pp_{uu} + kp_{uu} + \left(\frac{2}{3}p^2 + k + kp\right)p_u + p_u^2 + k'p + \frac{1}{3}kp^2 \\ & + pt + k^2p + \frac{1}{9}kp^3 + \frac{1}{27}p^4 + 3kt + 3t' \bigg\}(\xi', U', \xi - x). \end{aligned} \tag{3.37}$$

假如 $k'-t=0$, 那么我们比较 (3.36) 和 (3.37) 中 p^4 的对应系数之后得知 $p=0$, 可是这时从 (3.35) 却推出

$$V(U'U''U''')=0\,,$$

而产生了矛盾. 所以 $k'-t\neq 0$.

现在, 再度关于 u 微分 (3.36) 和 (3.37), 而且比较这样得来的两个关于 p 的四阶微分方程中 p^5 的系数, 我们终于获得 $p=0$ 的结论.

因此, (3.32) 采取如下的形式:

$$\left.\begin{aligned}(U''',U',\xi-x)=0,\\(\xi',U'',\xi-x)=0.\end{aligned}\right\}\tag{3.38}$$

把第一式关于 v 导微一、二、三次,

$$(\xi'U'''U')=0,\tag{3.39}$$

$$k(\xi'U''U')-(\xi'U'''U'')=0,\tag{3.40}$$

$$(k'-t)(\xi'U''U')=0.\tag{3.41}$$

可是 $k'-t\neq 0$, 所以

$$(\xi'U''U')=0.\tag{3.42}$$

于是 (3.40) 化为

$$(\xi'U'''U'')=0.\tag{3.43}$$

综合起来, 我们便有

$$\left.\begin{aligned}\xi'\cdot(U''\times U''')=0\,,\\\xi'\cdot(U'''\times U')=0\,,\\\xi'\cdot(U'\times U'')=0\,.\end{aligned}\right\}\tag{3.44}$$

可是

$$((U''\times U'''),(U'''\times U'),(U'\times U''))=(U'U''U''')^2=1,$$

所以 $\xi'=0$. 这就是说, (ξ) 退化为一点, 于是我们所求的曲面变成一个锥面, 这是平凡的场合.

因此, 我们证明比以前更为一般的定理:

如果一个 S 曲面的仿射法线落在影界线的密切平面上, 那么曲面必须是仿射旋转面.

这里必须补充一点: 在本节最初定理的证明中, 关于 u 曲线都在平行平面上这一事实的推导, 现在完全是不必要了.

4.4 仿射旋转面的某些特征

§ 2 中所述的性质 2 表明: 仿射旋转面的平行曲线都是它的 Darboux 曲线. 现在, 我们将证明逆定理:

如果一个曲面有一系 Darboux 曲线常在平行平面上, 那么它必须是仿射旋转面.

证明 首先, 我们考察所论 Darboux 曲线的一系重合于其共轭系的场合, 也就是重合于一系主切曲线的场合. 这时, 取主切曲线为参数曲线 u、v, 而且假定所论的 Darboux 曲线系决定于 $u = \text{const}$, 于是在其方程

$$A\,du^3 + 3B\,du^2\,dv + 3C du\,dv^2 + D\,dv^3 = 0 \tag{4.1}$$

中成立关系

$$D = 0\,. \tag{4.2}$$

因此,

$$x_{vv} \times x_v = 0\,. \tag{4.3}$$

就是说, 所论曲面是不可展直纹面.

如果曲面不是仿射球面, 那么我们有[1)]

$$x = z + vz' + az'',\ a = \text{const} \neq 0,\ (z'z''z''') = c \neq 0. \tag{4.4}$$

可是 v 曲线落在平行平面上, 所以

$$\alpha x_v = 0 = \alpha z'$$

式中 α 表示平行平面的单位法线向量. 从此得出

$$(z'z''z''') = 0$$

而产生了矛盾.

这就表明, 除非是曲面为仿射球面, 上述的场合是不可能发生的. 以下, 我们假定曲面不是仿射球面.

我们现在取所论的 Darboux 曲线系和其共轭曲线系作为参数曲线 u 和 v, 于是

$$F = A = C = 0, \quad BG + DE = 0\,. \tag{4.5}$$

另外, 我们还采用平面曲线 u 即 $v = \text{const}$ 曲线的仿射弧长作为参数 u, 而且

$$(\alpha x) = v \quad (\alpha\text{: 常向量}). \tag{4.6}$$

---

1) 参考 Blaschke: DG II, 219 页.

从此得出

$$\left.\begin{aligned}&x_{uuu}=k(u,v)x_u,\\&(\alpha x_u)=(\alpha x_{uu})=(\alpha x_{uv})=(\alpha x_{vv})=0,\\&(\alpha x_v)=1.\end{aligned}\right\}\tag{4.7}$$

可是另一方面,

$$\left.\begin{aligned}C&=\frac{(x_{uvv}x_ux_v)}{\sqrt{EG}}-\frac{1}{2}G_u,\\A&=\frac{(x_{uuu}x_ux_v)}{\sqrt{EG}}-\frac{3}{2}E_u,\end{aligned}\right\}\tag{4.8}$$

而且因为 (4.6) 成立 $(x_{uu}\,x_u\,x_{uv})=0$, 由此又有

$$E_u=\frac{(x_{uuu}x_ux_v)}{\sqrt{EG}}-\frac{1}{2}E\,\frac{\partial\ln|EG|}{\partial u}.\tag{4.9}$$

从 (4.5)、(4.8) 和 (4.7) 我们断定 $E_u=0$, 因而 (4.9) 变为

$$\frac{\partial\ln|EG|}{\partial u}=0,$$

所以我们得出结论: E 和 G 都是单独 v 的函数, 于是算出

$$\left.\begin{aligned}&\begin{Bmatrix}11\\1\end{Bmatrix}=0,\begin{Bmatrix}12\\1\end{Bmatrix}=\frac{E_v}{2E},\begin{Bmatrix}22\\1\end{Bmatrix}=0,\\&\begin{Bmatrix}11\\2\end{Bmatrix}=-\frac{E_v}{2G},\begin{Bmatrix}12\\2\end{Bmatrix}=0,\begin{Bmatrix}22\\2\end{Bmatrix}=\frac{G_v}{2G}\end{aligned}\right\}\tag{4.10}$$

和基本方程

$$\left.\begin{aligned}x_{uu}&=\left(-\frac{E_v}{2G}+\frac{B}{G}\right)x_v-Ey,\\x_{uv}&=\left(\frac{B}{E}+\frac{E_v}{2E}\right)x_u,\\x_{vv}&=\left(\frac{G_v}{2G}+\frac{D}{G}\right)x_v-Gy.\end{aligned}\right\}\tag{4.11}$$

最后方程表明了

(I) 曲面的仿射法线常落在曲线 $u=\text{const}$ 的密切平面上.

从 (4.7) 和 (4.11) 我们获得下列关系:

$$0=-\frac{E_v}{2G}+\frac{B}{G}-E(\alpha y),\quad 0=\frac{G_v}{2G}+\frac{D}{G}-G(\alpha y),$$

于是

$$\frac{B}{E}=\frac{1}{4}\,\frac{\partial\ln|EG|}{\partial v},\tag{4.12}$$

就是：B 而且因此 D 单独是 v 的函数.

把 $(4.11)_2$ 关于 u 积分, 我们便得到

$$x_v = \left(\frac{B}{E} + \frac{E_v}{2E}\right)(x - \xi(v)). \tag{4.13}$$

这不外乎表示 (II) 在平行平面上的 u 曲线都是包络锥面和曲面的接触曲线.

从 (I)、(II) 和 § 2 的仿射旋转面定义立即推出定理, 而完成了证明.

现在, 我们转到仿射旋转面的另一特征的讨论来证明下列一般的定理：

如果一个曲面和一族平行平面相交于一族曲线, 而且曲面沿各条交线的仿射法线相会于一点, 那么曲面必须是仿射旋转面.

证明 首先, 我们容易看出：所论的曲面必须是仿射铸面 (参看下文习题和定理第 8 题). 因此, 我们仅就仿射铸面的范围内证明我们的定理就够了.

为此, 采用方程 (1.10) 以表示所论的曲面. 根据定理的假设得知：平行曲线即 u 曲线且因而子午线都是仿射曲率线.

又根据假设我们可令

$$x + \alpha y = \bar{\xi}(v), \tag{4.14}$$

式中 $\bar{\xi}(v)$ 表示曲面的仿射法线沿曲线 $v = \text{const}$ 时相会的点.

对 (4.14) 两边进行关于 u 和 v 的微分, 而且按公式 (第一章 § 5 (5.77))

$$y_u = -\frac{1}{R_1}x_u, \quad y_v = -\frac{1}{R_1}x_v \tag{4.15}$$

改写, 我们便有

$$\left.\begin{aligned}&\left(1 - \frac{\alpha}{R_1}\right)x_u + \alpha_u y = 0,\\&\left(1 - \frac{\alpha}{R_2}\right)x_v + \alpha_v y = \bar{\xi}'(v).\end{aligned}\right\} \tag{4.16}$$

由此可见,

$$\alpha_u = 0, \quad R_1 = \alpha, \tag{4.17}$$

就是说： R_1 是单独 v 的函数.

可是从仿射铸面的方程 (1.10) 得出

$$\left.\begin{aligned}&\xi - x = \exp\left(-\int \phi\, dv\right)\left[\int \xi' \exp\left(\int \phi\, dv\right) dv - U\right],\\&x_v = \phi(\xi - x),\end{aligned}\right\} \tag{4.18}$$

式中已令 $\phi = (\alpha\xi - v)^{-1}$, 而且 $(\alpha U) = 0$.

从 (4.14) 和 (4.18) 把 y 和 x_v 代入 (4.16), 其结果是

$$\begin{aligned}&\phi\exp\left(-\int\phi\,dv\right)\left[\int\xi'\exp\left(\int\phi\,dv\right)dv\right]\left(1-\frac{\alpha}{R_2}\right)\\&\quad+\frac{\alpha'}{\alpha}\left[\bar{\xi}(v)-\exp\left(-\int\phi\,dv\right)\left\{\int\xi\phi\exp\left(\int\phi\,dv\right)dv\right\}\right]\\&\quad-\bar{\xi}'(v)=\exp\left(-\int\phi\,dv\right)\left[\phi\left(1-\frac{\alpha}{R_2}\right)+\frac{\alpha'}{\alpha}\right]U.\end{aligned}\tag{4.19}$$

由此得出

$$\begin{aligned}&\phi\exp\left(-\int\phi\,dv\right)\left[\int(\alpha\xi')\exp\left(\int\phi\,dv\right)dv\right]\left(1-\frac{\alpha}{R_2}\right)\\&\quad+\frac{\alpha'}{\alpha}\left[(\alpha\bar{\xi})-\exp\left(-\int\phi\,dv\right)\left\{\int(\alpha\xi)\phi\exp\left(\int\phi\,dv\right)dv\right\}\right]\\&=(\alpha\bar{\xi}').\end{aligned}\tag{4.20}$$

在最后等式中, 除了 R_2 以外, 所有项都单独是 v 的函数, 所以 R_2 也是单独 v 的函数.

现在, 利用曲面的仿射法线公式 [第一章 (5.18)]

$$y=\frac{1}{2\sqrt{EG}}\left\{\frac{\partial}{\partial u}\left(\sqrt{\frac{G}{E}}\frac{\partial x}{\partial u}\right)+\frac{\partial}{\partial v}\left(\sqrt{\frac{E}{G}}\frac{\partial x}{\partial v}\right)\right\}$$

并且注意到关系式

$$(\alpha x)=v,\ (\alpha x_u)=0,\ (\alpha x_v)=1,$$

$$(\alpha y)=\frac{1}{\alpha}[\,(\alpha\bar{\xi})-v\,]\equiv\varphi(v)$$

我们便获得

$$\frac{1}{2\sqrt{EG}}\frac{\partial}{\partial v}\sqrt{\frac{E}{G}}=\varphi(v).\tag{4.21}$$

从 (1.22) 代进 E 和 G 之后, (4.21) 变为

$$\frac{\partial}{\partial v}(\phi^{-3/2}V^{3/4}\Delta^{-3/4})=3\alpha_3^{1/4}V\varphi(v)\equiv\psi'(v).\tag{4.22}$$

经过积分, 又有

$$\Delta=\frac{V}{\phi^2}[\,\psi(v)+\chi(u)\,]^{-4/3},\tag{4.23}$$

式中 Δ 见于 (1.21), 而且 $\chi(u)$ 表示 u 的任意函数.

为了完成定理的证明, 我们接着阐明 $\chi(u)$ 是常数.

首先从 (2.7) 及其关于 u 的导来方程, 即

$$\left.\begin{aligned}\alpha_3\Delta &\equiv U_1'f_1+U_2'f_2=\frac{\alpha_3 V}{\phi^2}[\,\psi(v)+\chi(u)\,]^{-4/3},\\ \alpha_3\Delta_u &\equiv U_1''f_1+U_2''f_2=-\frac{4}{3}\,\frac{\alpha_3 V}{\phi^2}[\,\psi(v)+\chi(u)\,]^{-7/3}\chi'(u)\end{aligned}\right\}\tag{4.24}$$

[其中 f_1, f_2 决定于 (2.8)]解出 f_1, 并且和 $(2.8)_1$ 的 f_1 相比较, 我们有

$$\begin{aligned}&\frac{\alpha_3 V}{\phi^2}\left[(\psi(v)+\chi(u))^{-4/3}U_2''+\frac{4}{3}(\psi(v)+\chi(u))^{-7/3}\chi'(u)U_2'\right]\\ &=\frac{\xi_2'}{\phi}-\left(1-\frac{\phi'}{\phi^2}\right)V\int\xi_2'\frac{dv}{V}+\left(1-\frac{\phi'}{\phi^2}\right)VU_2\,.\end{aligned}$$

由此再度关于 u 的微分给出

$$\begin{aligned}\frac{3U_2'''}{4U_2'}=&\frac{7}{3}[\,\psi(v)+\chi(u)\,]^{-2}\chi'(u)^2-[\,\psi(v)+\chi(u)\,]^{-1}\chi''(u)\\ &-\frac{3}{4\alpha_3}(\phi^2-\phi')[\,\psi(v)+\chi(u)\,]^{4/3}.\end{aligned}$$

为了方便起见, 令

$$\psi(v)+\chi(u)=p,\quad -\frac{3}{4\alpha_3}(\phi^2-\phi')=\theta(v)\,,$$

从而改写上列关系式为

$$\frac{7}{3}\,p^{-2}\chi'(u)^2-p^{-1}\chi''(u)+\theta(v)p^{4/3}=F(u)\,.\tag{4.25}$$

现在, 关于 v 微分 (4.25), 我们得出

$$\psi'(v)\left\{-\frac{14}{3}p^{-2}\chi'(u)^2+p^{-1}\chi''(u)+\frac{4}{3}\,\theta(v)p^{4/3}\right\}+\theta'(v)\,p^{5/3}=0.\tag{4.26}$$

于此, 我们区分两种情况进行讨论.

1. $\psi'(v)=0$. 此时, (4.22) 表明 $\varphi(v)=0$, 即

$$(\alpha y)=0\,,$$

也就是说, 曲面的仿射法线都平行于定平面. 可是 W. Süss 在上面引用过的论文中已证明, 所论的曲面必须是非正常仿射球面, 而这是我们之所除外的. 所以我们仅须考虑另一种情况:

2. $\psi'(v)\neq 0$. 此时, 令

$$\theta_1(v)=\frac{\theta'(v)}{\psi'(v)}$$

并改写 (4.26),

$$-\frac{14}{3}\,p^{-2}\chi'(u)^2+p^{-1}\chi''(u)+\theta_1(v)\,p^{5/3}+\frac{4}{3}\,\theta(v)\,p^{4/3}=0. \tag{4.27}$$

从 (4.25) 和 (4.27) 消去 $\chi'(u)^2$, 便有

$$-p^{-1}\chi''(u)+\frac{10}{3}\,\theta(v)\,p^{4/3}+\theta_1(v)\,p^{5/3}=2F(u)\,. \tag{4.28}$$

同样, 我们关于 v 微分 (4.28) 而且从 (4.28) 和这样导来的方程消去 $\chi''(u)$, 因此获得

$$\theta_2(v)\,p^{8/3}+\frac{10}{3}\theta_1(v)\,p^{7/3}+\frac{8}{3}\theta_1(v)\,p^{5/3}+\frac{70}{9}\theta(v)\,p^{4/3}=2\,F(u), \tag{4.29}$$

式中已令 $\theta_2(v)=\theta_1'(v)/\psi'(v)$.

对 (4.29) 关于 v 的再一度微分, 导致最后方程:

$$\begin{aligned}\theta_3(v)\,p^{7/3}+\frac{10}{3}\theta_2(v)\,p^{6/3}+\frac{16}{3}\theta_2(v)\,p^{4/3}+\frac{140}{9}\theta_1(v)\,p^{3/3}\\+\frac{40}{9}\theta_1(v)\,p^{1/3}+\frac{280}{27}\theta(v)=0,\end{aligned} \tag{4.30}$$

式中已令 $\theta_3(v)=\theta_2'(v)/\psi'(v)$.

上列方程是以单独 v 的函数为系数的、关于 $p^{1/3}$ 的代数方程, 所以 p 而且因此 Δ 必然单独是 v 的函数.

从 4.2 节的讨论我们立即导出：所论的曲面是仿射旋转面. 这样, 完成了定理的证明.

4.5　仿射旋转面的新处理

在 4.2 节, 我们罗列了仿射旋转面的几个性质, 其中有：它的平行曲线是平面的仿射曲率线, 也是 Darboux 曲线, 而且仿射曲面法线落在另一系仿射曲率线即子午线的 (密切) 平面上. 这些性质实际上成了仿射旋转面的特征. 下面将阐明这一特征.

取仿射曲率线为参数曲线, 而且假定 u 曲线是平面的 Darboux 曲线；仿射法线落在另一系曲率线 (称为子午线) 即 v 曲线的密切平面上. 于是我们有

$$A=0,\quad C=0,\quad F=0. \tag{5.1}$$

从此得出

$$\left\{\begin{matrix}11\\1\end{matrix}\right\}=\frac{E_u}{2E},\left\{\begin{matrix}12\\1\end{matrix}\right\}=\frac{E_v}{2E},\left\{\begin{matrix}22\\1\end{matrix}\right\}=-\frac{G_u}{2E},$$

$$\left\{\begin{matrix}11\\2\end{matrix}\right\}=-\frac{E_v}{2G},\ \left\{\begin{matrix}12\\2\end{matrix}\right\}=\frac{G_u}{2G},\ \left\{\begin{matrix}22\\2\end{matrix}\right\}=\frac{2G_v}{G}$$

和基本方程

$$\left.\begin{aligned}x_{uu}&=\frac{E_u}{2E}x_u+\frac{1}{G}\left(-\frac{1}{2}E_v+B\right)x_v-Ey,\\x_{uv}&=\frac{1}{E}\left(\frac{1}{2}E_v+B\right)x_u+\frac{G_u}{2G}x_v\qquad\quad *,\\x_{vv}&=-\frac{G_u}{2E}x_u+\frac{1}{G}\left(\frac{1}{2}G_v+D\right)x_v-Gy.\end{aligned}\right\}\tag{5.2}$$

根据上列的第二假定和 $(5.2)_3$ 必须成立关系:

$$G_u=0\quad 即\quad G=G(v)\,,\tag{5.3}$$

从而

$$x_{vv}=\frac{1}{G}\left(\frac{1}{2}G_v+D\right)x_v-Gy\,.$$

现在, 对最后方程进行关于 v 的微分, 而且利用公式 (4.15), 我们便有

$$x_{vvv}=(\ *\ )x_{vv}+(\ *\ )x_v-G_vy\,,$$

因此

$$(x_{vvv}\,x_{vv}\,x_v)=-G_v(yx_{vv}\,x_v)=0\,.\tag{5.4}$$

这样, 我们证明了:

(I) 如果曲面的仿射法线落在仿射曲率线 (同时也是 Segre 曲线) 的密切平面上, 那么这系曲线都是平面曲线.

又根据 u 曲线 ($v=\text{const}=v_0$) 是平面曲线的假定, 我们可采用曲线 $v=v_0$ 的仿射弧长作为参数 u, 以致

$$x_{uuu}=k(u,v_0)x_u\,.$$

然而

$$A=\frac{(x_{uuu}\,x_u\,x_v)}{\sqrt{|EG-F^2|}}-\frac{3}{2}E_u=0\,,$$

所以

$$E_u=0\quad 即\quad E=E(v)\,,\tag{5.5}$$

于是 $(5.2)_1$, 变为

$$x_{uu}=\frac{1}{G}\left(-\frac{1}{2}E_v+B\right)x_v-Ey\,.\tag{5.6}$$

另外, 令曲率线的方程为

$$P\,du^2+2Q\,du\,dv+R\,dv^2=0\,,$$

我们得到 $P=0$, 即 $B_u=0$. 所以 B 而且因此 D 单独是 v 的函数.

对方程 $(5.2)_2$ 关于 u 进行积分, 结果是:

$$x_v = \frac{1}{E}\left(\frac{1}{2}\,E_v + B\right)(x - \xi(v))\,.$$

这表明:

(II) u 曲线都是曲面和其包络锥面的接触曲线.

现在, 重把方程 $(5.2)_2$ 写成

$$\frac{x_{uv}}{x_u} = \frac{1}{E}\left(\frac{1}{2}\,E_v + B\right) = \frac{\varphi'(v)}{\varphi(v)}$$

并积分其两侧,

$$x_u = \varphi(v)\cdot z(u)\,.$$

最后方程表明, u 曲线的切线沿各条 v 曲线互相平行. 由此可见:

(III) 所有 u 曲线都在平行平面上.

综合起来, 所论的曲面满足了仿射旋转面的定义 (4.2 节). 因此, 我们获得定理:

设一个曲面有一系仿射曲率线都是平面曲线, 而且重合于一系 Darboux 曲线. 又设它的仿射法线都落在另一系仿射曲率线的密切平面上. 那么, 这个曲面必须是仿射旋转面.

现在, 我们将转入仿射旋转面的新处理而取一个具体问题作为一个表明我们可不经过仿射铸面各种性质的探讨也能把仿射旋转面的已知性质推导出来的例子.

在 4.4 节, 我们曾证明: 如果一系 Darboux 曲线都在平行平面上, 那么曲面必须是仿射旋转面. 这个特征在这里将被用作为仿射旋转面的定义, 而从此导出那些在 4.2 节、4.3 节中所述的一些性质.

我们仍袭用曲面的仿射基本方程 (4.11) 和克里斯托费尔记号的表示 (4.10). 从后者便可算出仿射曲率线方程中的两个系数:

$$\begin{aligned}
P = \frac{1}{EG-F^2}\bigg[& A_v - B_u - 2\,A\left\{\begin{matrix}12\\1\end{matrix}\right\} - 2\,B\left\{\begin{matrix}12\\2\end{matrix}\right\} \\
& +2\,B\left\{\begin{matrix}11\\1\end{matrix}\right\} + 2\,C\left\{\begin{matrix}11\\2\end{matrix}\right\}\bigg] = 0\,,\\
Q = \frac{1}{EG-F^2}\bigg[& B_v - C_u - A\left\{\begin{matrix}22\\1\end{matrix}\right\} - B\left\{\begin{matrix}22\\2\end{matrix}\right\} \\
& +C\left\{\begin{matrix}11\\1\end{matrix}\right\} + D\left\{\begin{matrix}11\\2\end{matrix}\right\}\bigg] = \frac{1}{EG}\left[B_v - B\left(\frac{G_v}{2G} + \frac{E_v}{2E}\right)\right]\\
= \frac{B}{EG}\,\frac{d}{dv}\ln\left(\frac{B}{\sqrt{EG}}\right):\ & \text{单独是 } v \text{ 的函数.}
\end{aligned}$$

这是因为, $A=0, C=0$ 而且 E, G, B 和 D 单独是 v 的函数.

从第一方程得知, 在平行平面上的一系曲面曲线和其共轭系曲线都是曲面的仿射曲率线 (参照 4.2 节, 性质 2).

从 Q 和二次形式 $E\,du^2+G\,dv^2$ 的 Gauss 曲率都单独是 v 的函数这个事实, 我们推出：二仿射主曲率半径 R_1 和 R_2 都单独是 v 的函数 (参照 4.2 节, 性质 4).

如果对 $(4.11)_1$ 进行关于 u 的微分而且利用 (4.15), 我们便有

$$x_{uuu}=\left[\frac{1}{EG}\left(B^2-\frac{1}{4}E_v^2\right)-\frac{E}{R_1}\right]x_u\,,$$

或

$$x_{uuu}+kx_u=0\,,$$

式中

$$k=\frac{1}{EG}\left(\frac{1}{4}E_v^2-B^2\right)+\frac{E}{R_1}$$

单独是 v 的函数. 所以 k 作为 u 曲线的仿射曲率来看, 沿各条 u 曲线是常数. 因此, 我们获得：仿射旋转面的平行曲线都是二次曲线 (参照 4.2 节).

方程 $(4.11)_3$ 表明

$$(x_{vvv}\,x_{vv}\,x_v)=0.$$

这就是说：仿射旋转面的子午线在平面 $\pi(u)$ 上, 而且曲面的仿射法线沿子午线而落在其平面 $\pi(u)$ 上.

u 曲线的仿射法线 x_{uu} 落在 $\pi(u)$ 上, 因为 $(4.11)_1$ 表明

$$(x_{uu}x_vy)=0.$$

因此, 所有平行曲线 (二次曲线) 的中心都在平面 $\pi(u)$ 上. 这个事实表明, 所有平面 $\pi(u)$ 都通过各平行曲线的中心所在的定直线 l. 很显然, 所有的仿射曲面法线都和直线 l 相交. 这样, 我们重新获得 4.2 节中的结果.

平行曲线 (二次曲线) 都相似而且有相似的位置. 这是因为, 从 $(4.11)_1$ 得知：各条 v 曲线的切线沿同一条 u 曲线都相会于直线 l 上的一个定点, 换言之, 在两相邻平行平面上的两条二次曲线是相似而有相似位置的.

4.6 仿射旋转面的拓广

根据以上几节的内容, 现在我们将仿射旋转面的定义从另一角度 (具体地说, 从 Süss 的观点) 加以扩充. 首先提出这样的问题：

设一个曲面上有共轭网的二系曲线, 其中沿第一系各曲线所引曲面的仿射法线相会于一点, 而第二系曲线都是曲面的影界线, 决定这种曲面.

问题中所提的诸仿射法线的交点轨迹, 一般是空间曲线. 特别是, 当它变为直线时, 所求的曲面按照 Süss 就是仿射旋转面.

曲面的二系共轭曲线显然是它的仿射曲率线, 我们取其第一系曲线为 u 曲线, 而取其第二系曲线为 v 曲线. 容易证明: 第一系曲线必须是曲面和其包络锥面的接触线.

实际上, 从

$$x+\alpha y=\bar{\xi}(v),\ y_u=-\frac{1}{R_1}x_u,\ y_v=-\frac{1}{R_2}x_v. \tag{6.1}$$

得出

$$x_u\left(1-\frac{\alpha}{R_1}\right)+\alpha_u y=0\,,$$

于是

$$\alpha_u=0,\quad R_1=\alpha\,. \tag{6.2}$$

又把 $(6.1)_1$ 关于 v 进行微分,

$$x_v\left(1-\frac{\alpha}{R_2}\right)=\frac{\alpha'}{\alpha}\left[\left(-\bar{\xi}+\frac{\alpha}{\alpha'}\bar{\xi}'\right)-x\right], \tag{6.3}$$

式中 $\alpha'=\dfrac{d\alpha}{dv},\ \bar{\xi}'=\dfrac{d\bar{\xi}}{dv}$. 由于仿射球面是除外的, $R_1\neq R_2$, 即 $1-\dfrac{\alpha}{R_2}\neq 0$, 所以 (6.3) 表明: 第一系曲线即 u 曲线都是曲面和其包络锥面的接触曲线.

从上述证明, 我们得出一种概念, 用以拓广仿射铸面为更一般的曲面: 在其上存在两系共轭曲线, 一系由包络锥面的接触曲线所组成, 而另一系则由影界线所组成.

如果取这二系曲线为 u, v 曲线, 所求曲面的方程是

$$x=\exp\left(-\int\phi\,dv\right)\left\{\int\xi\phi\exp\left(\int\phi\,dv\right)dv+U\right\}, \tag{6.4}$$

式中 $\phi=\phi(v)$ 是 v 的任何函数, ξ 和 U 分别单独是 v 和 u 的向量函数.

和仿射铸面相比较, 所不同之处在于 ϕ 和 U 都不附加什么条件. 现在, 让我们回到一般仿射旋转面的讨论, 而首先从 (6.3) 看出它是属于一般仿射铸面的范畴:

$$x_v=\frac{\alpha' R_2}{\alpha(R_2-\alpha)}\left[\left(\frac{\alpha}{\alpha}\bar{\xi}'-\bar{\xi}\right)-x\right], \tag{6.5}$$

式中 $R_1(v)=\alpha$.

由于 v 曲线是影界线, $R_2=R_2(v)$, 而且比较 (6.4) 和 (6.5) 的结果是

$$\left.\begin{aligned}\phi(v)&=\frac{R_1'R_2}{R_1(R_2-R_1)},\\ \xi(v)&=\frac{R_1'}{R_1}\bar{\xi}'-\bar{\xi}.\end{aligned}\right\} \tag{6.6}$$

我们从 (6.4) 算出

$$L\equiv(x_{uu}x_ux_v)=V^2\phi\,\delta\,,$$

$$M\equiv(x_{uv}x_ux_v)=0,$$

$$N \equiv (x_{vv} x_u x_v) = V\phi^2 \Delta ,$$

式中已令

$$\left.\begin{aligned} &V = \exp\left(-\int \phi \, dv\right) , \\ &\delta = (U'', U', \xi - x) , \\ &\Delta = (\xi', U', \xi - x) . \end{aligned}\right\} \tag{6.7}$$

仿射曲面论中的基本量具有下列的表示：

$$\left.\begin{aligned} &E = V^{\frac{5}{4}} \phi^{\frac{1}{4}} \delta^{\frac{3}{4}} \Delta^{-\frac{1}{4}},\ F = 0,\ G = V^{\frac{1}{4}} \phi^{\frac{5}{4}} \delta^{-\frac{1}{4}} \Delta^{\frac{3}{4}} ; \\ &A = \frac{1}{8} V^{\frac{5}{4}} \phi^{\frac{1}{4}} \delta^{\frac{3}{4}} \Delta^{-\frac{1}{4}} \left\{ -\frac{\delta_u}{\delta} + 3\frac{\Delta_u}{\Delta} \right\} , \\ &B = -\frac{1}{8} V^{\frac{5}{4}} \phi^{\frac{1}{4}} \delta^{\frac{3}{4}} \Delta^{-\frac{1}{4}} \left\{ 3\phi + \frac{\phi'}{\phi} + 3\frac{\delta_v}{\delta} - \frac{\Delta_v}{\Delta} \right\} , \\ &C = -\frac{1}{8} V^{\frac{1}{4}} \phi^{\frac{5}{4}} \delta^{-\frac{1}{4}} \Delta^{\frac{3}{4}} \left\{ -\frac{\delta_u}{\delta} + 3\frac{\Delta_u}{\Delta} \right\} , \\ &D = \frac{1}{8} V^{\frac{1}{4}} \phi^{\frac{5}{4}} \delta^{-\frac{1}{4}} \Delta^{\frac{3}{4}} \left\{ 3\phi + \frac{\phi'}{\phi} + 3\frac{\delta_v}{\delta} - \frac{\Delta_v}{\Delta} \right\} . \end{aligned}\right\} \tag{6.8}$$

从此算出 A_v, B_v, B_u, C_u, 结果如下：

$$\left.\begin{aligned} A_v = {} & \frac{1}{8} V^{\frac{5}{4}} \phi^{\frac{1}{4}} \delta^{\frac{3}{4}} \Delta^{-\frac{1}{4}} \\ & \times \left[\left(-\frac{5}{4}\phi + \frac{1}{4}\frac{\phi'}{\phi} + \frac{3}{4}\frac{\partial \ln \delta}{\partial v} - \frac{1}{4}\frac{\partial \ln \Delta}{\partial v} \right) \left(-\frac{\partial \ln \delta}{\partial u} \right.\right. \\ & \left.\left. + 3\frac{\partial \ln \Delta}{\partial u} \right) - \frac{\partial^2 \ln \delta}{\partial u \partial v} + 3\frac{\partial^2 \ln \Delta}{\partial u \partial v} \right] , \\ B_v = {} & -\frac{1}{8} V^{\frac{5}{4}} \phi^{\frac{1}{4}} \delta^{\frac{3}{4}} \Delta^{-\frac{1}{4}} \\ & \times \left[\left(3\phi + \frac{\phi'}{\phi} + 3\frac{\partial \ln \delta}{\partial v} - \frac{\partial \ln \Delta}{\partial v} \right) \left(-\frac{5}{4}\phi + \frac{1}{4}\frac{\phi'}{\phi} \right.\right. \\ & \left. + \frac{3}{4}\frac{\partial \ln \delta}{\partial v} - \frac{1}{4}\frac{\partial \ln \Delta}{\partial v} \right) + 3\phi' + \frac{\phi''}{\phi} - \left(\frac{\phi'}{\phi} \right)^2 \\ & \left. + 3\frac{\partial \ln \delta}{\partial v^2} - \frac{\partial^2 \ln \Delta}{\partial v^2} \right] , \\ B_u = {} & -\frac{1}{8} V^{\frac{5}{4}} \phi^{\frac{1}{4}} \delta^{\frac{3}{4}} \Delta^{-\frac{1}{4}} \\ & \times \left[\left(\frac{3}{4}\phi + \frac{1}{4}\frac{\phi'}{\phi} + \frac{3}{4}\frac{\partial \ln \delta}{\partial v} - \frac{1}{4}\frac{\partial \ln \Delta}{\partial v} \right) \left(-\frac{\partial \ln \Delta}{\partial u} \right.\right. \\ & \left.\left. + 3\frac{\partial \ln \delta}{\partial u} \right) - \frac{\partial^2 \ln \Delta}{\partial u \partial v} + 3\frac{\partial^2 \ln \delta}{\partial u \partial v} \right] , \\ C_u = {} & -\frac{1}{8} V^{\frac{1}{4}} \phi^{\frac{5}{4}} \Delta^{\frac{3}{4}} \delta^{-\frac{1}{4}} \\ & \times \left[\frac{1}{4} \left(-\frac{\partial \ln \delta}{\partial u} + 3\frac{\partial \ln \Delta}{\partial u} \right)^2 + 3\frac{\partial^2 \ln \Delta}{\partial u^2} - \frac{\partial^2 \ln \delta}{\partial u^2} \right] . \end{aligned}\right\} \tag{6.9}$$

u 曲线是仿射曲率线——这一条件给出了

$$A_v - B_u + B\frac{\partial}{\partial u}\ln\frac{E}{G} = 0.$$

将 (6.9) 代进这里, 再经一些计算之后, 我们有

$$\frac{\partial^2 \ln \Delta\delta}{\partial u \partial v} + \frac{1}{4}\frac{\partial}{\partial v}\left\{\ln\frac{\Delta}{\delta^3 V'}\right\}\frac{\partial}{\partial u}\ln\frac{\delta}{\Delta^3} = 0\,. \tag{6.10}$$

如前所述, 我们从第二条件已经得到 $R_2 = R_2(v)$. 但是 $R_1 = R_1(v)$, 所以 $Q = Q(v)$, 这里

$$Q = \frac{1}{EG}\left[B_v - C_u + C\frac{\partial}{\partial u}\ln\sqrt{\frac{E}{G}} + B\frac{\partial}{\partial v}\ln\sqrt{\frac{E}{G}}\right].$$

将 (6.9) 代进右边, 我们又得到

$$\begin{aligned}8Q(v) = &\frac{1}{E}\left\{\frac{1}{4}\frac{\partial}{\partial u}\ln\frac{\delta}{\Delta^3}\frac{\partial}{\partial u}\ln\frac{\Delta^5}{\delta^3} + \frac{\partial^2}{\partial u^2}\ln\frac{\Delta^3}{\delta}\right\}\\ &-\frac{1}{G}\left\{\frac{\phi''}{\phi} - \frac{5}{4}\left(\frac{\phi'}{\phi}\right)^2 + \frac{1}{2}\phi' - \frac{21}{4}\phi^2\right.\\ &+\frac{1}{2}\frac{\phi'}{\phi}\frac{\partial}{\partial v}\ln\frac{\delta}{\Delta} - \frac{1}{2}\phi\frac{\partial}{\partial v}\ln\delta^3\Delta\\ &\left.+\frac{1}{4}\frac{\partial}{\partial v}\ln\frac{\delta^3}{\Delta}\frac{\partial}{\partial v}\ln\frac{\delta^5}{\Delta^3} + \frac{\partial^2}{\partial v^2}\ln\frac{\delta^3}{\Delta}\right\}.\end{aligned} \tag{6.11}$$

综合起来, 为了曲面 (6.4) 成为一般仿射旋转面, 充要条件是: Δ 和 δ 满足微分方程组 (6.10) 和 (6.11).

现在, 我们把上述理论应用到仿射铸面去. 这时,

$$\delta = \frac{1}{a_3\phi} \quad (a_3 = \text{const}). \tag{6.12}$$

它是单独 v 的函数. 方程 (6.10) 化为

$$\frac{\partial^2}{\partial u \partial v}\ln\Delta - \frac{3}{4}\frac{\partial}{\partial v}\ln\frac{\phi^3\Delta}{V'}\frac{\partial}{\partial u}\ln\Delta = 0\,. \tag{6.13}$$

解出这个方程,

$$\Delta = \frac{V}{\phi^2}(\psi(v) + \chi(u))^{-\frac{4}{3}}, \tag{6.14}$$

式中 ψ, χ 表示各自变数的任意函数.

从 (6.14) 和 Δ 的定义方程 $(6.7)_3$ 我们可以断定 (参看 §4 末段): Δ 必须是单独 v 的函数.

因此, 我们证明了下列定理:

如果一个曲面的一系仿射曲率线在平行平面上, 而且同时是曲面和其包络锥面的接触曲线, 那么曲面必须是仿射旋转面.

由此定理和 (6.3) 还有一个推理值得一提的:

如果一个曲面的仿射法线沿一个单参数族平行平面上的各条曲面曲线都相交于一点, 那么曲面必须是仿射旋转面.

同样, 我们在同一基础上可证另一个类似定理:

设一个曲面有一系 Darboux 曲线是仿射曲率线, 又是曲面和其包络锥面的接触曲线, 而且共轭的 Segre 曲线都是影界线. 那么, 曲面必须是仿射旋转面.

证明 如前选定 u, v 曲线, 便可把所求曲面的方程写成 (6.4). 从定理的假设容易看出 (6.5)—(6.10) 此时都成立. 可是 $A=0$, 所以从 (6.8) 得出

$$\frac{\partial}{\partial u}\ln\frac{\delta}{\Delta^3}=0\,. \tag{6.15}$$

因此

$$G_u=0\,.$$

这样一来, 基本方程

$$x_{vv}=-G_u x_u+(*)x_v-Gy$$

表明: 曲面的仿射法线落在有关的 v 曲线的密切平面上.

在这场合, 条件 (6.10) 变为

$$\frac{\partial^2\ln\Delta\delta}{\partial u\partial v}=0\,. \tag{6.16}$$

解 (6.15) 和 (6.16), 我们便获得

$$\left.\begin{aligned}\Delta&=\frac{\varphi(v)}{\psi(v)}\chi(u)\,,\\ \delta&=\varphi^3(v)\psi(v)\chi^3(u)\,.\end{aligned}\right\} \tag{6.17}$$

因为 $\chi(u)\neq 0$, 所以把 u 变换为 $\displaystyle\int\frac{du}{\chi(u)}$, 使得

$$\Delta=\frac{\varphi(v)}{\psi(v)},\quad \delta=\varphi^3(v)\psi(v)\,, \tag{6.18}$$

从此有

$$\delta_u\equiv(U'''U'\xi-x)=0$$

即

$$(U'''\times U')\cdot x_v=0\,.$$

倘若 $U''' \times U' \neq 0$, 那么 v 曲线必在平面上, 于是 y 也必在这平面. 可是从 (6.4) 看出

$$(U''' \times U') \cdot x_u = 0\,,$$

于是 x_u, x_v, y 是共平面, 而产生了矛盾.

因此 $U''' \times U' \equiv 0$, 或者 $(U''' U'' U') = 0$, 就是 u 曲线是平面曲线. 从我们的定义立即得出定理. 证毕.

最后, 我们将应用上述理论, 借以推导 Süss 的主要定理:

如果曲面的仿射法线都和定直线相交, 而且子午线即通过定直线的平面和曲面的交线都是影界线, 那么曲面必须是仿射旋转面.

实际上, 如前采用 u, v 曲线 (于是 v 曲线是子午线), 我们容易看出：相当于 (z) 的曲线, 此时是一条直线. 所以

$$z''(v) = \rho z'(v)\,, \tag{6.19}$$

式中 ρ 是 v 的函数.

可是, $(6.6)_2$ 给出

$$\xi' = -\frac{\alpha\alpha''}{\alpha'^2}z' + \frac{\alpha}{\alpha'}z''\,,$$

或者, 按 (6.19) 改写它,

$$\xi' = \left(\frac{\alpha}{\alpha'}\rho - \frac{\alpha\alpha''}{\alpha'^2}\right)z' \equiv \psi z'\,.$$

利用 (6.1) 算出 $\bar{\xi}'$, 我们有

$$\xi' = \psi\left(1 - \frac{\alpha}{R_2}\right)x_v + \psi\alpha' y\,. \tag{6.20}$$

另一方面, 把 (6.4) 关于 v 陆续微分两次之后,

$$x_{vv} = \left(\frac{\phi'}{\phi} - \phi\right)x_v + \phi\alpha' y,$$

或者, 按 (6.20) 改写它,

$$x_{vv} = \left\{\frac{\phi'}{\phi} - \phi + \psi\phi\left(1 - \frac{\alpha}{R_2}\right)\right\}x_v + \psi\phi\alpha' y\,.$$

所以我们终于达到

$$G_u = 0\,.$$

同上面所述一样进行, 我们就完成定理的证明.

习题和定理

1. 设仿射铸面 $[\alpha,\xi,U]$ 的 Γ 线在平面上, 但不是直线. 决定向量 (u) 使 $[\alpha,\xi,U+u]$ 和 $[\alpha,\xi,U]$ 互为仿射变形.

2. 假定 Γ 线是直线, 证明前题中的解 (u) 有无限多.

3. 设一个仿射旋转面同时也是普通旋转面, 而且后者的轴平行于平行平面. 证明这种曲面必定是二次曲面.

4. 如果一个仿射铸面的子午线的仿射主法线和同一点的仿射曲面法线重合, 证明这种曲面必须是二次曲面.

5. 设 p 是仿射旋转面的轴上一点到曲面在这点的切平面的距离, 而且 K 是 Gauss 曲率. 证明比值 $K:p^4$ 沿各条平行曲线是常数.

6. 按照 § 3 最后定理的推导方法试证：仿射旋转面的平行曲线都是二次曲线.

7. 证明仿射旋转面沿各条平行曲线的仿射法线相会于其轴上的一个定点.

8. 如果仿射铸面的仿射法线沿着各条子午线都相会于一点, 证明它必须是仿射球面. 试求这种曲面的方程.

9. 试将仿射铸面和仿射旋转面的理论拓广到高维仿射空间的超曲面论中去.

(苏步青, 1929)

第五章　仿射曲面论和射影曲面论间的若干关系

5.1　关于规范直线都成为仿射法线的曲面族的研究

本章里将要提出和解决的问题是：

决定所有这样的曲面，使得在其各点的仿射法线常重合于同一点的 Fubini 规范束中的某一规范直线[1].

当这条规范直线不是射影法线时，所求的曲面可以被区分为两大类，其中第一类所包括的曲面的方程是仅通过积分可以表示出来的. 相反，当规范直线是射影法线时，我们获得一族仿射法线与射影法线相重合的曲面. 这种曲面有一个特征：Pick 不变量是常数，而且可以被变换为同一种曲面去. 此外，我们将在这族中决定等温主切曲面，就是常数 Pick 不变量的等温主切曲面. 同第一类曲面相反，第二类曲面的方程可由有限项获得，而无需积分.

我们运用的方法主要是按照仿射微分几何常用的坐标系，而把规范直线的方程表达出来，以推导所求曲面应满足的条件. 为这个目的，我们借助于 Čech 轴和 Wilczynski 导线的几何意义来找寻规范直线的表示，因为后者和前两者都在同一平面即规范平面上.

如在第一章 §5 中所述的，采用曲面 (x) 的主切曲线为参数曲线 u, v. 从基本方程容易求出 Segre 曲线在 x 点的密切平面的坐标：

$$\left(\frac{dx}{dv}\times\frac{d^2x}{dv^2}\right)_r=\left\{\varepsilon^r B\left(\frac{F_v}{F}-\frac{B_v}{B}\right)-\varepsilon^{2r}B^2\left(\frac{F_u}{F}+\frac{B_u}{b}\right)\right\}$$
$$\cdot(x_u\times x_v)+2\varepsilon^{2r}B^2F(x_u\times y)+2\varepsilon^{2r}BF(x_v\times y),\qquad(1.1)$$

式中，如第一章 §5 那样已令 $B=\sqrt[3]{D/A}, \varepsilon=\sqrt[3]{1}$(虚根)，$r=0,1,2$.

根据 Čech 的定义，这三密切平面相会于 x 点的 Čech 轴. 要使点

$$ax_u+bx_v+y$$

落在 Čech 轴上，这点当然要在三个平面 (1.1) 上，充要条件是

$$a=-\frac{1}{2F}\frac{\partial}{\partial_v}\ln\left(\frac{F}{B}\right),$$

$$b=-\frac{1}{2F}\frac{\partial}{\partial_u}\ln(FB).$$

---

1) 参见 Fubini-Čech:GPD, I. 155–156 页.

因此, 曲面在 x 点的 Čech 轴是 x 和点

$$-\frac{1}{2F}\frac{\partial}{\partial_v}\ \ln\ \left(\frac{F}{B}\right)\cdot x_u-\frac{1}{2F}\frac{\partial}{\partial_u}\ \ln\ (F\ B)\cdot x_v+y \tag{1.2}$$

的连线.

现在, 我们将按照 Bompiani 定理 [Boll. Unione Mat. Ital., 3 (1924)] 求出 Wilczynski 导线上的一点. 为此, 设 $P_{ij}(i,j=1,2)$ 是曲面 (x) 的 Demoulin 四边形的顶点. 那么 P_{ij} 的坐标是1)

$$x_{ij}x_u+y_{ij}x_v+z_{ij}y,$$

式中 $i,j=1,2$;

$$x_{ij}=\frac{2\lambda_i}{H\lambda_i\mu_j+2F},$$

$$y_{ij}=\frac{2\mu_j}{H\lambda_i\mu_j+2F},$$

$$z_{ij}=\frac{2\lambda_i\mu_j}{H\lambda_i\mu_j+2F},$$

$$\lambda_1^2=\frac{D_u}{FH_v}\pm\sqrt{\left(\frac{D_u}{FH_v}\right)^2+\frac{2D}{H_v}},$$

$$\mu_2^1=\frac{A_v}{FH_u}\pm\sqrt{\left(\frac{A_v}{FH_u}\right)^2+\frac{2A}{H_u}}.$$

从曲面点 x 引直线, 使与两直线 $P_{11}P_{22}$ 和 $P_{12}P_{21}$ 都相交, 这样的直线就是曲面在 x 点的 Wilczynski 导线. 据此, 我们由上列关系便可导出这条导线上的一点:

$$-\frac{1}{2F}\frac{\partial}{\partial_v}\ln A\cdot x_u-\frac{1}{2F}\frac{\partial}{\partial_u}\ln D\cdot x_v+y. \tag{1.3}$$

从 (1.2) 和 (1.3), 我们终于导出曲面在 x 点的规范直线 l_k 上的一点:

$$-k\left\{-\frac{1}{2F}\frac{\partial}{\partial_v}\ln\left(\frac{F}{B}\right)\cdot x_u-\frac{1}{2F}\frac{\partial}{\partial_v}\ln(FB)\cdot x_v+y\right\}$$
$$+(k+1)\left\{-\frac{1}{2F}\frac{\partial}{\partial_v}\ln A\cdot x_u-\frac{1}{2F}\frac{\partial}{\partial_u}\ln D\cdot x_v+y\right\},$$

或者

$$\frac{1}{2F}\frac{\partial}{\partial_v}\ln\left(\frac{F^k}{A^{\frac{2}{3}k+1}D^{\frac{k}{3}}}\right)\cdot x_u+\frac{1}{2F}\frac{\partial}{\partial_u}\ln\left(\frac{F^k}{A^{\frac{k}{3}}D^{\frac{2}{3}k+1}}\right)\cdot x_v+y. \tag{1.4}$$

1) 参照 Blaschke: DG II, §82.

当 $k=0, k=-1$ 或 $k=\infty$ 时, 我们得到 Čech 轴、Wilczynski 导线或 Fubini 规范切线上的一点. 当 k 是一个固定常数时, 按照 (1.4) 就能决定规范线束中的一个规范直线 l_k. 例如, l_{-3} 表示 Fubini 射影法线, $l_{-\frac{3}{2}}$ 表示 Green 棱线, 等等.

由 (1.3) 立即看出:

只有仿射球面才能具备其 Wiczynski 导线都成为仿射法线的性质.

下文中, 当规范直线 l_k 都成为仿射法线时, 称曲面为属于 $\Sigma^{(k)}$ 族的. 根据这定义, 仿射球面是属于 $\Sigma^{(0)}$ 族的曲面. 以下, 我们把直纹面和仿射球面列入例外.

由 (1.4) 可见, 一个曲面要属于 $\Sigma^{(k)}$ 族的充要条件如下:

$$\frac{\partial}{\partial_v}\ln\left(\frac{F^k}{A^{\frac{2}{3}k+1}D^{\frac{k}{3}}}\right)=0,\quad \frac{\partial}{\partial_u}\ln\left(\frac{F^k}{A^{\frac{k}{3}}D^{\frac{2}{3}k+1}}\right)=0, \tag{1.5}$$

或者写为

$$\frac{F^k}{A^{\frac{2}{3}k+1}D^{\frac{k}{3}}}=f(u),\quad \frac{F^k}{A^{\frac{k}{3}}D^{\frac{2}{3}k+1}}=\varphi(v). \tag{1.6}$$

假定 $k\neq -3$. 那么, 我们可把 u, v 变换, 使得

$$f(u)=1,\quad \varphi(v)=1.$$

理由如下: 采用新变数 $\overline{u}=\int\psi_1(u)du, \overline{v}=\int\psi_2(v)dv$, 于是我们有

$$A=\overline{A}\psi_1(u)^3,\quad D=\overline{D}\psi_2(v)^3,\quad F=\overline{F}\psi_1(u)\psi_2(v).$$

从此可见, (1.6) 的左侧分别被乘上因子

$$[\psi_1(u)]^{-(k+3)},\quad [\psi_2(v)]^{-(k+3)}.$$

现在, 我们仅限于一般情况讨论问题, 从而上述的两条件 (1.6) 变成

$$A=D,\quad F=A^{\frac{k+1}{k}}, \tag{1.7}$$

式中, 显然已排除 $k=0$ 的情况.

问题在于: 如何决定 A 和 F, 使之满足曲面基本方程的可积分条件 (参见第一章第 5 节 (5.75)). 为了使这些条件能被表达为合适的方式, 我们对 (1.7) 进行改写:

$$A=D=\varphi^{-k},\quad F=\varphi^{-(k+1)}. \tag{1.8}$$

这些方程立即给出了一些不变量 S、J、H 的下列表示:

$$\left.\begin{aligned}&S=(k+1)\varphi^{k-1}(\varphi\varphi_{uv}-\varphi_u\varphi_v),\\&J=\varphi^{k+3},\\&H=(k+1)\varphi^{k-1}(\varphi\varphi_{uv}-\varphi_u\varphi_v)-\varphi^{k+3}.\end{aligned}\right\} \tag{1.9}$$

将 (1.8) 和 (1.9) 代进可积分条件中去, 我们获得偏微分方程组:

$$\left.\begin{aligned}&(k+1)\varphi^2\varphi_{uuv}+(k^2-1)\varphi\varphi_u\varphi_{uv}-(k+1)\varphi\varphi_v\varphi_{uu}\\&\quad-(k^2-1)\varphi_u^2\varphi_v-k\varphi^3\varphi_{vv}-3\varphi^4\varphi_u=0,\\&(k+1)\varphi^2\varphi_{uvv}+(k^2-1)\varphi\varphi_v\varphi_{uv}-(k+1)\varphi\varphi_u\varphi_{vv}\\&\quad-(k^2-1)\varphi_v^2\varphi_u-k\varphi^3\varphi_{uu}-3\varphi^4\varphi_v=0.\end{aligned}\right\}\tag{1.10}$$

这组微分方程曾经为 J. Kaucký [*Rend. Accad. Lincei* (VI), **9** (1929), 147—149 页] 所研究, 他阐明了, 按 $\varphi_u^3=\varphi_v^3$ 或 $\varphi_u^3\neq\varphi_v^3$ 之不同而可把这组的解区分为两类. Kaucký的结果如下所述.

关于第一类解的问题, 我们在不失去一般性之下可以假定 $\varphi_u=\varphi_v$, 以致 $\varphi=\varphi(u+v)$, 而且方程组 (1.10) 归结为常微分方程:

$$2(k+1)\varphi\varphi''-2k\varphi^2\varphi'+(k^2-1)\varphi'^2-3\varphi^4-a\varphi^2=0,\tag{1.11}$$

式中 a 是任意常数. 对应的曲面称第一类曲面 $\Sigma^{(k)}$, 而它的方程是仅通过积分而求得的. 我们在下节将阐明这一事实.

至于第二类解的问题, Kaucký曾将方程组 (1.10) 归结为下列一组:

$$\left.\begin{aligned}\varphi_{uu}&=-c\varphi\varphi_v,\\\varphi_{vv}&=-c\varphi\varphi_u,\end{aligned}\right\}\tag{1.12}$$

$$(k^2-1)(\varphi\varphi_{uv}-\varphi_u\varphi_v)+[(k+1)c^2+kc-3]\varphi^4=0,\tag{1.13}$$

式中 c 是二次方程

$$(k+1)(k+3)c^2+4kc-12=0\tag{1.14}$$

的一根.

当 $k^2=1$ 时, (1.13) 恒成立, 而且一般解中含有椭圆函数和四个任意常数. 我们把这种情况暂时除外的话, 那么 (1.12) 和 (1.13) 这一组的解则取值如下:

$$\varphi=\frac{2}{c(u+v)},\tag{1.15}$$

$$\varphi=-\frac{6uv}{c(u^3+v^3)},\tag{1.16}$$

$$\varphi=\frac{2}{c}[\zeta(u+v)+\zeta(\varepsilon^2u+\varepsilon v)+\zeta(\varepsilon u+\varepsilon^2v)],\tag{1.17}$$

式中 $\zeta(w)$ 表示 $g_2=0$ 即等调和情况的 Weierstrass 椭圆函数.

剩下来而必须讨论的 $k=1$ 和 $k=-1$ 两个场合, 将在下文 §§5–6 中得到处理.

现在, 我们必须讨论上文中除外的场合, 就是曲面 $\Sigma^{(-3)}$ 的情况. 此时, 条件 (1.5) 变成了一个, 即

$$J\equiv\frac{AD}{F^3}\equiv\text{const}.\tag{1.18}$$

换言之：

凡是一个曲面的仿射法线重合于同一点的射影法线, 必有一个特征：Pick 不变量是常数.

这种曲面还允许变换, 使之变为同类曲面. 为了表明这一事实, 我们比如采用椭圆弯曲的曲面的仿射等温坐标系 (u, v), 于是

$$\left.\begin{aligned} &E = G = \Lambda^2 > 0, F = 0,\\ &C = -A, B = -D,\\ &J = -\frac{2}{\Lambda^6}(A^2 + D^2). \end{aligned}\right\} \tag{1.19}$$

设 (1.18) 中的常数为 $-2a^2$, 那么从 $(1.19)_3$ 得出

$$A = a\Lambda^3 \cos\omega, \quad D = a\Lambda^3 \sin\omega. \tag{1.20}$$

将这些基本量表示式 (1.19) 和 (1.20) 代进曲面论基本方程的可积分条件[1)]中去, 便获得 Λ 和 ω 所满足的微分方程组：

$$\left.\begin{aligned} \Phi\cos\omega - \Psi\sin\omega =& 2a\Lambda(3\Lambda_u - \Lambda\omega_u)\\ &+\frac{\Lambda^2}{a}\frac{\partial}{\partial u}\left[\Lambda^{-2}\left\{\frac{\partial^2 \ln\Lambda}{\partial u^2} + \frac{\partial^2 \ln\Lambda}{\partial v^2}\right\}\right],\\ \Phi\sin\omega + \Psi\cos\omega =& -2a\Lambda(3\Lambda_v + \Lambda\omega_u)\\ &-\frac{\Lambda^2}{a}\frac{\partial}{\partial_v}\left[\Lambda^{-2}\left\{\frac{\partial^2 \ln\Lambda}{\partial u^2} + \frac{\partial^2 \ln\Lambda}{\partial v^2}\right\}\right], \end{aligned}\right\} \tag{1.21}$$

式中已令

$$\left.\begin{aligned} \Phi =& 3(\Lambda_{uu} - \Lambda_{vv}) - \Lambda(\omega_u^2 - \omega_v^2 + 2\omega_{uv})\\ &-4(\Lambda_u\omega_v + \Lambda_v\omega_u),\\ \Psi =& 6\Lambda_{uv} + \Lambda(\omega_{uu} - \omega_{vv} - 2\omega_u\omega_v)\\ &+4(\Lambda_u\omega_u - \Lambda_v\omega_v). \end{aligned}\right\} \tag{1.22}$$

反过来, 有了这组微分方程的每一套解 (Λ, ω), 我们从 $E = G = \Lambda^2, F = 0$ 和 (1.20) 便可决定一个曲面 $\Sigma^{(-3)}$.

5.2 第一类曲面 $\Sigma^{(k)}$

在这个场合, 我们将参数 u, v 变换为 α, β:

1) 参见 Blaschke: DG II.

$$\alpha = u + v, \quad \beta = u - v, \tag{2.1}$$

以致 φ 是单独 α 的函数, 而且满足微分方程

$$2(k+1)\varphi\varphi'' - 2k\varphi^2\varphi' + (k^2-1)\varphi'^2 - 3\varphi^4 - a\varphi^2 = 0, \tag{2.2}$$

式中 $\varphi' = \dfrac{d\varphi}{d\alpha}, \varphi'' = \dfrac{d^2\varphi}{d\alpha^2}$.

曲面的基本方程采取下列形式:

$$\left.\begin{aligned} x_{\alpha\alpha} &= \frac{1}{2}\left\{\varphi - (k+1)\frac{\varphi'}{\varphi}\right\}x_\alpha + \frac{1}{2}\varphi^{-(k+1)}y, \\ x_{\alpha\beta} &= -\frac{1}{2}\left\{\varphi + (k+1)\frac{\varphi'}{\varphi}\right\}x_\beta, \\ x_{\beta\beta} &= \frac{1}{2}\left\{\varphi - (k+1)\frac{\varphi'}{\varphi}\right\}x_\alpha - \frac{1}{2}\varphi^{-(k+1)}y; \end{aligned}\right\} \tag{2.3}$$

$$\left.\begin{aligned} y_\alpha &= -\left\{(k+1)\varphi^{k-1}(\varphi\varphi'' - \varphi'^2) - \varphi^{k+3} + k\varphi^{k+1}\varphi'\right\}x_\alpha, \\ y_\beta &= -\left\{(k+1)\varphi^{k-1}(\varphi\varphi'' - \varphi'^2) - \varphi^{k+3} - k\varphi^{k+1}\varphi'\right\}x_\beta. \end{aligned}\right\} \tag{2.4}$$

把 $(2.3)_2$ 关于 α 积分, 便得到

$$x_\beta = \exp\left[-\frac{1}{2}\int\left\{\varphi + (k+1)\frac{\varphi'}{\varphi}\right\}d\alpha\right]\cdot f(\beta), \tag{2.5}$$

或者

$$x_\beta = \varphi^{-\frac{k+1}{2}}\exp\left(-\frac{1}{2}\int\varphi d\alpha\right)\cdot f(\beta). \tag{2.5$'$}$$

现在, 把 $(2.3)_3$ 关于 β 微分, 而且用 $(2.4)_2$, 又有

$$x_{\beta\beta\beta} = \frac{1}{4\varphi^2}\left\{2(k+1)\varphi\varphi'' - 2k\varphi^2\varphi' + (k^2-1)\varphi'^2 - 3\varphi^4\right\}\cdot x_\beta.$$

按 (2.2) 改写它,

$$x_{\beta\beta\beta} = \frac{1}{4}ax_\beta. \tag{2.6}$$

至于向量函数 $f(\beta)$, 我们可通过 (2.5) 和 (2.6) 来决定, 这是由于它满足微分方程

$$f''(\beta) = \frac{1}{4}af(\beta). \tag{2.7}$$

因此, $f(\beta)$ 可被表示成如下:

$$f(\beta) = 2c_0\beta + c_1, \quad 当\ a = 0\ 时; \tag{2.8}$$

$$f(\beta) = \mu c_0\exp(\mu\beta) - \mu c_1\exp(-\mu\beta), \quad 当\ a = 4\mu^2 > 0\ 时; \tag{2.9}$$

$$f(\beta) = \mu c_0\cos(\mu\beta) - \mu c_1\sin(\mu\beta), \quad 当\ a = -4\mu^2 < 0\ 时. \tag{2.10}$$

这样, 我们得出

$$x=\varphi^{-\frac{k+1}{2}}\exp\left(-\frac{1}{2}\int\varphi d\alpha\right)\cdot\int f(\beta)d\beta+g(\alpha), \tag{2.11}$$

式中 $g(\alpha)$ 是待定的 α 的向量函数.

现在, 把 $(2.3)_1$ 关于 α 微分, 而且用 (2.2) 和 (2.4) 进行演算, 这就导致下列方程:

$$x_{\alpha\alpha\alpha}=\frac{1}{2}\left\{\varphi-3(k+1)\frac{\varphi'}{\varphi}\right\}x_{\alpha\alpha}-\frac{1}{2}\left\{2(k-1)\varphi'+2\varphi^2+a\right\}x_\alpha. \tag{2.12}$$

另一方面, 我们容易验算: 函数

$$\Psi=\varphi^{-\frac{k+1}{2}}\exp\left(-\frac{1}{2}\int\varphi d\alpha\right) \tag{2.13}$$

确实满足 (2.12). 为了导出 (2.12) 的一般解, (2.11) 被代进 (2.12), 结果是 $g(\alpha)$ 所满足的微分方程

$$g'''=\frac{1}{2}\left\{\varphi-3(k+1)\frac{\varphi'}{\varphi}\right\}g''-\frac{1}{2}\left\{2(k-1)\varphi'+2\varphi^2+a\right\}g', \tag{2.14}$$

其一解显然是 Ψ. 事实上, 它的一般解是

$$g(\alpha)=g_0\Phi+g_1\Psi+g_2, \tag{2.15}$$

式中 g_0,g_1,g_2 表示三个常向量, 而且

$$\begin{aligned}\Phi=\int\Bigg[&\left\{\varphi+(k+1)\frac{\varphi'}{\varphi}\right\}\exp\left(-\frac{1}{2}\int\left\{\varphi+(k+1)\frac{\varphi'}{\varphi}\right\}d\alpha\right)\\&\cdot\int\varphi^{\frac{k+1}{2}}\exp\left(-\int\left\{\frac{3}{2}\varphi+\frac{a\varphi}{\varphi^2+(k+1)\varphi'}\right\}d\alpha\right)d\alpha\Bigg]d\alpha.\end{aligned} \tag{2.16}$$

为了改写 Φ 为较简单的形式, 令

$$\chi=\left\{\varphi+(k+1)\frac{\varphi'}{\varphi}\right\}\varphi^{\frac{k+1}{2}}\cdot\exp\left(-\int\left\{\frac{3}{2}\varphi+\frac{a\varphi}{\varphi^2+(k+1)\varphi'}\right\}d\alpha\right), \tag{2.17}$$

从此得出 $\chi(\alpha)$ 所满足的方程

$$\frac{d\ln\chi}{d\alpha}=-\frac{a\varphi}{2\left\{\varphi^2+(k+1)\varphi'\right\}}. \tag{2.18}$$

在推导时, 必须考虑到 (2.2). 所以

$$\chi=c_1\exp\left(-\frac{a}{2}\int\frac{\varphi}{\varphi^2+(k+1)\varphi'}-d\alpha\right)(c_1: \text{常数}) \tag{2.19}$$

从而, 当 a 不等于 0 时,

$$\Phi=-\frac{2c_1}{a}\int\left\{\varphi+(k+1)\frac{\varphi'}{\varphi}\right\}\varphi^{-\frac{k+1}{2}}\cdot\exp\left(-\frac{1}{2}\int\left(\varphi+\frac{a\varphi}{\varphi^2+(k+1)\varphi'}\right)d\alpha\right)d\alpha, \tag{2.16$'$}$$

而且, 当 $a=0$ 时,

$$\Phi=\int\left\{\varphi+(k+1)\frac{\varphi'}{\varphi}\right\}\varphi^{-\frac{k+1}{2}}\exp\left(-\frac{1}{2}\int\varphi d\alpha\right)\left(\int\frac{\varphi d\alpha}{\varphi^2+(k+1)\varphi'}\right)d\alpha. \tag{2.16$''$}$$

剩下的问题是, 决定常向量 c_0,c_1,c_2 和 g_0,g_1,g_2, 使得成立

$$x_{\alpha\alpha}+x_{\beta\beta}=\left\{\varphi-(k+1)\frac{\varphi'}{\varphi}\right\}x_\alpha. \tag{2.20}$$

1° $a=0$ 的场合：由 (2.17) 决定的函数 χ 变为常数 c. 我们按照 (2.8), (2.11), (2.15) 和 (2.20) 可以证明

$$c_0=-\frac{c}{2}g_0, \tag{2.21}$$

因此

$$x=xg_1+yc_1-\frac{c}{2}g_0z, \tag{2.22}$$

式中

$$\left.\begin{aligned}&x=\varphi^{-\frac{k+1}{2}}\exp\left(-\frac{1}{2}\int\varphi d\alpha\right),\\&y=\beta x,\\&z=\beta^2x-2\int\left\{\varphi+(k+1)\frac{\varphi'}{\varphi}\right\}\varphi^{-\frac{k+1}{2}}\\&\qquad\cdot\exp\left(-\frac{1}{2}\int\varphi d\alpha\right)\left(\int\frac{\varphi d\alpha}{\varphi^2+(k+1)\varphi'}\right)d\alpha,\end{aligned}\right\} \tag{2.23}$$

而且 φ 决定于方程

$$\int\frac{d\varphi}{\varphi^{\frac{k+3}{2}}\exp\left(\dfrac{3}{2}\displaystyle\int\varphi d\alpha\right)-\varphi^2}=p\alpha+q.\quad(p,q\text{：常数}) \tag{2.24}$$

特别是, 在 $k=-1$ 时, $\varphi=-\dfrac{2}{3}\dfrac{1}{\alpha}$, 而且曲面 $\Sigma^{(-1)}$ 的方程是 (参见第六节)

$$x=\alpha^{\frac{1}{3}},\quad y=\alpha^{\frac{1}{3}}\beta,\quad z=\alpha^{\frac{1}{3}}(7\beta^2-3\alpha^2). \tag{2.25}$$

2° $a=4\mu^2>0$ 的场合：我们用 (2.20), 便得知 $g_1=0$, 而且曲面 $\Sigma^{(k)}$ 决定于方程

$$\left.\begin{aligned}x &= \varphi^{-\frac{k+1}{2}} \exp\left(-\frac{1}{2}\int \varphi d\alpha + \mu\beta\right),\\ y &= \varphi^{-\frac{k+1}{2}} \exp\left(-\frac{1}{2}\int \varphi d\alpha - \mu\beta\right),\\ z &= \int \left\{\varphi + (k+1)\frac{\varphi'}{\varphi}\right\} \varphi^{-\frac{k+1}{2}}\\ &\quad \cdot \exp\left(-\int\left(\frac{2\mu^2\varphi}{\varphi^2+(k+1)\varphi'} + \frac{1}{2}\varphi\right) d\alpha\right) d\alpha.\end{aligned}\right\} \tag{2.26}$$

3° $a = -4\mu^2 < 0$ 的场合：我们也可导出 $g_1 = 0$, 而且把曲面 $\Sigma^{(k)}$ 的方程写成

$$\left.\begin{aligned}x &= \varphi^{-\frac{k+1}{2}} \exp\left(-\frac{1}{2}\int \varphi d\alpha\right) \sin\mu\beta,\\ y &= \varphi^{-\frac{k+1}{2}} \exp\left(-\frac{1}{2}\int \varphi d\alpha\right) \cos\mu\beta,\\ z &= \int \left\{\varphi + (k+1)\frac{\varphi'}{\varphi}\right\} \varphi^{-\frac{k+1}{2}}\\ &\quad \cdot \exp\left(\int\left(\frac{2\mu^2\varphi}{\varphi^2+(k+1)\varphi'} - \frac{1}{2}\varphi\right) d\alpha\right) d\alpha.\end{aligned}\right\} \tag{2.27}$$

最后必须指出：所有的第一类曲面 $\Sigma^{(k)}$ 都属于仿射旋转面族.

5.3　第二类曲面 $\Sigma^{(k)}$

我们在本节和下一节里专门研究第二类曲面 $\Sigma^{(k)}(k^2 \neq 1)$, 而特别详论常 Pick 不变量的主切等温曲面. 后者属于 $\Sigma^{(-3)}$ 族, 下文中将以 $\bar{\Sigma}^{(-3)}$ 记之.

在一般的场合, 我们可从 (1.9) 和 (1.13) 导出 H 的表示：

$$H = \rho\varphi^{k+3}, \tag{3.1}$$

式中

$$\rho = \frac{(k+1)c^2}{4} - 1 \tag{3.2}$$

是常数. 所以第二类曲面 $\bar{\Sigma}^{(-3)}$ 是常仿射平均曲率的曲面.

下文中, 我们将利用曲面的平面坐标 X 的基本方程. 在所论的情况下, 它们具有下列形式：

$$\left.\begin{aligned}X_{uu} &= -(k+1)\frac{\varphi^u}{\varphi}X_u - \varphi X_v - k\varphi_v X,\\ X_{uv} &= -\rho\varphi^2 X,\\ X_{vv} &= -\varphi X_u - (k+1)\frac{\varphi_v}{\varphi}X_v - k\varphi_u X.\end{aligned}\right\} \tag{3.3}$$

现在, 考察这组的第二方程, 它是一个 Moutard 方程. 如果我们如 Moutard 所做过的那样[1], 令

$$\Lambda_0=-\rho\varphi^2,\quad \Lambda_1=\Lambda_0-\frac{\partial^2\ln\Lambda_0}{\partial_u\partial_v},\quad \Lambda_2=\Lambda_1-\frac{\partial^2\ln\Lambda_0\Lambda_1}{\partial_u\partial_v},\cdots,$$
$$\Lambda_n=\Lambda_{n-1}-\frac{\partial^2\ln\Lambda_0\Lambda_1\cdots\Lambda_{n-1}}{\partial_u\partial_v},\cdots,$$

那么从 (1.13) 就有

$$\Lambda_n=\left\{-\rho+\frac{(k+1)c^2+kc-3}{k^2-1}n(n+1)\right\}\varphi^2. \tag{3.4}$$

常数 c 是方程

$$(k+1)(k+3)c^2+4kc-12=0 \tag{3.5}$$

的一根, 或者按 $k+1\neq 0$ 或 $k+3\neq 0$ 的假定而决定于

$$c=\frac{2}{k+1}\quad 或\quad c=-\frac{6}{k+3}.$$

1° $c=\dfrac{2}{k+1}$: 方程 (3.4) 变为

$$\Lambda_n=\frac{k(k+1)-n(n+1)}{(k+1)^2}\varphi^2. \tag{3.6}$$

当 k 是正整数时,

$$\Lambda_k=0$$

而且 $(3.3)_2$ 的一般解可表成

$$\begin{aligned}X=&U^{(k)}+A_1U^{(k-1)}+\cdots+A_rU^{(k-r)}+\cdots+A_kU\\&+V^{(k)}+B_1V^{(k-1)}+\cdots+B_rV^{(k-r)}+\cdots+B_kV,\end{aligned} \tag{3.7}$$

式中 $U,U',\cdots,U^{(k)}$ 表示 u 的任意向量函数和其 k 阶为止的导函数, 而且 V, $V',\cdots,V^{(k)}$ 表示 v 的类似向量函数; $A_1,A_2,\cdots,A_k$ 和 $B_1,B_2,\cdots,B_k$ 都是 u 和 v 的这样一些函数; 各函数是可由 $A_0,A_1,\cdots,A_{k-1}$ 的逐次导数表示出来的 (参考 Moutard 的前引论文, 或 Darboux: Lecons sur la théorie générale des surfaces. 卷 2 第 II 章).

同样, 当 k 是负整数时,

$$\Lambda_{-(k+1)}=0 \tag{3.8}$$

而且问题的一般解具有类似 (3.7) 的表示.

1) Moutard, Journal de l'Ecole Polytechnique, 45 *cahier* (1879).

2° $c=-\dfrac{6}{k+3}$：在这场合, (3.4) 变为

$$\Lambda_n=\frac{k(k-3)-9n(n+1)}{(k+3)^2}\varphi^2. \tag{3.9}$$

如果 k 是具有形式 $3m$ 的正或负整数, 那么

$$\Lambda_{m-1}=0 \quad 或 \quad \Lambda_{-m}=0. \tag{3.10}$$

在这些情况下, 我们也可以在形式 (3.7) 之下推导出一般解来.

把上述的求解法应用到曲面 $\bar{\Sigma}^{(-3)}$ 的场合, 目的在于：决定这种曲面的方程. 第一类曲面 $\bar{\Sigma}^{(-3)}$ 是平凡而不需要另作讨论的, 因为我们只要在前节中令 $k=-3$ 就可以了. 所以这里仅限于第二类曲面 $\bar{\Sigma}^{(-3)}$ 的研究.

当 $k=-3$ 时, 方程 (3.5) 给出了 $c=-1$, 于是

$$\rho=-\frac{3}{2}, \tag{3.11}$$

而且 (1.12) 和 (1.13) 变为

$$\varphi_{uu}=\varphi\varphi_v, \quad \varphi_{vv}=\varphi\varphi_u, \tag{3.12}$$

$$\varphi\varphi_{uv}-\varphi_u\varphi_v=\frac{1}{4}\varphi^4. \tag{3.13}$$

微分方程组 (3.3) 现取下列形式：

$$\left.\begin{aligned} X_{uu}&=2\frac{\varphi_u}{\varphi}X_u-\varphi X_v+3\varphi_v X,\\ X_{uv}&=\frac{3}{2}\varphi^2 X,\\ X_{vv}&=-\varphi X_u+2\frac{\varphi_v}{\varphi}X_v+3\varphi_u X; \end{aligned}\right\} \tag{3.14}$$

而且

$$\Lambda_n=\frac{6-n(n+1)}{4}\varphi^2. \tag{3.15}$$

这样, 我们对于 Moutard 方程

$$X_{uv}=\frac{3}{2}\varphi^2 X \tag{3.16}$$

便有

$$\Lambda_0=\frac{3}{2}\varphi^2, \quad \Lambda_1=\varphi^2, \quad \Lambda_2=0. \tag{3.17}$$

因此, (3.16) 的一般解具有类型 (3.7). 事实上,

$$\begin{aligned} X=U''&+\frac{\partial\ln\Lambda_0^2\Lambda_1}{\partial u}U'+\left\{\frac{\partial^2\ln\Lambda_0\Lambda_1}{\partial u^2}+\frac{\partial\ln\Lambda_0}{\partial u}\frac{\partial\ln\Lambda_0\Lambda_1}{\partial u}\right\}U\\ &+V''+\frac{\partial\ln\Lambda_0^2\Lambda_1}{\partial v}V'+\left\{\frac{\partial^2\ln\Lambda_0\Lambda_1}{\partial v^2}+\frac{\partial\ln\Lambda_0}{\partial v}\frac{\partial\ln\Lambda_0\Lambda_1}{\partial v}\right\}V. \end{aligned} \tag{3.18}$$

根据 (3.17) 和 (3.12) 化简最后方程, 我们有

$$X = U'' + 6\frac{\varphi_u}{\varphi}U' + 4\left\{\varphi_v + \left(\frac{\varphi_u}{\varphi}\right)^2\right\}U$$
$$+V'' + 6\frac{\varphi_v}{\varphi}V' + 4\left\{\varphi_u + \left(\frac{\varphi_v}{\varphi}\right)^2\right\}V. \tag{3.19}$$

剩下的问题是如何决定 (3.19) 中的向量函数 U 和 V, 使得组 (3.14) 中的其余方程都成立. 为此, 我们利用到如下的一些来自 (3.12) 和 (3.13) 的关系式:

$$\left.\begin{aligned}
&\left(\frac{\varphi_u}{\varphi}\right)_u = \varphi_v - \left(\frac{\varphi_u}{\varphi}\right)^2,\\
&\left(\frac{\varphi_u}{\varphi}\right)_v = \left(\frac{\varphi_v}{\varphi}\right)_u = \frac{1}{4}\varphi^2,\\
&\left(\frac{\varphi_v}{\varphi}\right)_v = \varphi_u - \left(\frac{\varphi_v}{\varphi}\right)^2.
\end{aligned}\right\} \tag{3.20}$$

如果按 (3.19) 算出 X_u, X_v, X_{uu}, X_{vv} 而且代进 (3.14) 的第一和第三方程, 那么我们得到

$$\left.\begin{aligned}
I \equiv\ & U^{(IV)} + 4\frac{\varphi_u}{\varphi}U''' + \left\{13\varphi_v - 20\left(\frac{\varphi_u}{\varphi}\right)^2\right\}U''\\
&+\left(5\varphi^3 - 20\frac{\varphi_u\varphi_v}{\varphi}\right)U' + \left\{10\varphi^2\varphi_u - 60\frac{\varphi_u^2\varphi_v}{\varphi^2} + 40\left(\frac{\varphi_u}{\varphi}\right)^4\right\}U\\
&+\varphi V''' + 3\varphi_v V'' + \left(10\varphi\varphi_u - 20\frac{\varphi_v^2}{\varphi}\right)V' + \left(\frac{5}{2}\varphi^4 - 20\frac{\varphi_v^3}{\varphi^2}\right)V = 0,\\
II \equiv\ & V^{(IV)} + 4\frac{\varphi_v}{\varphi}V''' + \left\{13\varphi_u - 20\left(\frac{\varphi_v}{\varphi}\right)^2\right\}V''\\
&+\left(5\varphi^3 - 20\frac{\varphi_u\varphi_v}{\varphi}\right)V' + \left\{10\varphi^2\varphi_v - 60\frac{\varphi_v^2\varphi_u}{\varphi^2} + 40\left(\frac{\varphi_v}{\varphi}\right)^4\right\}V\\
&+\varphi U''' + 3\varphi_u U'' + \left(10\varphi\varphi_v - 20\frac{\varphi_u^2}{\varphi}\right)U'\\
&+\left(\frac{5}{2}\varphi^4 - 20\frac{\varphi_u^3}{\varphi^2}\right)U = 0.
\end{aligned}\right\} \tag{3.21}$$

然而, 这两方程中之一可从其他一个被推导出来. 实际上,

$$\frac{\partial(I)}{\partial_v} = \varphi(II), \quad \frac{\partial(II)}{\partial_u} = \varphi(I). \tag{3.22}$$

为了求得 U 或 V 的常微分方程, 我们必须将 (I) 或 (II) 分别关于 u 或 v 微分, 而首先作出

$$\frac{1}{\varphi^2}\frac{\partial}{\partial u}\left[\frac{1}{\varphi}(I)\right]=0 \tag{3.23}$$

或

$$-\frac{3}{4}V''-\frac{15}{2}\left\{\varphi_u-2\left(\frac{\varphi_v}{\varphi}\right)^2\right\}V=\frac{1}{\varphi^3}U^{(V)}+3\frac{\varphi_u}{\varphi^4}U^{(IV)}$$
$$+\left\{17\frac{\varphi_v}{\varphi^3}-28\frac{1}{\varphi^3}\left(\frac{\varphi_u}{\varphi}\right)^2\right\}U'''+\left\{\frac{33}{4}+60\frac{1}{\varphi^3}\left(\frac{\varphi_u}{\varphi}\right)^3-60\frac{\varphi_u\varphi_v}{\varphi^4}\right\}U''$$
$$+\left\{15\frac{\varphi_v}{\varphi}-40\frac{\varphi_u^2\varphi_v}{\varphi^5}-20\frac{\varphi_v^2}{\varphi^3}+40\frac{1}{\varphi^3}\left(\frac{\varphi_u}{\varphi}\right)^4\right\}U'$$
$$+\left\{-5\left(\frac{\varphi_u}{\varphi}\right)^2+10\varphi_v-120\frac{\varphi_u\varphi_v^2}{\varphi^4}+280\left(\frac{\varphi_u}{\varphi}\right)^3\frac{\varphi_v}{\varphi^3}-200\frac{1}{\varphi^2}\left(\frac{\varphi_u}{\varphi}\right)^5\right\}U. \tag{3.23$'$}$$

从 (3.20) 容易看出

$$\frac{\partial}{\partial u}\left\{\varphi_u-2\left(\frac{\varphi_v}{\varphi}\right)^2\right\}=\varphi_{uu}-4\frac{\varphi_v}{\varphi}\cdot\frac{1}{4}\varphi^4=0, \tag{3.24}$$

所以 (3.23)$'$ 的左边单独是 v 的函数. 因此, 方程

$$\frac{\partial}{\partial_u}\left[\frac{1}{\varphi^2}\frac{\partial}{\partial_u}\left\{\frac{1}{\varphi}(I)\right\}\right]=0$$

再也不含有 V 了. 这样, 我们获得

$$U^{(VI)}+20\left\{\varphi_v-2\left(\frac{\varphi_u}{\varphi}\right)^2\right\}U^{(IV)}+50\left\{\frac{1}{4}\varphi^3-3\frac{\varphi_u\varphi_v}{\varphi}+4\left(\frac{\varphi_u}{\varphi}\right)^3\right\}U'''$$
$$+80\left\{4\varphi_v\left(\frac{\varphi_u}{\varphi}\right)^2-4\left(\frac{\varphi_u}{\varphi}\right)^4-\varphi_v^2\right\}U''$$
$$+30\left\{\frac{1}{2}\varphi^3\varphi_v-\varphi\varphi_u^2-60\frac{\varphi_u\varphi_v^2}{\varphi}+20\varphi_v\left(\frac{\varphi_u}{\varphi}\right)^3-16\left(\frac{\varphi_u}{\varphi}\right)^5\right\}U'$$
$$+20\left\{-3\varphi^2\varphi_u\varphi_v+4\varphi_u^3+\frac{1}{8}\varphi^6+54\varphi^2\left(\frac{\varphi_u}{\varphi}\right)^2\left(\frac{\varphi_v}{\varphi}\right)^2\right.$$
$$\left.-6\varphi_v^3-120\varphi_v\left(\frac{\varphi_u}{\varphi}\right)^4+80\left(\frac{\varphi_u}{\varphi}\right)^6\right\}U=0. \tag{3.25}$$

考虑到

$$z(u)=\varphi_v-2\left(\frac{\varphi_u}{\varphi}\right)^2 \tag{3.26}$$

单独是 u 的函数, 我们有

$$\begin{aligned}
\frac{dz}{du}&=\frac{1}{4}\varphi^3-3\frac{\varphi_u\varphi_v}{\varphi}+4\left(\frac{\varphi_u}{\varphi}\right)^3,\\
\frac{d^2z}{du^2}&=3\left\{4\varphi_v\left(\frac{\varphi_u}{\varphi}\right)^2-4\left(\frac{\varphi_u}{\varphi}\right)^4-\varphi_v^2\right\},\\
\frac{d^3z}{du^3}&=-3\left\{\frac{1}{2}\varphi^3\varphi_v-\varphi\varphi_u^2-6\frac{\varphi_u\varphi_v^2}{\varphi}+20\left(\frac{\varphi_u}{\varphi}\right)^3\varphi_v-16\left(\frac{\varphi_u}{\varphi}\right)^5\right\},\\
\frac{d^4z}{du^4}&=-3\left\{-3\varphi^2\varphi_u\varphi_v+4\varphi_u^3+\frac{1}{8}\varphi^6+54\varphi^2\left(\frac{\varphi_u}{\varphi}\right)^2\left(\frac{\varphi_v}{\varphi}\right)^2\right.\\
&\quad\left.-6\varphi_v^3-120\left(\frac{\varphi_u}{\varphi}\right)^4\varphi_v+80\left(\frac{\varphi_u}{\varphi}\right)^6\right\}.
\end{aligned}$$

因此, 方程 (3.25) 变为

$$\begin{aligned}
U^{(VI)}&+20zU^{(IV)}+50\frac{dz}{du}U'''+\frac{80}{3}\frac{d^2z}{du^2}U''\\
&-10\frac{d^3z}{du^3}U'-\frac{20}{3}\frac{d^4z}{du^4}U=0.
\end{aligned} \tag{3.27}$$

如果我们出发于方程 (II) 以代方程 (I), 那么就得到关于 V 的一个类似 (3.27) 的方程, 只是以 v 代 u, 以 V 代 U, 和以

$$z(v)=\varphi_u-2\left(\frac{\varphi_v}{\varphi}\right)^2$$

代式 $z(u)$ 就可以了.

这样一来, 一般解 U 和 V 必具备下列形式:

$$U=\sum_{i=1}^{6}c_iU_i,\quad V=\sum c_i'V_i,$$

式中常向量 c_i 和 $c_i'(i=1,2,\cdots,6)$ 是根据 (3.21) 之一必须成立这一条件来决定的. 于是 (3.19) 便是所求曲面 $\Sigma^{(-3)}$ 的平面坐标.

我们将在下一节 (§4) 研究 (3.27) 的一般解, 但是在这之前需要决定任何常数向量的若干关系. 方程 (3.27) 具有下列的第一积分方程:

$$U^{(V)}+20Z(u)U'''+30z'(u)U''-\frac{10}{3}z''(u)U'-\frac{20}{3}Z'''(u)U=c_6. \tag{3.28}$$

同样, 我们有

$$V^{(V)}+20Z(v)V'''+30z'(v)V''-\frac{10}{3}z''(v)V'-\frac{20}{3}Z'''(v)V=c_6'. \tag{3.29}$$

首先, 我们将证

$$c_6=c_6'.$$

为此, 我们从 (I), (3.23) 和 (3.28) 消去 $U^{(V)}$ 和 $U^{(IV)}$, 结果是:

$$\begin{aligned}III\equiv&-\varphi_vU'''+\left(\frac{1}{4}\varphi^3-3\frac{\varphi_u\varphi_v}{\varphi}\right)U''+10\left(2\frac{\varphi_u^2\varphi_v}{\varphi^2}-\varphi_v^2\right)U'\\&+\left\{-5\varphi\varphi_u^2+20\left(\frac{\varphi_u}{\varphi}\right)^3\varphi_v\right\}U+c_6\\&-\varphi_uV'''+\left(\frac{1}{4}\varphi^3-3\frac{\varphi_u\varphi_v}{\varphi}\right)V''+10\left(2\frac{\varphi_v^2\varphi_u}{\varphi^2}-\varphi_u^2\right)V'\\&+\left\{-5\varphi\varphi_v^2+20\left(\frac{\varphi_v}{\varphi}\right)^3\varphi_u\right\}V=0.\end{aligned} \tag{3.30}$$

另一方面, 如果我们从 (II), (3.29) 和

$$\frac{1}{\varphi^2}\frac{\partial}{\partial v}\left[\frac{1}{\varphi}(II)\right]=0$$

消去 $V^{(V)}$ 和 $V^{(IV)}$, 那么就得到和 (3.30) 一致的方程, 只要以 c_6' 代 c_6 的话. 可是这两方程同时成立, 所以 $c_6=c_6'$.

此外, 还必须指出:

$$-\frac{1}{\varphi_v}\frac{\partial}{\partial u}(III)=(I),\quad -\frac{1}{\varphi_u}\frac{\partial}{\partial v}(III)=(II). \tag{3.31}$$

所以在所有场合下, 方程 (3.30) 可以取代 (I) 或 (II) 了.

5.4 主切等温曲面 $\bar{\Sigma}^{(-3)}$ 的表示

本节里, 将找出 U 或 V 在各场合下的表示. 首先, 我们考察 (1.15)$(c=-1)$ 的场合:

$$\varphi=-\frac{2}{u+v}. \tag{4.1}$$

容易看出,

$$z(u)=z(v)=0.$$

而且 (3.27) 变为

$$U^{(VI)} = 0. \tag{4.2}$$

所以

$$U = \alpha_1 u^5 + \alpha_2 u^4 + \alpha_3 u^3 + \alpha_4 u^2 + \alpha_5 u + \alpha_6; \tag{4.3}$$

而且同样

$$V = \alpha'_1 v^5 + \alpha'_2 v^4 + \alpha'_3 v^3 + \alpha'_4 v^2 + \alpha'_5 v + \alpha'_6, \tag{4.4}$$

式中 α_i 和 $\alpha'_i (i = 1, 2, \cdots, 6)$ 是常向量. 把 (4.3) 和 (4.4) 代入 (I), (II) 中的一个方程, 便有

$$\alpha_1 = \alpha'_1, \quad \alpha_2 = -\alpha'_2, \quad \alpha_3 = \alpha'_3, \quad \alpha_4 = -\alpha'_4. \tag{4.5}$$

所以

$$\left.\begin{aligned} U &= \alpha_1 u^5 + \alpha_2 u^4 + \alpha_3 u^3 + \alpha_4 u^2 + \alpha_5 u + \alpha_6, \\ V &= \alpha_1 v^5 - \alpha_2 v^4 + \alpha_3 v^3 - \alpha_4 v^2 + \alpha'_5 v + \alpha'_6. \end{aligned}\right\} \tag{4.6}$$

因此, 按 (3.19) 便可把 X 的表示求出来.

实际上, 我们有:

$$\begin{gathered} \alpha_1\text{的系数} = 2(u+v)^3, \\ \alpha_2, \alpha_3, \alpha_4\text{的系数都} = 0, \\ \alpha_5\text{的系数} = 6\frac{u-v}{(u+v)^2}, \\ \alpha'_5\text{的系数} = -6\frac{u-v}{(u+v)^2}, \\ \alpha_6\text{的系数} = 12\frac{1}{(u+v)^2}, \\ \alpha'_6\text{的系数} = 12\frac{1}{(u+v)^2}. \end{gathered}$$

所以最后我们获得一般解:

$$X = c_1 X_1 + c_2 X_2 + c_3 X_3, \tag{4.7}$$

式中

$$\left.\begin{aligned} X_1 &= (u+v)^3, \\ X_2 &= \frac{u-v}{(u+v)^2}, \\ X_3 &= \frac{1}{(u+v)^2}. \end{aligned}\right\} \tag{4.8}$$

这些就是曲面 $\bar{\Sigma}^{(-3)}$ 在本场合的方程.

这个曲面的点坐标是通过 Lelieuvre 公式而被导出的, 它们采取如下的形式:

$$x_1 = \frac{1}{(u+v)^3}, \quad x_2 = u - v, \quad x_3 = u^2 - v^2 - 3uv \tag{4.9}$$

或者

$$x_1 = \frac{1}{\alpha^3}, \quad x_2 = \beta, \quad x_3 = 3(\alpha^2 - \beta^2) - 4\alpha\beta. \tag*{(4.9)$'$}$$

一系 Darboux 曲线都是二次曲线, 而且在平行平面 $x_1 = \text{const}$ 上. 对应系的 Segre 曲线则在平行平面 $x_2 = \text{const}$ 上.

其次, 我们转到第二种情况 (1.16)($c = -1$) 的讨论. 此时, 从

$$\varphi = 6\frac{uv}{u^3 + v^3} \tag{4.10}$$

得出

$$z(u) = -\frac{2}{u^2}, \quad z(v) = -\frac{2}{v^2}. \tag{4.11}$$

方程 (3.27) 变为

$$U^{(VI)} - 40\frac{1}{u^2}U^{(IV)} + \frac{200}{u^3}U''' - \frac{320}{u^4}U'' - \frac{480}{u^5}U' + \frac{1600}{u^6}U = 0. \tag{4.12}$$

同前一情况一样, 我们由此求出 U, 而且同样求出 V, 并经过它们在 $(3.21)_1$ 的代入, 结果是:

$$\left.\begin{aligned} U &= \alpha_1 u^{-4} + \alpha_2 u^{-1} + \alpha_3 u^2 + \alpha_4 u^5 + \alpha_5 u^5 \ln u + \alpha_6 u^8, \\ V &= \alpha_1' v^{-4} + \alpha_2 v^{-1} + \alpha_3 v^2 + \alpha_4' v^5 + \alpha_5 v^5 \ln v - \alpha_6 v^8, \end{aligned}\right\} \tag{4.13}$$

如果把这些表示代进 (3.19), 我们便获得 X 的表示, 其中

$$\begin{aligned}
&\alpha_1\text{的系数} = \frac{108}{(u^3+v^3)^2}, \\
&\alpha_1'\text{的系数} = \frac{108}{(u^3+v^3)^2}, \\
&\alpha_2, \alpha_3\text{的系数都} = 0, \\
&\alpha_4\text{的系数} = -\frac{54u^3v^3(u^3-v^3)}{(u^3+v^3)^2}, \\
&\alpha_4'\text{的系数} = +\frac{54u^3v^3(u^3-v^3)}{(u^3+v^3)^2}, \\
&\alpha_5\text{的系数} = -3\left\{\frac{18u^3v^3(u^3-v^3)}{(u^3+v^3)^2}\ln\frac{u}{v} + \frac{u^6 - 10u^3v^3 + v^6}{u^3+v^3}\right\}, \\
&\alpha_6\text{的系数} = 0.
\end{aligned}$$

这样, X 的最终表示完全被确定为下列形式:

$$X = c_1X_1 + c_2X_2 + c_3X_3, \tag{4.14}$$

式中已令

$$\left.\begin{aligned}X_1 &= \frac{1}{(u^3+v^3)^2},\\ X_2 &= \frac{u^3v^3(u^3-v^3)}{(u^3+v^3)^2},\\ X_3 &= \frac{u^6-10u^3v^3+v^6}{u^3+v^3} + \frac{18u^3v^3(u^3-v^3)}{(u^3+v^3)^2}\ln\frac{u}{v},\end{aligned}\right\} \tag{4.15}$$

或者, 以 $\alpha = u^3, \beta = v^3$,

$$\left.\begin{aligned}X_1 &= (\alpha+\beta)^{-2},\\ X_2 &= \alpha\beta(\alpha-\beta)(\alpha+\beta)^{-2},\\ X_3 &= (\alpha^2-10\alpha\beta+\beta^2)(\alpha+\beta)^{-1} + 6\alpha\beta(\alpha-\beta)(\alpha+\beta)^{-2}\ln\frac{\alpha}{\beta}.\end{aligned}\right\} \tag{4.16}$$

我们通过 Lelieuvre 公式而导出曲面在点坐标下的表示:

$$\left.\begin{aligned}x_1 &= \alpha\beta,\\ x_2 &= (\alpha-\beta)(\alpha+\beta)^{-2} + 2\alpha\beta(\alpha+\beta)^{-3}\ln\frac{\alpha}{\beta},\\ x_3 &= \alpha\beta(\alpha+\beta)^{-3}.\end{aligned}\right\} \tag{4.17}$$

最后, 我们必须处理剩下的情形, 即

$$\varphi = -2[\zeta x_0 + \zeta x_1 + \zeta x_2], \tag{4.18}$$

式中已令

$$x_0 = u+v, \quad x_1 = \varepsilon^2 u + \varepsilon v, \quad x_2 = \varepsilon u + \varepsilon^2 v \tag{4.19}$$

而且 ζ 表示 $g_2 = 0$ 的椭圆函数.

为了算出函数

$$z(u) = \varphi_v - 2\left(\frac{\varphi_u}{\varphi}\right)^2,$$

我们用到下列一些表示:

$$\begin{aligned}\varphi_u &= 2\left\{\wp x_0 + \varepsilon^2\wp x_1 + \varepsilon\wp x_2\right\},\\ \varphi_v &= 2\left\{\wp x_0 + \varepsilon\wp x_1 + \varepsilon^2\wp x_2\right\},\\ \frac{\varphi_u}{\varphi} &= -\frac{\wp x_0 + \varepsilon^2\wp x_1 + \varepsilon\wp x_2}{\zeta x_0 + \zeta x_1 + \zeta x_2},\\ \frac{\varphi_v}{\varphi} &= -\frac{\wp x_0 + \varepsilon\wp x_1 + \varepsilon^2\wp x_2}{\zeta x_0 + \zeta x_1 + \zeta x_2},\end{aligned}$$

其中和以后, $\wp$ 表示 Weierstrass 椭圆函数. 于是

$$z(u)=2\left\{\wp x_0+\varepsilon\wp x_1+\varepsilon^2\wp x_2-\frac{(\wp x_0+\varepsilon^2\wp x_1+\varepsilon\wp x_2)^2}{\wp x_0+\wp x_1+\wp x_2}\right\}. \tag{4.20}$$

可是, 这个表示与 v 无关, 所以不妨把其中的 v 等于 u 而获得

$$z(u)=6\wp u-2\left(\frac{\wp' u}{\wp u}\right)^2. \tag{4.21}$$

此时, 方程 (3.28) 变为一个 Picard 方程[1)]:

$$\begin{aligned}L(U)\equiv U^{(V)}&+40\left\{3\wp-\left(\frac{\wp'}{\wp}\right)^2\right\}U'''+60\left\{-9\wp'+2\left(\frac{\wp'}{\wp}\right)^3\right\}U''\\&-40\left\{-9\wp^2+6\wp\left(\frac{\wp'}{\wp}\right)^2-\left(\frac{\wp'}{\wp}\right)^4\right\}U'\\&-160\left\{27\wp\wp'-15\wp\left(\frac{\wp'}{\wp}\right)^3+2\left(\frac{\wp'}{\wp}\right)^5\right\}U=c_6.\end{aligned} \tag{4.22}$$

这里和下文中, 除有声明的而外, 变数 u 均不书写进去.

现在, 我们要来积分上列方程. 在 $u=0$ 的领域里, 由于 $g_2=0$, 我们有

$$\wp_u=\frac{1}{u^2}+\sum_{\lambda=1}^{\infty}c_{3\lambda}u^{6\lambda-2}.$$

倘若能够求得一个椭圆函数 U_i, 使得它除了 $u=0$ 这个 $2m$, 重极点以外, 没有其他的极点并且当 $L(U_i)$ 在 $u=0$ 的邻域被展开为 u 的级数时, 它包含 u 的 $10+2m$ 以上的幂的话, U_i 便是 (4.22) 的补余积分. 这是因为, 函数

$$\wp^{5+m}L(U_i)$$

此时可以展开成为正整 ($\geqslant 1$) 幂的级数而且没有任何极点; 根据 Liouville 定理 $\wp^{5+m}L(U_i)$ 必须是常数, 于是等于 0.

按此法我们获得下列五个补余积分:

$$U_1=\wp^2,\quad U_2=\frac{1}{\wp},\quad U_3=\frac{1}{\wp^4},\quad U_4=\frac{\wp'}{\wp},\quad U_5=\frac{\wp'}{\wp^4}. \tag{4.23}$$

这些积分组成的 Wronski 行列式

1) E. Picard, Sur les équations differentielles linéares à coefficients doublement périodiques. Crelles Journ., 1881, 90: 281–302.

$$\Delta \equiv \begin{vmatrix} U_1^{(IV)} & U_2^{(IV)} & U_3^{(IV)} & U_4^{(IV)} & U_5^{(IV)} \\ U_1''' & U_2''' & U_3''' & U_4''' & U_5''' \\ U_1'' & U_2'' & U_3'' & U_4'' & U_5'' \\ U_1' & U_2' & U_3' & U_4' & U_5' \\ U_1 & U_2 & U_3 & U_4 & U_5 \end{vmatrix} = -2^7 \cdot 3^{12}, \tag{4.24}$$

所以这些积分是线性无关的.

设 Δ_r 是 $U_r^{(IV)}$ 在 Δ 中的余因子, 其中 $r = 1, 2, 3, 4, 5$; 那么

$$\left.\begin{aligned} &\Delta_1 = -2^4 \cdot 3^7 \frac{1}{\wp^4}, \\ &\Delta_2 = 2^5 \cdot 3^7 \frac{1}{\wp^2}\left[\wp - \left(\frac{\wp'}{\wp}\right)^2\right], \\ &\Delta_3 = 2^3 \cdot 3^7 \left[-2\wp^2 + 4\wp\left(\frac{\wp'}{\wp}\right)^2 - \left(\frac{\wp'}{\wp}\right)^4\right], \\ &\Delta_4 = 2^4 \cdot 3^7 \frac{\wp'}{\wp^4}, \\ &\Delta_5 = 2^3 \cdot 3^7 \left(\frac{\wp'^3}{\wp^4} - 2\frac{\wp'}{\wp}\right). \end{aligned}\right\} \tag{4.25}$$

所以 (4.22) 的特殊积分是[1)]

$$U_6 = \frac{c_6}{\Delta}\sum_{r=1}^{5} U_r \int \Delta_r du (\equiv c_6 U_6).$$

令

$$J_n = \int \wp^n u du.$$

从 (4.24) 和 (4.25) 便有

$$U_6 = \frac{\wp'}{\wp^4}\left(\ln\wp - \frac{1}{2}\right) + \left(-\wp^2 + 2g_3\frac{1}{\wp}\right)J_{-4} + \left(-\frac{6}{\wp} + \frac{g_3}{\wp^4}\right)J_{-1}. \tag{4.26}$$

利用有关于积分 J_n 的已知公式[2)], 就可导出

$$3g_3 J_{-4} = \frac{1}{\wp^3} + 6J_{-1} \tag{4.27}$$

1) 例如参考 A. B. Forsyth, A Treatise on Differential Equations, 5th ed. London 1921, 129.

2) 例如参考 Tannery-Molk, Fonctions clliptiques, 卷 IV, 巴黎 1902 年版, 109–110.

和

$$J_{-1} = \frac{1}{\sqrt{-g_3}} \left[\ln \frac{\sigma(u-u_0)}{\sigma(u+u_0)} + 2u\zeta u_0 \right], \tag{4.28}$$

式中 u_0 是 $\wp u$ 的一个零点.

从 (4.26), (4.27)和(4.28) 得到

$$U_6 = \frac{\wp'}{\wp^4}\left(\ln \wp - \frac{1}{2}\right) + \frac{1}{3g_3}\left(-\frac{1}{\wp} + \frac{2g_3}{\wp^4}\right) + \left(\frac{g_3}{\wp^4} - \frac{2}{\wp} - \frac{2}{g_3}\wp^2\right) J_{-1}.$$

所以我们可以采取下式作为 U_6, 即

$$U_6 = \frac{\wp'}{\wp^4}\ln \wp + \left(g_3\wp^{-4} - 2\wp^{-1} - \frac{1}{g_3}\wp^2\right) J_{-1}. \tag{4.29}$$

因此, 我们获得 (4.22) 的一般解

$$U = c_1U_1 + c_2U_2 + c_3U_3 + c_4U_4 + c_5U_5 + c_6U_6, \tag{4.30}$$

而且同样

$$V = c'_1V_1 + c'_2V_2 + c'_3V_3 + c'_4V_4 + c'_5V_5 + c'_6V_6, \tag{4.31}$$

式中已令

$$V_i = U_i(v), \tag{4.32}$$

而且 c_i, c'_i 都是任意常向量.

同前二情形一样, 我们还必须决定这些 c_i 和 c'_i 使之满足 (I) 与 (II)[见 (3.21)] 中的一个方程. 但是由 (3.22) 和 (3.23) 又可看出, (I) 可由 (3.23′) 加以推导. 可是 (3.23′) 的右边因为 (3.25) 成立而成了单独 v 的函数, 所以我们对 (3.23′) 中的 $u=v$, 而导出

$$\begin{aligned}
\frac{3}{4}V'' \quad & +15\left[3\wp(v) - \left(\frac{\wp'}{\wp}(v)\right)^2\right]V + \frac{1}{72}\left[3\frac{\wp'^2}{\wp^4}(v) - \frac{\wp'^4}{\wp^7}(v)\right]U^{(IV)}(v) \\
& -\frac{1}{36}\left[9\frac{\wp'}{\wp^2}(v) - 9\frac{\wp'^3}{\wp^5}(v) + 2\frac{\wp'^5}{\wp^8}(v)\right]U'''(v) \\
& +\frac{1}{36}\left[27 + 90\frac{\wp'^2}{\wp^3}(v) - 60\frac{\wp'^4}{\wp^6}(v) + 10\frac{\wp'^6}{\wp^9}(v)\right]U''(v) - 5\left[3\frac{\wp'}{\wp}(v) - \frac{\wp'^3}{\wp^4}(v)\right]U'(v) \\
& +15\left[3\wp v - \frac{\wp'^2}{\wp^2}(v) - \frac{2}{3}\frac{\wp'^4}{\wp^5}(v) + \frac{1}{3}\frac{\wp'^6}{\wp^8}(v) - \frac{1}{27}\frac{\wp'^8}{\wp^{11}}(v)\right]U(v) + \delta c_6\frac{\wp'^3}{\wp^6}(v) = 0,
\end{aligned} \tag{4.33}$$

这里 δ 表示一个数字常数.

设由 (4.30) 和 (4.31) 给定的 U 和 V 被代入于 (4.33), 其结果是:

$$(c_1+c_1')(2\wp^3 v-\wp'^2 v)+(c_2+c_2')\left(3-\frac{\wp'^2}{\wp^3}(v)\right)$$
$$+(c_3+c_3')\frac{2}{\wp^3 v}+(c_4-c_4')\left(\frac{\wp'^3}{\wp^3}(v)-3\wp' v\right)\equiv 0,$$

由此可见

$$c_1'=-c_1,\quad c_2'=-c_2,\quad c_3'=-c_3,\quad c_4'=c_4.$$

因而

$$U=c_1\wp^2 u+c_2\frac{1}{\wp u}+c_3\frac{1}{\wp^4 u}+c_4\frac{\wp' u}{\wp u}+c_5\frac{\wp' u}{\wp^4 u}+c_6 U_6, \tag{4.34}$$

$$V=-c_1\wp^2 v-c_2\frac{1}{\wp v}-c_3\frac{1}{\wp^4 v}+c_4\frac{\wp' v}{\wp v}+c_5'\frac{\wp' v}{\wp^4 v}+c_6 V_6, \tag{4.35}$$

式中

$$U_6=\frac{\wp' u}{\wp^4 u}\ln\wp u+\left(\frac{g_3}{\wp^4 u}-\frac{2}{\wp u}-\frac{2}{g_3}\wp^2 u\right)\frac{1}{\sqrt{-g_3}}\left[\ln\frac{\sigma(u-u_0)}{\sigma(u+u_0)}+2u\zeta u_0\right], \tag{4.36}$$

$$V_6=\frac{\wp' v}{\wp^4 v}\ln\wp v+\left(\frac{g_3}{\wp^4 v}-\frac{2}{\wp v}-\frac{2}{g_3}\wp^2 v\right)\frac{1}{\sqrt{-g_3}}\left[\ln\frac{\sigma(v-v_0)}{\sigma(v+v_0)}+2v\zeta v_0\right]. \tag{4.37}$$

现在, 我们已经到达具体写出曲面 $\bar{\Sigma}^{(-3)}$ 在最后情况下的方程的阶段了.

由于 $g_2=0$, 必须成立[1)]

$$\wp(\varepsilon u)=\varepsilon\wp u,\quad \wp(\varepsilon^2 u)=\varepsilon^2\wp u,\quad \wp'(\varepsilon u)=\wp'(\varepsilon^2 u)=\varepsilon' u.$$

由 (4.18) 给定的 φ 的表示, 按这些关系化简而成为

$$\varphi=-12\frac{\wp u\wp v}{\wp' u+\wp' v}, \tag{4.38}$$

从此得到

$$\left.\begin{aligned}
\frac{\varphi_u}{\varphi}&=\frac{\wp' u\wp' v-2\wp^3 u-g_3}{\wp u(\wp' u+\wp' v)},\\
\frac{\varphi_v}{\varphi}&=\frac{\wp' u\wp' v-2\wp^3 v-g_3}{\wp v(\wp' u+\wp' v)},\\
\varphi_v+\left(\frac{\varphi_u}{\varphi}\right)^2&=2(2\wp^6 u+6g_3\wp^3 u+g_3^2\\
&\quad+20\wp^3 u\wp^3 v-8\wp^3 u\wp' u\wp' v-g_3\wp' u\wp' v\\
&\quad-2g_3\wp^3 v):\{\wp^2 u(\wp' u+\wp' v)^2\}
\end{aligned}\right\} \tag{4.39}$$

1) Halphen, Fonctions elliptiques, 卷 I, 巴黎 1886 年版, 82 页.

和关于 $\varphi_u + \left(\frac{\varphi_v}{\varphi}\right)^2$ 的类似表示.

令

$$L(U) = U'' + 6\frac{\varphi_u}{\varphi}U' + 4\left[\varphi_v + \left(\frac{\varphi_u}{\varphi}\right)^2\right]U,$$

$$L(V) = V'' + 6\frac{\varphi_v}{\varphi}V' + 4\left[\varphi_u + \left(\frac{\varphi_v}{\varphi}\right)^2\right]V,$$

且因此, X 可表成

$$X = L(U) + L(V). \tag{4.40}$$

经过相当长演算后, 我们有

$$\left.\begin{aligned}
L(\wp^2 u) &= \frac{12}{(\wp' u + \wp' v)^2}\Big\{24\wp^3 u\wp^3 v - 6g_3(\wp^3 u + \wp^3 v)\\
&\qquad -3g_3\wp' u\wp' v + 2g_3^2\Big\},\\
L\left(\frac{1}{\wp u}\right) &= \frac{34\wp^3 v}{(\wp' u + \wp' v)^2} + 4\frac{8(\wp^3 u + \wp^3 v) - 15\wp' u\wp' v + 3g_3}{(\wp' u + \wp' v)^2},\\
L\left(\frac{1}{\wp^4 u}\right) &= \frac{432}{(\wp' u + \wp' v)^2},\\
L\left(\frac{\wp' u}{\wp u}\right) &= 216\frac{\wp^3 v\wp' u - \wp^3 u\wp' v}{(\wp' u + \wp' v)^2},\\
L\left(\frac{\wp' u}{\wp^4 u}\right) &= 216\frac{\wp' u - \wp' v}{(\wp' u + \wp' v)^2},\\
L(U_6) &= 216\frac{\wp' u - \wp' v}{(\wp' u + \wp' v)^2}\ln\wp u - 18\frac{3g_3 + \wp' u\wp' v}{g_3(\wp' u + \wp' v)} + \Big\{g_3 L\left(\frac{1}{\wp^4 u}\right)\\
&\qquad -2L\left(\frac{1}{\wp u}\right) - \frac{2}{g_3}L(\wp^2 u)\Big\}J_{-1}.
\end{aligned}\right\} \tag{4.41}$$

我们从 (4.34) 和 (4.35) 到 (3.19) 的代入而得出

$$X = c_1 Y_1 + c_2 Y_2 + c_3 Y_3 + c_4 Y_4 + (c_5 - c_5')Y_5 + c_6 Y_6,$$

式中每个 Y_i 可从 (4.41) 求得. 实际上,

$$
\left.\begin{aligned}
Y_1 &= L(\wp^2 u) - L(\wp^2 v) = 0,\\
Y_2 &= L\left(\frac{1}{\wp u}\right) - L\left(\frac{1}{\wp v}\right) = -34\frac{\wp' u - \wp' v}{\wp' u + \wp' v},\\
Y_3 &= L\left(\frac{1}{\wp^4 u}\right) - L\left(\frac{1}{\wp^4 v}\right) = 0,\\
Y_4 &= L\left(\frac{\wp' u}{\wp^4 u}\right) + L\left(\frac{\wp' v}{\wp^4 v}\right) = 0,\\
Y_5 &= L\left(\frac{\wp' u}{\wp^4 u}\right) - L\left(\frac{\wp' v}{\wp^4 v}\right) = 216\frac{\wp' u - \wp' v}{(\wp' u + \wp' v)^2},\\
Y_6 &= L(U_6) + L(V_6)\\
&= 216\frac{\wp' u - \wp' v}{(\wp' u + \wp' v)^2}\ln\frac{\wp u}{\wp v} - 36\frac{3g_3 + \wp' u \wp' v}{g_3(\wp' u + \wp' v)}\\
&\quad +8\frac{\begin{bmatrix} 45g_3^2 + 24g_3\wp' u\wp' v - 72\wp^3 u\wp^3 v\\ +10g_3(\wp^3 u + \wp^3 v)\end{bmatrix}}{g_3(\wp' u + \wp' v)^2}\\
&\quad \times(J_{-1}(u) + J_{-1}(v)) - \frac{272}{(\wp' u + \wp' v)^2}(\wp^3 v J_{-1}(u) + \wp^3 u J_{-1}(v)).
\end{aligned}\right\} \tag{4.42}
$$

因此, X 的最终表示是

$$
X = c_1\frac{\wp' u - \wp' v}{\wp' u + \wp' v} + c_2\frac{\wp' u - \wp' v}{(\wp' u + \wp' v)^2} + c_3 Y_6. \tag{4.43}
$$

曲面 $\bar{\Sigma}^{(-3)}$ 在这种场合的方程来取下列形式:

$$
X_1 = \frac{\wp' u - \wp' v}{\wp' u + \wp' v}, \quad X_2 = \frac{\wp' u - \wp' v}{(\wp' u + \wp' v)^2}, X_3 = Y_6, \tag{4.44}
$$

式中 Y_6 决定于 $(4.42)_6$.

综合上一节和本节所述, 我们获得下列定理:

第二类曲面 $\bar{\Sigma}^{(-3)}$, 共分为三个类型, 它们由平面坐标表示的方程如下:

$$
\text{类型 I}\left\{\begin{aligned}
X_1 &= (u+v)^3,\\
X_2 &= \frac{u-v}{(u+v)^2},\\
X_3 &= \frac{1}{(u+v)^2};
\end{aligned}\right.
$$

$$\text{类型 II}\begin{cases} X_1 = \dfrac{1}{(u+v)^2}, \\ X_2 = \dfrac{uv(u-v)}{(u+v)^2}, \\ X_3 = \dfrac{u^2-10uv+v^2}{u+v} + \dfrac{6uv(u-v)}{(u+v)^2}\ln\dfrac{u}{v}; \end{cases}$$

$$\text{类型 III}\begin{cases} X_1 = \dfrac{\wp' u - \wp' v}{\wp' u + \wp' v}, \\ X_2 = \dfrac{\wp' u - \wp' v}{(\wp' u + \wp' v)^2}, \\ X_3 = Y_6. \end{cases}$$

(3.1) 和 (3.11) 还表明: 这些曲面具有负常数的仿射平均曲率和常数的 Pick 不变量.

5.5 曲 面 $\Sigma^{(1)}$

第一类曲面 $\Sigma^{(1)}$ 的表示已见于 §2 中的方程 (2.23), (2.26) 或 (2.27), 只要令其中的 $k=1$, 并使 φ 满足

$$4\varphi\varphi'' - 2\varphi^2\varphi' - 3\varphi^4 - a\varphi^2 = 0. \tag{5.1}$$

这里 $\varphi = \varphi(\alpha), \varphi' = \dfrac{d\varphi}{d\alpha}$, 等而且 $\alpha = u+v$.

另一方面, 如 §1 所示, 关于第二类曲面 $\Sigma^{(1)}$ 的函数 φ 则决定于下列方程组:

$$\left.\begin{aligned} \varphi_{uu} &= -c\varphi\varphi_v, \\ \varphi_{vv} &= -c\varphi\varphi_u, \end{aligned}\right\} \tag{5.2}$$

式中 $2c^2+c-3=0$, 即 $c=1$或$-\dfrac{3}{2}$.

令

$$\varphi = -\frac{3}{c}\psi, \tag{5.3}$$

以致

$$A = D = -\frac{c}{3}\psi^{-1}, \quad F = \frac{c^2}{9}\psi^{-2}, \tag{5.4}$$

那么我们有 Čech 的微分方程组[1]:

$$\left.\begin{aligned} \varphi_{uu} &= 3\psi\psi_v, \\ \varphi_{vv} &= 3\psi\psi_u. \end{aligned}\right\} \tag{5.5}$$

1) 参考 F-Č:GPD I, 162–165 页.

这组方程的解有如下的六种:

1° $\psi = -\frac{2}{3}[\zeta(x_0+a_0)+\zeta(x_1+a_1)+\zeta(x_2+a_2)]$,

2° $\psi = -\frac{2}{3}\alpha[\cot\alpha(x_0+a_0)+\cot\alpha(x_1+a_1)+\cot\alpha(x_2+a_2)]$,

3° $\psi = -\frac{2}{3}\left[\frac{1}{x_0+a_0}+\frac{1}{x_1+a_1}+\frac{1}{x_2+a_2}\right]$,

4° $\psi = -\frac{2}{3}\cot(u+v)$,

5° $\psi = -\frac{2}{3}\frac{1}{u+v}$,

6° $\psi = \text{const}$,

式中 $x_0=u+v, x_1=\varepsilon^2u+\varepsilon v, x_2=\varepsilon u+\varepsilon^2 v; \alpha, a_i$ 都是常数, $\Sigma a_i=0$, 而且 ζ 表示 Weierstrass 的 ζ 函数.

以下, 对应于这些解的曲面 $\Sigma^{(1)}$ 将分别记作 $\Sigma_i^{(1)}(i=1,2,\cdots,6)$, 而且按 $c=1$ 或 $-\frac{3}{2}$ 之不同区分为两种类型.

在 $\Sigma_4^{(1)},\Sigma_5^{(1)},\Sigma_6^{(1)}$ 三个场合, φ 单独是 $u+v$ 的函数, 因此, 它们也可看作第一类曲面 $\Sigma^{(1)}$, 而可由 §2 的方程表示. 例如, 取 $c=1$, 便有:

$$\Sigma_6^{(1)}: x_1x_2x_3=\text{const};$$

$$\Sigma_5^{(1)}: \begin{cases} x_1=\beta, \\ x_2=\alpha^5, \\ x_3=3\beta^2-\alpha^2; \end{cases}$$

$$\Sigma_4^{(1)}: \begin{cases} x_1=\alpha\beta, \\ x_2=\dfrac{\alpha}{\beta}, \\ x_3=\displaystyle\int_\infty^\alpha \frac{(t^2-1)^{\frac{3}{2}}}{t^3}dt. \end{cases}$$

这些都属于 (2.23) 类型, 其中 $\Sigma_4^{(1)}$ 的参数 α,β 与主切参数 u,v 之间有着关系:

$$\alpha=\sec(u+v), \beta=\exp(\sqrt{3}(u-v)).$$

所以我们仅须讨论前三种 $\Sigma_1^{(1)},\Sigma_2^{(1)},\Sigma_3^{(1)}$.

在分类讨论之前, 按照 (5.4) 写出曲面 $\Sigma^{(1)}$ 的基本方程为下列形式:

$$\left.\begin{aligned} x_{uu} &= -2\frac{\psi_u}{\psi}x_u - \frac{3}{c}\psi x_v, \\ x_{uv} &= \frac{c^2}{9\psi^2}y, \\ x_{vv} &= -\frac{3}{c}\psi x_u - 2\frac{\psi_v}{\psi}x_v; \end{aligned}\right\} \tag{5.6}$$

$$\left.\begin{aligned} y_u &= -Hx_u + 27\frac{\psi^2\psi_v}{c^3}x_v, \\ y_v &= 27\frac{\psi^2\psi_u}{c^3}x_u - Hx_v, \end{aligned}\right\} \tag{5.7}$$

式中

$$H = 18\frac{1}{c^2}\psi^2\frac{\partial^2}{\partial u\partial v}\ln\psi - \frac{81}{c^4}\psi^4. \tag{5.8}$$

如把 u, v 变换为新参数

$$\alpha = u + v, \quad \beta = u - v, \tag{5.9}$$

则 (5.6) 和 (5.7) 变为

$$\left.\begin{aligned} x_{\alpha\alpha} &= -\left(\frac{3}{2c}\psi + \frac{\psi_\alpha}{\psi}\right)x_\alpha - \frac{\psi_\beta}{\psi}x_\beta + \frac{c^2}{18\psi^2}y, \\ x_{\alpha\beta} &= \left(\frac{3}{2c}\psi - \frac{\psi_\alpha}{\psi}\right)x_\beta - \frac{\psi_\beta}{\psi}x_\alpha, \\ x_{\beta\beta} &= -\left(\frac{3}{2c}\psi + \frac{\psi_\alpha}{\psi}\right)x_\alpha - \frac{\psi_\beta}{\psi}x_\beta - \frac{c^2}{18\psi^2}y; \end{aligned}\right\} \tag{I}$$

$$\left.\begin{aligned} y_\alpha &= \left(-H + \frac{27\psi^2\psi_\alpha}{c^3}\right)x_\alpha + \frac{27}{c^3}\psi^2\psi_\beta x_\beta, \\ y_\beta &= -\frac{27}{c^3}\psi^2\psi_\beta x_\alpha - \left(H + \frac{27\psi^2\psi_\alpha}{c^3}\right)x_\beta, \end{aligned}\right\} \tag{II}$$

而且 (5.5) 变为

$$\left.\begin{aligned} \psi_{\alpha\beta} &= -\frac{3}{2}\psi\psi_\beta, \\ \psi_{\alpha\alpha} + \psi_{\beta\beta} &= 3\psi\psi_\alpha. \end{aligned}\right\} \tag{5.10}$$

组 (I) 中的第二方程是一个拉普拉斯方程, 它有两个 Laplace-Darboux 不变量:

$$\left.\begin{aligned} h &= -\frac{3}{2c}(1 + c)\psi_\beta, \\ k &= -\frac{3}{2c}(2 + c)\psi_\beta, \end{aligned}\right\} \tag{5.11}$$

由此可得

$$\frac{\partial^2}{\partial\alpha\partial\beta}\ln h = -\frac{3}{2}\psi_\beta. \tag{5.12}$$

所以

$$h_1 = 2h - k - \frac{\partial^2}{\partial\alpha\partial\beta}\ln h = 0. \tag{5.13}$$

这表示了第一拉普拉斯变换的不变量中有一个等于零, 所以所求的解可以表成[1)]

$$x = C\left(A + \int B\varphi d\beta\right) + C_1\left(A' + \int B\frac{\partial\varphi}{\partial\alpha}d\beta\right).$$

实际上, 我们获得

$$\begin{aligned} x = & X + \int Y\psi_\beta^{-1}\exp\left(\frac{3}{2c}\int\psi d\alpha\right)d\beta \\ & -\frac{2c}{3(1+c)}\psi^{-1}\left\{X' + \int Y\frac{\partial}{\partial\alpha}\left(\psi_\beta^{-1}\exp\left(\frac{3}{2c}\int\psi d\alpha\right)\right)d\beta\right\}, \end{aligned} \tag{5.14}$$

式中 X 和 Y 分别是 α 和 β 的向量函数而且 $X' = \dfrac{dX}{d\alpha}$.

现在的问题是如何确定 X 和 Y, 使得由 (5.14) 给定的 x 能满足方程组 (I). 为此目的, 我们对 (I) 的第三方程进行关于 β 的微分, 那么从 (II) 的第二方程便导出

$$(E)_c \qquad \begin{aligned} x_{\beta\beta\beta} = & \left\{-\frac{27}{4c^2}\psi^2 + 3\frac{\psi_{\alpha\alpha}}{\psi} + \left(\frac{3}{2c} - 6\right)\psi_\alpha\right\}x_\beta \\ & -3\frac{\psi_\beta}{\psi}x_{\beta\beta} - \frac{3}{2c}(1-c)\psi_\beta x_\alpha. \end{aligned}$$

其中, 末项按 $c-1$ 或 $-\dfrac{3}{2}$ 之不同而等于或不等于 0, 所以我们必须区分这些不同的情况.

5.5.1 $c = 1$ 的场合

此时, 方程 $(E)_c$ 变为

$$(E)_1 \qquad x_{\beta\beta\beta} = \left\{-\frac{27}{4}\psi^2 + 3\frac{\psi_{\alpha\alpha}}{\psi} - \frac{9}{2}\psi_\alpha\right\}x_\beta - 3\frac{\psi_\beta}{\psi}x_{\beta\beta}.$$

令 $\chi = \psi^{-1}$. 我们容易验证 χ 满足 $(E)_1$, 实际上,

$$\left.\begin{aligned} & \chi_\beta = -\frac{\psi_\beta}{\psi^2}, \chi_{\beta\beta} = -\frac{\psi_{\beta\beta}}{\psi^2} + 2\frac{\psi_\beta^2}{\psi^3}, \\ & \chi_{\beta\beta\beta} = \frac{27}{4}\psi^2\psi_\beta - \frac{9}{2}\frac{\psi_\alpha\psi_\beta}{\psi^2} + 6\frac{\psi_\beta\psi_{\beta\beta}}{\psi^3} - 6\frac{\psi_\beta^3}{\psi^4}. \end{aligned}\right\} \tag{5.15}$$

1) G. Darboux: Lecçns sur la théorie generale des surfaces, 卷 2, 33 页.

在推导中, 利用了从 (5.10) 演算出来的等式

$$\psi_{\beta\beta\beta}=\frac{9}{2}\frac{\psi_\alpha\psi_\beta}{\psi^2}-\frac{27}{4}\psi^2\psi_\beta.$$

把 (5.15) 代入 $(E)_1$ 以替 $x_\beta, x_{\beta\beta}, x_{\beta\beta\beta}$, 便可看出两边相等.

另外, 从 (5.10) 还可导出关系

$$\frac{\partial}{\partial\alpha}\left(\psi_\beta^{-1}\exp\left(\frac{3}{2}\int\psi d\alpha\right)\right)=3\frac{\psi}{\psi_\beta}\exp\left(\frac{3}{2}\int\psi d\alpha\right), \tag{5.16}$$

并用之以改写 (5.14):

$$\begin{aligned}x=&X+\int Y\psi_\beta^{-1}\exp\left(\frac{3}{2c}\int\psi d\alpha\right)d\beta-\frac{2c}{3(1+c)}\psi^{-1}X'\\&-\psi^{-1}\int Y\psi\psi_\beta^{-1}\exp\left(\frac{3}{2c}\int\psi d\alpha\right)d\beta.\end{aligned}\tag{5.14$'$}$$

在所论的场合, $(5.14)'$ 变为

$$\begin{aligned}x=&X+\int Y\psi_\beta^{-1}\exp\left(\frac{3}{2}\int\psi d\alpha\right)d\beta-\frac{1}{3}\psi^{-1}X'\\&-\psi^{-1}\int Y\psi\psi_\beta^{-1}\exp\left(\frac{3}{2}\int\psi d\alpha\right)d\beta.\end{aligned}\tag{5.17}$$

从此经过关于 β 的逐阶微分而导出

$$\begin{aligned}x_\beta=&-\left\{\frac{1}{3}X'+\int Y\psi\psi_\beta^{-1}\exp\left(\frac{3}{2}\int\psi d\alpha\right)d\beta\right\}(\psi^{-1})_\beta,\\x_{\beta\beta}=&-\left\{\frac{1}{3}X'+\int Y\psi\psi_\beta^{-1}\exp\left(\frac{3}{2}\int\psi d\alpha\right)d\beta\right\}(\psi^{-1})_{\beta\beta}\\&+Y\psi^{-1}\exp\left(\frac{3}{2}\int\psi d\alpha\right),\\x_{\beta\beta\beta}=&-\left\{\frac{1}{3}X'+\int Y\psi\psi_\beta^{-1}\exp\left(\frac{3}{2}\int\psi d\alpha\right)d\beta\right\}(\psi^{-1})_{\beta\beta\beta}\\&-Y\psi\psi_\beta^{-1}(\psi^{-1})_{\beta\beta}\exp\left(\frac{3}{2}\int\psi d\alpha\right)\\&+\frac{\partial}{\partial\beta}\left\{\psi^{-1}Y\exp\left(\frac{3}{2}\int\psi d\alpha\right)\right\}.\end{aligned}$$

然后代入 $(E)_1$, 并考虑到 ψ^{-1} 是 $(E)_1$, 的一个解, 我们便获得

$$\frac{dY}{d\beta}=-\left\{\frac{\psi_{\beta\beta}}{\psi_\beta}+\frac{3}{2}\int\psi_\beta d\alpha\right\}Y. \tag{5.18}$$

可是由 (5.10) 得到

$$\begin{aligned}\frac{\partial}{\partial\alpha}\left\{\frac{\psi_{\beta\beta}}{\psi_\beta}+\frac{3}{2}\int\psi_\beta d\alpha\right\}&=\frac{\psi_{\alpha\beta\beta}}{\psi_\beta}-\frac{\psi_{\beta\beta}\psi_{\alpha\beta}}{\psi_\beta^2}+\frac{3}{2}\psi_\beta\\&=-\frac{\psi_{\beta\beta}}{\psi_\beta}\left(\psi_{\alpha\beta}+\frac{3}{2}\psi\psi_\beta\right)=0,\end{aligned}$$

所以 (5.18) 的解 Y 决定于方程

$$Y=b_0\psi_\beta^{-1}\exp\left(-\frac{3}{2}\int\psi d\alpha\right)$$

即

$$\psi_\beta^{-1}Y\exp\left(\frac{3}{2}\int\psi d\alpha\right)=b_0\psi_\beta^{-2}, \tag{5.19}$$

式中 b_0 表示任意常向量.

把最后关系代入 (5.17) 而改写为

$$x=b_0\left(\int_b^\beta\frac{d\beta}{\psi_\beta^2}-\frac{1}{\psi}\int_b^\beta\frac{\psi d\beta}{\psi_\beta^2}\right)+X-\frac{1}{3\psi}X' \tag{5.20}$$

或写为

$$x=b_0f+\bar{x}. \tag{5.20$'$}$$

这里已令

$$\left.\begin{aligned}f&=\int_b^\beta\frac{d\beta}{\psi_\beta^2}-\frac{1}{\psi}\int_b^\beta\frac{\psi d\beta}{\psi_\beta^2},\\\bar{x}&=X-\frac{1}{3\psi}X'.\end{aligned}\right\} \tag{5.20$''$}$$

由此算出

$$\left.\begin{aligned}\bar{x}_\alpha&=-\frac{1}{3\psi}X''+\left(1+\frac{\psi_\alpha}{3\psi^2}\right)X',\\\bar{x}_\beta&=\frac{\psi_\beta}{3\psi^2}X',\\\bar{x}_{\alpha\alpha}&=-\frac{1}{3\psi}X'''+\left(1+\frac{2}{3}\frac{\psi_\alpha}{\psi^2}\right)X''+\frac{1}{3}\left(\frac{\psi_{\alpha\alpha}}{\psi^2}-2\frac{\psi_\alpha^2}{\psi^3}\right)X',\\\bar{x}_{\beta\beta}&=\frac{1}{3}\left(\frac{\psi_{\beta\beta}}{\psi^2}-2\frac{\psi_\beta^2}{\psi^2}\right)X';\end{aligned}\right\} \tag{5.21}$$

$$\left.\begin{aligned}
f_\alpha &= \left(3+\frac{\psi_\alpha}{\psi^2}\right)\int_b^\beta \frac{\psi d\beta}{\psi_\beta^2} - \frac{1}{\psi}\int_b^\beta \frac{\psi_\alpha+3\psi^2}{\psi_\beta^2}d\beta,\\
f_\beta &= \frac{\psi_\beta}{\psi^2}\int_b^\beta \frac{\psi d\beta}{\psi_\beta^2},\\
f_{\alpha\alpha} &= \left(\frac{\psi_{\alpha\alpha}}{\psi^2}-2\frac{\psi_\alpha^2}{\psi^3}\right)\int_b^\beta \frac{\psi d\beta}{\psi_\beta^2} + \left(3+2\frac{\psi_\alpha}{\psi^2}\right)\\
&\quad\cdot\int_b^\beta \frac{\psi_\alpha+3\psi^2}{\psi_\beta^2}d\beta - \frac{1}{\psi}\int_b^\beta \frac{\psi_{\alpha\alpha}+9\psi\psi_\alpha+9\psi}{\psi_\beta^2}d\beta,\\
f_{\beta\beta} &= \left(\frac{\psi_{\beta\beta}}{\psi^2}-2\frac{\psi_\beta^2}{\psi^3}\right)\int_b^\beta \frac{\psi d\beta}{\psi_\beta^2} + \frac{1}{\psi\psi_\beta}.
\end{aligned}\right\} \tag{5.22}$$

我们从 (I) 得到

$$L(x) \equiv x_{\alpha\alpha} + x_{\beta\beta} + \left(3\psi + 2\frac{\psi_\alpha}{\psi}\right)x_\alpha + 2\frac{\psi_\beta}{\psi}x_\beta = 0, \tag{5.23}$$

或写成

$$b_0 L(f) + L(\bar{x}) = 0. \tag{5.24}$$

可是 (5.21) 和 (5.22) 分别给出

$$L(\bar{x}) = -\frac{1}{3\psi}X''' + \left(4\frac{\psi_\alpha}{\psi}+3\psi\right)X' \tag{5.25}$$

和

$$\begin{aligned}
L(f) &= 3\frac{4\psi_\alpha+3\psi^2}{\psi}\int_b^\beta \frac{\psi d\beta}{\psi_\beta^2} - \frac{3}{\psi}\int_b^\beta \frac{4\psi\psi_\alpha+3\psi}{\psi_\beta^2}d\beta\\
&\quad + \frac{1}{\psi}\left(\frac{1}{\psi_\beta}\right)_{\beta=b} = \frac{1}{\psi}\left(\frac{1}{\psi_\beta}\right)_{\beta=b},
\end{aligned} \tag{5.26}$$

其中, 最后等式所以成立是因为

$$\frac{\partial}{\partial\beta}(4\psi_\alpha+3\psi^2) = 4\left(\psi_{\alpha\beta}+\frac{3}{2}\psi\psi_\beta\right) = 0,$$

即 $4\psi_\alpha+3\psi^2$ 单独是 α 的函数. 因此, (5.24) 变为

$$X''' = 3(4\psi_\alpha+3\psi^2)X' + 3b_0\left(\frac{1}{\psi_\beta}\right)_{\beta=b}. \tag{5.27}$$

从此得出一般解 X, 因而决定所论曲面的方程 (5.20)$'$.

对于曲面 $\Sigma_3^{(1)}$ 我们有

$$\psi = \frac{2(\alpha^2 - \beta^2)}{\alpha^3 + 3\alpha\beta^2}, \tag{5.28}$$

从此得出

$$4\psi_\alpha + 3\psi^2 = \frac{4}{\alpha^2},$$

$$3\left(\frac{1}{\psi_\beta}\right)_{\beta=b} = -\frac{3}{16b}\frac{1}{\alpha^3}(\alpha^3 + 3b^2\alpha)^2$$

而且 (5.27) 变为

$$X''' - \frac{12}{\alpha^2}X' = -\frac{3b_0}{16b\alpha^3}(\alpha^3 + 3b^2\alpha)^2. \tag{5.29}$$

这样, 我们获得

$$X = \alpha_1\alpha^5 + \alpha_2\frac{1}{\alpha^2} + \frac{b_0}{16b}\left(-\frac{1}{16}\alpha^3 + \frac{1}{2}b^2\alpha^4 + \frac{1}{2}b^4\alpha^2\right) + \alpha_3, \tag{5.30}$$

式中, 这些 α 都是任意常向量.

把 (5.28) 和 (5.30) 代进 (5.20), 我们终于解出微分方程组 (I), 其一般解为

$$x = c_1x_1 + c_2x_2 + c_3x_3 + c_4, \tag{5.31}$$

式中这些 c 是任意常向量, 而且

$$\left.\begin{aligned} x_1 &= \frac{(\alpha^2 - 21\beta^2)\alpha^5}{\alpha^2 - \beta^2}, \\ x_2 &= \frac{1}{\alpha^2 - \beta^2}, \\ x_3 &= \frac{2\beta}{\alpha^2 - \beta^2}(20\alpha^6 - 60\alpha^4\beta^2 - \alpha^2\beta^4 - 54\beta^6) \\ &\quad + \frac{1}{b(\alpha^2 - \beta^2)}\left(5\alpha^8 - 24b^2\alpha^6 - \frac{108}{7}b^8 + 15b^6\beta^2\right. \\ &\quad \left. + 76b^2\alpha^4\beta^2 - 20b^4\alpha^2\beta^2 - 4b^2\alpha^6 + \frac{108}{5}b^6\alpha^2 + \frac{108}{5}b^6\beta^2\right) \end{aligned}\right\} \tag{5.32}$$

表示曲面 $\Sigma_3^{(1)}$ 的方程.

其次, 对于曲面 $\Sigma_2^{(1)}$ 我们有

$$\psi=-\frac{2}{3}\left[\cot\alpha-\frac{\sin\alpha}{\sin^2\frac{\alpha}{2}+\sinh^2\frac{\sqrt{3}\beta}{2}}\right],$$

$$12\psi_\alpha+9\psi^2=8+12\cot^2\alpha,$$

$$\left(\frac{1}{\psi_\beta}\right)_{\beta=b}=-\sqrt{3}\frac{\left(\sin^2\frac{\alpha}{2}+\sinh^2\frac{\sqrt{3}b}{2}\right)}{\sin\alpha\sinh\sqrt{3}b}.$$

方程 (5.27) 现在采取下列形式：

$$X'''-4(2+3\cot^2\alpha)X'=-\frac{3\sqrt{3}b_0}{\sinh\sqrt{3}b}\frac{\left(\sin^2\frac{\alpha}{2}+\sinh^2\frac{\sqrt{3}b}{2}\right)^2}{\sin\alpha}. \tag{5.33}$$

我们看出：(5.33) 的一个补余积分是

$$X'=c_1f(\alpha)-2c_2\sin^{-3}\alpha\cos\alpha, \tag{5.34}$$

式中

$$f(\alpha)=2\sin^2\alpha+5-\frac{15}{\sin^2\alpha}+15\frac{\alpha\cos\alpha}{\sin^3\alpha}. \tag{5.35}$$

通过 (5.34) 的运用, 我们可以找出 (5.33) 的一般解. 实际上, 用相当烦琐的计算之后得出所求的解：

$$\begin{aligned}X=&\alpha_1(12\alpha-2\sin\alpha\cos\alpha+15\cot\alpha-15\alpha\sin^{-2}\alpha)\\&+\alpha_2\sin^{-2}a+b_0\int\Phi(\alpha)d\alpha,\end{aligned} \tag{5.36}$$

其中已令

$$\begin{aligned}\Phi(\alpha)=&\frac{3\sqrt{3}}{8\sinh\sqrt{3}b}\left[f(\alpha)\int\frac{\cos\alpha}{\sin^4\alpha}\left(\sin^2\frac{\alpha}{2}+\sinh^2\frac{\sqrt{3}b}{2}\right)^2d\alpha\right.\\&\left.-\sin^{-3}\alpha\cos\alpha\int f(\alpha)\frac{\left(\sin^2\frac{\alpha}{2}+\sinh^2\frac{\sqrt{3}b}{2}\right)^2}{\sin\alpha}d\alpha\right].\end{aligned} \tag{5.37}$$

经过 (5.36) 对于 (5.20) 的代入, 我们获得微分方程组 (I) 的一般解：

$$x=c_1x_1+c_2x_2+c_3x_3+c_4, \tag{5.38}$$

式中

$$\left.\begin{aligned}x_1 =& \sin^{-3}\alpha\left[\cot\alpha\left(\sin^2\frac{\alpha}{2}+\sinh^2\frac{\sqrt{3}\beta}{2}\right)-\sin\alpha\right]^{-1},\\ x_2 =& 12\alpha-2\sin\alpha\cos\alpha-15\alpha\sin^{-2}\alpha+15\cot\alpha\\ &-3\sin^3\alpha\cos^{-1}\alpha(2\sin^2\alpha+5-15\sin^{-2}\alpha\\ &+15\alpha\sin^{-3}\alpha\cos\alpha),\\ x_3 =& \int^{\alpha}\varPhi(\alpha)d\alpha-\frac{1}{3\psi}\varPhi(\alpha)+\int_b^{\beta}\frac{d\beta}{\psi_\beta^2}-\frac{1}{\psi}\int_b^{\beta}\frac{\psi}{\psi_\beta^2}d\beta\end{aligned}\right\}\tag{5.39}$$

表示曲面 $\Sigma_2^{(1)}$ 的方程.

在本场合 $c=1$ 之下, 还必须讨论的是

$$\psi=-\frac{2}{3}\left[\frac{1}{2}\frac{\wp''\left(\dfrac{\alpha}{2}\right)}{\wp'\left(\dfrac{\alpha}{2}\right)}-\frac{\wp'\left(\dfrac{\alpha}{2}\right)}{\wp\left(\dfrac{\alpha}{2}\right)-\wp\left(\dfrac{\sqrt{3}i\beta}{2}\right)}\right].\tag{5.40}$$

从此得出

$$4\psi_\alpha+3\psi^2=-8\wp\left(\frac{\alpha}{2}\right)+\left[\frac{\wp''\left(\dfrac{\alpha}{2}\right)}{\wp'\left(\dfrac{\alpha}{2}\right)}\right]^2=-4\wp\alpha.\tag{5.41}$$

所以方程 (5.27) 化为形式

$$X'''-12\wp\alpha X'=b_0f(\alpha),\tag{5.42}$$

式中

$$f(\alpha)=-3\sqrt{3}i\left[\wp\left(\frac{\alpha+\sqrt{3}ib}{2}\right)-\wp\left(\frac{\alpha-\sqrt{3}ib}{2}\right)\right]^{-1}.\tag{5.43}$$

令

$$\varPhi(\alpha)=\int[\wp'\alpha]^{-2}d\alpha.$$

我们便有 (5.42) 的一般解:

$$\begin{aligned}X =& \alpha_1\wp\alpha+\alpha_2\int\varPhi\wp'\alpha d\alpha\\ &+b_0\int\left\{\wp'\alpha\varPhi\int[\wp'\alpha]^2f(\alpha)d\alpha-\wp'\alpha\int\varPhi[\wp'\alpha]^2f(\alpha)d\alpha\right\}d\alpha.\end{aligned}\tag{5.44}$$

因此, 微分方程组 (I) 的一般解为

$$x = c_1x_1 + c_2x_2 + c_3x_3 + c_4, \tag{5.45}$$

式中

$$\left.\begin{aligned}
x_1 &= \wp\alpha - \frac{1}{3}\psi^{-1}\wp'\alpha,\\
x_2 &= \int \varPhi\wp'\alpha d\alpha - \frac{1}{3}\psi^{-1}\varPhi\wp'\alpha,\\
x_3 &= \int_b^\beta \psi_\beta^{-2}d\beta - \psi^{-1}\int_b^\beta \psi\psi_\beta^{-2}d\beta\\
&\quad + \int\left\{\wp'\alpha\varPhi\int[\wp'\alpha]^2f(\alpha)d\alpha - \wp'\alpha\int\varPhi[\wp'\alpha]^2f(\alpha)d\alpha\right\}d\alpha\\
&\quad - \frac{1}{3}\left\{\varPhi\wp'\alpha\int[\wp'\alpha]^2f(\alpha)d\alpha - \wp'\alpha\int\varPhi[\wp'\alpha]^2f(\alpha)d\alpha\right\}
\end{aligned}\right\} \tag{5.46}$$

代表曲面 $\Sigma_1^{(1)}$ 的方程.

5.5.2　$c = -\dfrac{3}{2}$ 的场合

此时, 方程 $(E)_c$ 具有下列形式:

$$(E)_{-\frac{3}{2}} \qquad x_{\beta\beta\beta} = \left(-3\psi^2 + 3\frac{\psi_{\alpha\alpha}}{\psi} - 7\psi_\alpha\right)x_\beta - 3\frac{\psi_\beta}{\psi}x_{\beta\beta} + \frac{5}{2}\psi_\beta x_\alpha.$$

对此两边进行关于 β 的微分并利用组 (I) 的第二方程以消去 x_α, 我们便得出

$$\begin{aligned}
L(x) \equiv x_{\beta\beta\beta\beta} &- \left(\frac{\psi_{\beta\beta}}{\psi_\beta} - 4\frac{\psi_\beta}{\psi}\right)x_{\beta\beta\beta} - \left(3\frac{\psi_{\alpha\alpha}}{\psi} - 7\psi_\alpha - 3\psi^2\right)x_{\beta\beta}\\
&- \left\{\frac{\psi_{\beta\beta}}{\psi_\beta}\left(3\psi^2 + 7\psi_\alpha - 3\frac{\psi_{\alpha\alpha}}{\psi}\right) + \frac{23}{4}\psi\psi_\beta - 14\frac{\psi_\alpha\psi_\beta}{\psi}\right\}x_\beta = 0.
\end{aligned} \tag{5.47}$$

为了确定函数 Y, 我们把 (5.17) 所给定的 x 代入 (5.47) 并且利用关系

$$L(\psi^{-1}) = 5\frac{\psi_\beta^2}{\psi}, \tag{5.48}$$

便得出

$$\begin{aligned}
&2X' + \int\psi\psi_\beta^{-1}Y\exp\left(-\int\psi d\alpha\right)d\beta + \frac{1}{5}\varPhi Y\psi^2\psi_\beta^{-3}\exp\left(-\int\psi d\alpha\right)\\
&\quad + \frac{2}{5}\psi_\beta^{-2}\exp\left(-\int\psi d\alpha\right)\int\psi_\beta d\alpha\frac{dY}{d\beta}\\
&\quad - \frac{1}{5}\psi_\beta^{-2}\exp\left(-\int\psi d\alpha\right)\frac{d^2Y}{d\beta^2} = 0,
\end{aligned} \tag{5.49}$$

式中已令

$$\Phi = \frac{21}{2}\psi_\beta - 7\psi^{-2}\psi_\alpha\psi_\beta + 2\psi^{-2}\psi_\beta^{-1}\psi_{\beta\beta}^2 + \psi^{-2}\psi_\beta\left(\int\psi_{\beta\beta}d\alpha - \left(\int\psi_\beta d\alpha\right)^2\right). \tag{5.50}$$

把 (5.49) 关于 β 微分, 因而消去 X', 其结果是关于 Y 的一个三阶常微分方程:

$$\frac{d^3Y}{d\beta^3} = B_1\frac{d^2Y}{d\beta^2} + B_2\frac{dY}{d\beta} + B_3Y, \tag{5.51}$$

式中

$$\left.\begin{aligned}
B_1 &= 2\psi_\beta^{-1}\psi_{\beta\beta} + 3\int\psi_\beta d\alpha,\\
B_2 &= \frac{21}{2}\psi^2 - 7\psi_\alpha + 2\psi_\beta^{-2}\psi_{\beta\beta}^2 - \left(4\psi_\beta^{-1}\psi_{\beta\beta} + 3\int\psi_\beta d\alpha\right)\int\psi_\beta d\alpha + 3\int\psi_{\beta\beta}d\alpha,\\
B_3 &= -48\psi^2\psi_{\beta\beta}\psi_\beta^{-1} + 32\psi_\alpha\psi_{\beta\beta}\psi_\beta^{-1} + \frac{73}{2}\psi\psi_\beta\\
&\quad -8\psi_{\beta\beta}^3\psi_\beta^{-3} - 2\psi_\beta^{-1}\psi_{\beta\beta}\left(\int\psi_{\beta\beta}d\alpha - \left(\int\psi_\beta d\alpha\right)^2\right)\\
&\quad + \int\psi_{\beta\beta\beta}d\alpha - 3\left(\int\psi_\beta d\alpha\right)\left(\int\psi_{\beta\beta}d\alpha\right) + \left(\int\psi_\beta d\alpha\right)^3\\
&\quad - \left(\frac{21}{2}\psi^2 - 7\psi_\alpha + 2\psi_\beta^{-2}\psi_{\beta\beta}^2\right)\int\psi_\beta d\alpha.
\end{aligned}\right\} \tag{5.52}$$

由 (5.10) 容易验证

$$\frac{\partial B_i}{\partial\alpha} = 0 \quad (i = 1, 2, 3).$$

就是说, 这些 B_i 都单独是 β 的函数.

这样一来, 只要由 (5.51) 确定 Y, 那么 (5.49) 便给出对应解 X 且因而 (5.17) 代表所求的曲面 $\Sigma^{(1)}$.

最后, 我们就三种情况进行研究, 用以结束本节.

在 $\Sigma_3^{(1)}$ 的场合, 我们有

$$\psi = \frac{2(\alpha^2 - \beta^2)}{\alpha^3 + 3\alpha\beta^2}, \tag{5.53}$$

从此算出 B_i:

$$B_1 = \frac{2}{\beta}, \quad B_2 = \frac{2}{\beta^2}, \quad B_3 = -\frac{8}{\beta^3}, \tag{5.54}$$

而且 (5.51) 变为

$$\frac{d^3Y}{d\beta^3}=\frac{2}{\beta}\frac{d^2Y}{d\beta^2}+\frac{2}{\beta^2}\frac{dY}{d\beta}-\frac{8}{\beta^3}Y. \tag{5.55}$$

一般解 Y 是

$$Y=c_1\frac{1}{\beta}+c_2\frac{1}{\beta^2}+c_3\beta^4, \tag{5.56}$$

式中 c_1,c_2,c_3 表示任意常向量.

从 (5.50) 和 (5.53) 还导出

$$\varPhi=-\frac{8\alpha^5(\alpha^4+14\alpha^2\beta^2-47\beta^4)}{\beta(\alpha^2-\beta^2)^2(\alpha^3+3\alpha\beta^2)^2}. \tag{5.57}$$

经过 (5.53),(5.56)和(5.57)对(5.49) 的代入, 我们获得一般解 X:

$$\begin{aligned}X=&\frac{c_1}{16b}\int^{\alpha}\alpha^{-2}(\alpha^3+3b^2\alpha)^{\frac{2}{3}}d\alpha-\frac{c_2}{160}\int^{\alpha}\alpha^{-2}(3\alpha^2-b^2)\\&\cdot(\alpha^3+3b^2\alpha)^{\frac{2}{3}}d\alpha+\frac{c_3}{256}\int^{\alpha}\alpha^{-2}(\alpha^2-b^2)^2(\alpha^3+3b^2\alpha)^{\frac{2}{3}}d\alpha+c_4,\end{aligned} \tag{5.58}$$

式中 c_4 是任意常向量而 b 是任意常数.

这样,

$$x=c_1x_1+c_2x_2+c_3x_3+c_4,$$

式中

$$\left.\begin{aligned}x_1=&\frac{1}{2b}\int^{\alpha}\alpha^{-1}(\alpha^3+3b^2\alpha)^{-\frac{1}{3}}(\alpha^2+3b^2)d\alpha\\&-\int_b^{\beta}(\alpha^3+3\alpha\beta^2)^{-\frac{1}{3}}d\beta-\frac{1}{2b}\alpha^{-1}(\alpha^3+3b^2\alpha)^{\frac{2}{3}}\\&-\alpha^{-1}(\alpha^2-\beta^2)^{-1}\beta(\alpha^3+3\alpha\beta^2)^{\frac{2}{3}},\\x_2=&\int^{\alpha}\alpha^{-2}(3\alpha^2-b^2)(\alpha^2+3b^2\alpha)^{\frac{2}{3}}d\alpha\\&-2(\alpha^2-\beta^2)^{-1}(\alpha^3+3\alpha\beta^2)^{\frac{5}{3}}-\alpha^{-2}(\alpha^3+3b^2\alpha)^{\frac{5}{3}},\\x_3=&\int^{\alpha}\alpha^{-2}(\alpha^2-b^2)(\alpha^3+3b^2\alpha)^{\frac{2}{3}}d\alpha\\&-\frac{1}{b}\alpha^{-1}(\alpha^2-b^2)(\alpha^3+3b^2\alpha)^{\frac{5}{3}}\end{aligned}\right\} \tag{5.59}$$

代表曲面 $\varSigma_3^{(1)}$.

在 $\varSigma_2^{(1)}$ 的场合, 方程 (5.51) 具有如下的形式:

$$\begin{aligned}\frac{d^3Y}{d\beta^3}=&2\sqrt{3}\coth\sqrt{3}\beta\frac{d^2Y}{d\beta^2}+\left(6\coth^2\sqrt{3}\beta-\frac{14}{3}\right)\frac{dY}{d\beta}\\&+\sqrt{3}\left(\frac{64}{3}\coth\sqrt{3}\beta-24\coth^3\sqrt{3}\beta\right)Y,\end{aligned} \tag{5.60}$$

而且它的一个解是

$$Y_0 = \sinh^2 \sqrt{3}\beta. \tag{5.61}$$

因此, 令 $Y = Y_0\bar{Y}$, 使 (5.60) 化为

$$\bar{Y}''' + 4\coth\gamma \cdot \bar{Y}'' + \left(\frac{68}{9} - 4\coth^2\gamma\right)\bar{Y}' = 0, \tag{5.62}$$

式中 $\gamma = \sqrt{3}\beta, \bar{Y}' = \dfrac{d\bar{Y}}{d\gamma}$, 等等.

又令

$$\bar{Y}' = \varPhi \sinh^{-4}\gamma, \quad \cosh^2\gamma = z,$$

我们得到一个关于 $\varPhi$ 的 Gauss 方程:

$$\frac{d^2\varPhi}{d\gamma^2} + \frac{5\gamma + 1/2}{\gamma(1-\gamma)}\frac{d\varPhi}{d\gamma} - \frac{8/9}{\gamma(1-\gamma)}\varPhi = 0. \tag{5.63}$$

所以

$$\begin{aligned}\varPhi = & A\cosh^{-2q}\gamma \cdot F\left(q, q+\frac{1}{2}, q-p+1; \cosh^{-2}\gamma\right)\\ & +B\cosh^{2q-1}\gamma \cdot \sinh^{13}\gamma \cdot F\left(1-q, \frac{1}{2}-q, p-q+1; \cosh^{-2}\gamma\right),\end{aligned}$$

式中 F 表示超几何级数, 而且

$$p = \frac{1}{3}(-9+\sqrt{73}), \quad q = -\frac{1}{3}(9+\sqrt{73}).$$

这样, 我们获得 (5.60) 的一般解:

$$\begin{aligned}Y = \sinh^2\sqrt{3}\beta\Bigg[& c_1 + c_2\int^{\beta}\sinh^{-1}\sqrt{3}\beta\cosh^{-2q}\sqrt{3}\beta\\ & \cdot F\left(q, q+\frac{1}{2}, q-p+1; \cosh^{-2}\sqrt{3}\beta\right)d\beta\\ & +c_3\int^{\beta}\sinh^{9}\sqrt{3}\beta\cosh^{2q-1}\sqrt{3}\beta\\ & \cdot F\left(1-q, \frac{1}{2}-q, p-q+1; \cosh^{-2}\sqrt{3}\beta\right)d\beta\Bigg].\end{aligned} \tag{5.64}$$

最后, 让我们讨论一下曲面 $\Sigma_1^{(1)}$ 的情况. 对此, 我们有

$$\psi=-\frac{2}{3}\left[\frac{1}{2}\frac{\wp''\left(\frac{\alpha}{2}\right)}{\wp'\left(\frac{\alpha}{2}\right)}-\frac{\wp'\left(\frac{\alpha}{2}\right)}{\wp\left(\frac{\alpha}{2}\right)-\wp\left(\frac{\sqrt{3}i\beta}{2}\right)}\right],$$

$$B_1=\sqrt{3}i\frac{\wp''\left(\frac{\sqrt{3}i\beta}{2}\right)}{\wp'\left(\frac{\sqrt{3}i\beta}{2}\right)},$$

$$B_2=14\wp\left(\frac{\sqrt{3}i\beta}{2}\right)-\frac{3}{2}\left[\frac{\wp''\left(\frac{\sqrt{3}i\beta}{2}\right)}{\wp'\left(\frac{\sqrt{3}i\beta}{2}\right)}\right]^2,$$

$$B_3=\sqrt{3}i\left[3\left(\frac{\wp''\left(\frac{\sqrt{3}i\beta}{2}\right)}{\wp'\left(\frac{\sqrt{3}i\beta}{2}\right)}\right)^3-32\frac{\wp''\left(\frac{\sqrt{3}i\beta}{2}\right)}{\wp'\left(\frac{\sqrt{3}i\beta}{2}\right)}\cdot\wp\left(\frac{\sqrt{3}i\beta}{2}\right)+\frac{73}{9}\wp'\left(\frac{\sqrt{3}i\beta}{2}\right)\right].$$

令 $r=\frac{\sqrt{3}i}{2}\beta$ 而简化 (9.51), 便得到向量函数 Y 的微分方程:

$$\begin{aligned}\frac{d^3Y}{d\gamma^3}=&2\frac{\wp''\gamma}{\wp'\gamma}\frac{d^2Y}{d\gamma^2}+\left\{2\left(\frac{\wp''\gamma}{\wp'\gamma}\right)^2-\frac{56}{3}\wp\gamma\right\}\frac{dY}{d\gamma}\\&-\frac{8}{3}\left\{3\left(\frac{\wp''\gamma}{\wp'\gamma}\right)^3-32\frac{\wp''\gamma}{\wp'\gamma}\wp\gamma+\frac{73}{9}\wp'\gamma\right\}Y.\end{aligned}$$

5.6 曲 面 $\Sigma^{(-1)}$

这种曲面的定义是: 在各点的 Čech 轴重合于同点的仿射法线的曲面. 从 §1 得知 (为了节省篇幅, 写 φ 为 ψ)

$$A=D=\psi,\quad F=1, \tag{6.1}$$

于是

$$S=0,\quad H=-J=-\psi^2. \tag{6.2}$$

这时, 曲面 $\Sigma^{(-1)}$ 的基本方程如下:

$$\left.\begin{aligned}x_{uu}&=\psi x_v,\\x_{uv}&=y,\\x_{vv}&=\psi x_u;\end{aligned}\right\} \tag{I}$$

$$\left.\begin{aligned} y_u &= \psi^2 x_u + \psi_v x_v, \\ y_v &= \psi_u x_u + \psi^2 x_v, \end{aligned}\right\} \tag{II}$$

而且可积分条件可写为 Čech 的微分方程组 (参照 (5.5)):

$$\left.\begin{aligned} \psi_{uu} &= 3\psi\psi_v, \\ \psi_{vv} &= 3\psi\psi_u. \end{aligned}\right\} \tag{6.3}$$

它的解可分为 $1^\circ - 6^\circ$ 六种 (见 §5), 而所对应的曲面 $\Sigma^{(-1)}$ 分别记作 $\Sigma_i^{(-1)} (i = 1, 2, \cdots, 6)$.

在分类研究之前, 让我们叙述微分方程组 (I) 和 (II) 的一般积分方法. 为此目的, 令

$$\alpha = u + v, \quad \beta = u - v \tag{6.4}$$

而把参数 u, v 变换为 α, β. 显然, α 曲线是 Darboux 曲线, 而且 β 曲线是对应的 Segre 曲线. 两组 (I) 和 (II) 的方程变为

$$\left.\begin{aligned} x_{\alpha\alpha} &= +\frac{1}{2}\psi x_\alpha + \frac{1}{2}y, \\ x_{\alpha\beta} &= -\frac{1}{2}\psi x_\beta, \\ x_{\beta\beta} &= +\frac{1}{2}\psi x_\alpha - \frac{1}{2}y; \end{aligned}\right\} \tag{I$'$}$$

$$\left.\begin{aligned} y_\alpha &= (\psi^2 + \psi_\alpha) x_\alpha + \psi_\beta x_\beta, \\ y_\beta &= -\psi_\beta x_\alpha + (\psi^2 - \psi_\alpha) x_\beta. \end{aligned}\right\} \tag{II$'$}$$

从 (I)$'$ 的第一方程得出

$$x_\beta = B(\beta) \exp\left(-\int_0^\alpha \frac{1}{2}\psi d\alpha\right), \tag{6.5}$$

式中积分是部分地关于 α 进行的, 而且 $B(\beta)$ 是待定的向量函数.

现在, 关于 β 微分 (I)$'$ 的第三方程并把 (II)$''$ 中的 y_β 代入其中, 我们便有

$$x_{\beta\beta\beta} = \psi_\beta x_\alpha + \frac{1}{2}\left(\psi_\alpha - \frac{3}{2}\psi^2\right) x_\beta. \tag{6.6}$$

再度关于 β 微分 (6.6), 从 (I)$'$ 代入 $x_{\alpha\beta}$, 而且最后从 (6.6) 消去 x_α, 结果是:

$$x_{\beta\beta\beta} = P x_\beta + Q x_{\beta\beta} + R x_{\beta\beta\beta}, \tag{6.7}$$

式中

$$\left.\begin{aligned}P&=\frac{1}{2}\left\{\psi_{\alpha\beta}-4\psi\psi_\beta-\frac{\psi_{\beta\beta}}{\psi_\beta}\left(\psi_\alpha-\frac{3}{2}\psi^2\right)\right\},\\Q&=\frac{1}{2}\left(\psi_\alpha-\frac{3}{2}\psi^2\right),\\R&=\frac{\psi_{\beta\beta}}{\psi_\beta}.\end{aligned}\right\}\tag{6.8}$$

另一方面, 我们从 (6.5) 并由此经过关于 β 的逐次微分, 便可导出 $x_\beta, x_{\beta\beta}, x_{\beta\beta\beta}$, $x_{\beta\beta\beta\beta}$. 然后, 把它们代进 (6.7), 就可获得方程

$$B'''(\beta)+LB''(\beta)+MB'(\beta)+NB(\beta)=0,\tag{6.9}$$

式中 L, M, N 一般都单独是 β 的函数.

设 (6.9) 的一般解为

$$B(\beta)=\sum_{i=1}^{3}c_i\bar{B}_i(\beta)\quad(c_i\text{: 常向量}).\tag{6.10}$$

把它代进 (6.5) 并关于 β 部分地积分, 我们得到

$$x=\sum_{i=1}^{3}c_i\int_b^\beta\bar{B}_i(\beta)\exp\left(-\int_0^\alpha\frac{1}{2}\psi d\alpha\right)d\beta+C(\alpha),\tag{6.11}$$

这里 $C(\alpha)$ 的是待定的向量函数.

我们必须求得 $C(\alpha)$. 为此目的, 把 (6.11) 关于 α 微分一次且把所得的 x_α 代入 (6.6). 于是 $C(\alpha)$ 必须是形如

$$C'(\alpha)=\sum_{i=1}^{3}c_i\bar{C}_i'(\alpha)$$

的常微分方程的解, 其中 $\bar{C}_i'(\alpha)(i=1,2,3)$ 一般都单独是 α 的已知函数. 所以积分后便有

$$C(\alpha)=\sum_{i=1}^{3}c_i\bar{C}_i(\alpha)+c_4,\tag{6.12}$$

其中 c_4 是另一个任意常向量.

剩下的仅有一个如何确定 (6.11) 中的积分下限 b 的问题了. 可是, 这可以从关系式

$$x_{\alpha\alpha}+x_{\beta\beta}=\psi x_\alpha\tag{6.13}$$

而求得.

综合以上所述, 我们可把所求曲面 $\Sigma^{(-1)}$ 的方程写成如下:

$$x_i = \int_b^\beta \bar{B}_i(\beta) \exp\left(-\int_0^\alpha \frac{1}{2}\psi d\alpha\right) d\beta + \bar{C}_i(\alpha) \quad (i = 1, 2, 3). \tag{6.14}$$

以下, 我们按 $\Sigma_6^{(1)}$ 到 $\Sigma_1^{(1)}$ 的顺序逐条导出曲面的具体表示.

5.6.1 曲面 $\Sigma_6^{(-1)}$ 的场合

我们不妨假定

$$\psi = 1. \tag{6.15}$$

此时, 方程组 (I) 和 (II) 分别是

$$x_{uu} = x_v, \quad x_{uv} = y, \quad x_{vv} = x_u \tag{6.16}$$

和

$$y_u = x_u, \quad y_v = x_v. \tag{6.17}$$

从此得到

$$y = x,$$

因而

$$x_{uu} = x_v, \quad x_{uv} = x, \quad x_{vv} = x_u. \tag{6.18}$$

由最后方程组立即导出

$$x_{uuu} = x_{vvv} = x. \tag{6.19}$$

所以我们获得

$$x = \theta_1(v)e^u + \theta_2(v)e^{\varepsilon u} + \theta_3(v)e^{\varepsilon^2 u}, \tag{6.20}$$

式中 $\theta_i(v)(i = 1, 2, 3)$ 是方程 $\frac{d^3\theta}{dv^3} = 0$ 的解, 即

$$\theta_i(v) = a_i e^v + b_i e^{\varepsilon v} + c_i e^{\varepsilon^2 v} \quad (i = 1, 2, 3). \tag{6.21}$$

把 θ_i 的表示 (6.21) 代进 (6.20), 我们有

$$x = \alpha e^{u+v} + \beta e^{\varepsilon u + \varepsilon^2 v} + \gamma e^{\varepsilon^2 u + \varepsilon v}, \tag{6.22}$$

式中 α, β, γ 表示任意常向量.

总之, 所求的 $\Sigma_6^{(-1)}$ 不外乎是周知的曲面

$$x_1 x_2 x_3 = \text{const}. \tag{6.23}$$

这是一个仿射球面. 它的仿射法线通过一个定点即中心; 三系 Segre 曲线在三个平面束的平面上, 对应的轴通过中心; 三系 Darboux 曲线都是二次曲线, 其所在平面形成三系平行平面系.

5.6.2 曲面 $\boldsymbol{\Sigma}_5^{(-1)}$ 的场合

$$\psi = -\frac{2}{3}\frac{1}{\alpha}. \tag{6.24}$$

微分方程组 (I)′ 和 (II)′, 分别为

$$\left.\begin{aligned} x_{\alpha\alpha} &= -\frac{1}{3\alpha}x_\alpha + \frac{1}{2}y, \\ x_{\alpha\beta} &= +\frac{1}{3\alpha}x_\beta, \\ x_{\beta\beta} &= -\frac{1}{3\alpha}x_\alpha - \frac{1}{2}y \end{aligned}\right\} \tag{6.25}$$

和

$$\left.\begin{aligned} y_\alpha &= +\frac{10}{9}\frac{1}{\alpha^2}x_\alpha, \\ y_\beta &= -\frac{2}{9}\frac{1}{\alpha^2}x_\beta. \end{aligned}\right\} \tag{6.26}$$

从 (6.25) 的第二方程立刻得出

$$x_\beta = \alpha^{\frac{1}{3}}B(\beta). \tag{6.27}$$

然而, 从 (6.25) 和 (6.26) 容易导出

$$x_{\beta\beta\beta} = 0. \tag{6.28}$$

所以我们有

$$B''(\beta) = 0,$$

或者

$$B(\beta) = 2b_0\beta + b_1,$$

式中 b_0, b_1 都是任意常向量. 因此,

$$x_\beta = \alpha^{\frac{1}{3}}(2b_0\beta + b_1), \tag{6.29}$$

或者经过关于 β 的部分积分,

$$x = \alpha^{\frac{1}{3}}(b_0\beta^2 + b_1\beta + b_2) + C(\alpha). \tag{6.30}$$

上述的决定 $C(\alpha)$ 的一般方法因为这时 $\psi_\beta = 0$ 而不适用了. 所以我们将采用下述方法.

从 (6.25) 和 (6.26) 容易导出

$$x_{\alpha\alpha\alpha} = -\frac{1}{3\alpha}x_{\alpha\alpha} + \frac{8}{9}\frac{1}{\alpha^2}x_\alpha. \tag{6.31}$$

另一方面, 经过 (6.30) 的代入, 我们得到

$$C'''(\alpha)+\frac{1}{3\alpha}C''(\alpha)-\frac{8}{9\alpha^2}C'(\alpha)=0. \tag{6.32}$$

因此,

$$C(\alpha)=\alpha_0+\alpha_1\alpha^{\frac{1}{3}}+\alpha_2\alpha^{\frac{7}{3}}. \tag{6.33}$$

于是

$$x=\alpha^{\frac{1}{3}}(\alpha_2\alpha^2+b_0\beta^2+b_1\beta+b_2)+\alpha_0. \tag{6.34}$$

将最后的表示代进关系

$$x_{\alpha\alpha}+x_{\beta\beta}=-\frac{2}{3\alpha}x_\alpha,$$

我们便有

$$7\alpha_2+9b_0=0. \tag{6.35}$$

这样, 曲面 $\Sigma_5^{(-1)}$ 的表示为

$$x=\alpha^{\frac{1}{3}}\{b_0(7\beta^2-3\alpha^2)+b_1\beta+b_2\}+\alpha_0,$$

或者

$$x_1=\alpha^{\frac{1}{3}},\quad x_2=\alpha^{\frac{1}{3}}\beta,\quad x_3=\alpha^{\frac{1}{3}}(7\beta^2-3\alpha^2). \tag{6.36}$$

曲面的方程可以被表成为

$$7x_2^2=x_1x_3+3x_1^8. \tag{6.37}$$

它的一系 Segre 曲线在平面 $x_1/x_2=\text{const}$ 之上, 而且对应系的 Darboux 曲线在平行平面 $x_1=\text{const}$ 之上.

5.6.3 曲面 $\Sigma_4^{(-1)}$ 的场合

$$\psi=-\frac{2}{3}\cot\alpha. \tag{6.38}$$

微分方程组 (I)′ 和 (II)′ 分别变为

$$\left.\begin{aligned}x_{\alpha\alpha}&=-\frac{1}{3}\cot\alpha\cdot x_\alpha+\frac{1}{2}y,\\x_{\alpha\beta}&=+\frac{1}{3}\cot\alpha\cdot x_\beta,\\x_{\beta\beta}&=-\frac{1}{3}\cot\alpha\cdot x_\alpha-\frac{1}{2}y\end{aligned}\right\} \tag{6.39}$$

和

$$\left.\begin{aligned} y_\alpha &= +\left(\frac{10}{9}\cot^2\alpha + \frac{2}{3}\right)x_\alpha, \\ y_\beta &= -\left(\frac{2}{9}\cot^2\alpha + \frac{2}{3}\right)\boldsymbol{x}_\beta. \end{aligned}\right\} \tag{6.40}$$

同前一场合一样, 我们从这二组导出

$$x_\beta = B(\beta)\sin^{\frac{1}{3}}\alpha,$$
$$x_{\beta\beta\beta} = \frac{1}{3}x_\beta.$$

所以

$$B''(\beta) - \frac{1}{3}B(\beta) = 0,$$

或

$$B(\beta) = \frac{1}{\sqrt{3}}b_1 e^{\frac{1}{\sqrt{3}}\beta} - \frac{1}{\sqrt{3}}b_2 e^{-\frac{1}{\sqrt{3}}\beta}, \tag{6.41}$$

式中 b_1, b_2 表示任意常向量.

因此, 我们获得

$$x = \sin^{\frac{1}{3}}\alpha\cdot(b_0 + b_1 e^{\frac{1}{\sqrt{3}}\beta} + b_2 e^{-\frac{1}{\sqrt{3}}\beta}) + C(\alpha), \tag{6.42}$$

为了决定 $C(\alpha)$, 我们沿用前一场合的方法, 就是：从 (6.39) 和 (6.40) 先导出关系

$$x_{\alpha\alpha\alpha} = -\frac{1}{3}\cot\alpha\cdot x_{\alpha\alpha} + \left(\frac{2}{3} + \frac{8}{9}\cot^2\alpha\right)x_\alpha,$$

然后将 (6.42) 代进, 以推出 $C(\alpha)$ 的微分方程. 这样,

$$C'''(\alpha) + \frac{1}{3}\cot\alpha\cdot C''(\alpha) - \left(\frac{2}{3} + \frac{8}{9}\cot^2\alpha\right)C'(\alpha) = 0. \tag{6.43}$$

令

$$f(\alpha) = \sin^{\frac{1}{3}}\alpha\cdot C'(\alpha),$$

以致 (6.43) 变为

$$f''(\alpha) - \left(\frac{1}{2} + \frac{3}{4}\cot^2\alpha\right)f(\alpha) = 0. \tag{6.44}$$

它的解是

$$f(\alpha) = \sin^{-\frac{1}{2}}\alpha\cdot(\alpha_1 + \alpha_2\cos\alpha),$$

α_1, α_2 代表了任意常向量. 因此,

$$C(\alpha) = \alpha_1 \int_0^\alpha \frac{d\alpha}{\sin^{\frac{2}{3}} \alpha} + \alpha_2 \sin^{\frac{1}{3}} \alpha + \alpha_3, \tag{6.45}$$

式中 α_3 是另一任意常向量.

在坐标原点的适当选择下, 我们有

$$x = \sin^{\frac{1}{3}} \alpha \cdot (b_0 + b_1 e^{\frac{1}{\sqrt{3}}\beta} + b_2 e^{-\frac{1}{\sqrt{3}}\beta}) + \alpha_1 \int_0^\alpha \frac{d\alpha}{\sin^{\frac{2}{3}} \alpha}. \tag{6.46}$$

然而

$$x_{\alpha\alpha} + x_{\beta\beta} = -\frac{2}{3} \cot \alpha \cdot x_\alpha,$$

所以 (6.46) 中必须有 $b_0 = 0$. 因此, 曲面 $\Sigma_4^{(-1)}$ 的表示是

$$x = \sin^{\frac{2}{3}} \alpha \cdot \left(b_1 e^{\frac{1}{\sqrt{3}}\beta} + b_2 e^{-\frac{1}{\sqrt{3}}\beta}\right) + b_3 \int_0^\alpha \frac{d\alpha}{\sin^{\frac{2}{3}} \alpha}, \tag{6.47}$$

就是它的方程为

$$\left.\begin{aligned} x_1 &= e^{\frac{1}{\sqrt{3}}\beta} \sin^{\frac{1}{3}} \alpha, \\ x_2 &= e^{-\frac{1}{\sqrt{3}}\beta} \sin^{\frac{1}{3}} \alpha, \\ x_3 &= \int_0^\alpha \frac{d\alpha}{\sin^{\frac{2}{3}} \alpha}. \end{aligned}\right\} \tag{6.48}$$

一系 Segre 曲线在平面 $x_1/x_2 = \text{const}$ 之上; 对应系 Darboux 曲线在平行平面 $x_3 = \text{const}$ 之上, 而且都是二次曲线.

这个曲面显然是一个仿射旋转面.

5.6.4 曲面 $\Sigma_3^{(-1)}$ 的场合

我们可令

$$\psi = -\frac{2}{3}\left[\frac{1}{u+v} + \frac{1}{\varepsilon^2 u + \varepsilon v} + \frac{1}{\varepsilon u + \varepsilon^2 v}\right] = \frac{2uv}{u^3 + v^3}. \tag{6.49}$$

微分方程组 (I) 和 (II) 为

$$\left.\begin{aligned} x_{uu} &= \frac{2uv}{u^3 + v^3} x_v, \\ x_{uv} &= y, \\ x_{vv} &= \frac{2uv}{u^3 + v^3} x_u \end{aligned}\right\} \tag{6.50}$$

和

$$\left.\begin{aligned} y_u &= \frac{4u^2v^2}{(u^3+v^3)^2}x_u + \frac{2u(u^3-2v^3)}{(u^3+v^3)^2}x_v, \\ y_v &= \frac{2v(v^3-2u^3)}{(u^3+v^3)^2}x_u + \frac{4u^2v^2}{(u^3+v^3)^2}x_v. \end{aligned}\right\} \tag{6.51}$$

在参数 u,v 变换为 $\alpha=u+v,\beta=u-v$ 之后, 这二组就变为

$$\left.\begin{aligned} x_{\alpha\alpha} &= \frac{\alpha^2-\beta^2}{\alpha^3+3\alpha\beta^2}x_\alpha + \frac{1}{2}y, \\ x_{\alpha\beta} &= -\frac{\alpha^2-\beta^2}{\alpha^3+3\alpha\beta^2}x_\beta, \\ x_{\beta\beta} &= \frac{\alpha^2-\beta^2}{\alpha^3+3\alpha\beta^2}x_\alpha - \frac{1}{2}y \end{aligned}\right\} \tag{6.50$'$}$$

和

$$\left.\begin{aligned} y_\alpha &= 2\frac{\alpha^4+2\alpha^2\beta^2+5\beta^4}{(\alpha^3+3\alpha\beta^2)^2}x_\alpha - \frac{16\alpha^3\beta}{(\alpha^3+3\alpha\beta^2)^2}x_\beta, \\ y_\beta &= \frac{16\alpha^3\beta}{(\alpha^3+3\alpha\beta^2)^2}x_\alpha + 2\frac{3\alpha^4-10\alpha^2\beta^2-\beta^4}{(\alpha^3+3\alpha\beta^2)^2}x_\beta. \end{aligned}\right\} \tag{6.51$'$}$$

从前者的第二方程立刻得出

$$x_\beta = \frac{\alpha}{(\alpha^3+3\alpha\beta^2)^{\frac{2}{3}}}B(\beta). \tag{6.52}$$

此时, 由于

$$\psi = \frac{2(\alpha^2-\beta^2)}{\alpha^3+3\alpha\beta^2},$$

$$\psi_\beta = -\frac{16\alpha^3\beta}{(\alpha^3+3\alpha\beta^2)^2} \neq 0,$$

我们可以使用上述的一般解法, 而为此算出 (6.7) 的三个系数 P,Q 和 R. 这样, 我们得到

$$\begin{aligned} x_{\beta\beta\beta\beta} = &\frac{\alpha^3-9\alpha\beta^2}{\beta(\alpha^3+3\alpha\beta^2)}x_{\beta\beta\beta} - 4\alpha^2\frac{\alpha^2-3\beta^2}{(\alpha^3+3\alpha\beta^2)^2}x_{\beta\beta} \\ &+\frac{4\alpha^3(\alpha^4+10\alpha^2\beta^2+5\beta^4)}{\beta(\alpha^3+3\alpha\beta^2)^3}x_\beta. \end{aligned} \tag{6.53}$$

经过 (6.52) 对于这里的代入和一些相当冗长的计算, 终于达到方程

$$B'''(\beta) - \frac{1}{\beta}B''(\beta) = 0. \tag{6.54}$$

所以

$$B(\beta) = c_0\beta^3 + c_1\beta + c_2,$$

且从而

$$x_\beta = \frac{\alpha}{(\alpha^3 + 3\alpha\beta^2)^{\frac{2}{3}}}(c_0\beta^3 + c_1\beta + c_2), \tag{6.55}$$

式中这些 c 都是任意常向量.

如果将 $B(\beta)$ 写成

$$B(\beta) = \frac{1}{3}c_0\beta(\alpha^2 + 3\beta^2) + \left(c_1 - \frac{1}{3}c_0\alpha^2\right)\beta + c_2,$$

以代进 (6.52) 而关于 β 部分积分起来, 那么我们便有

$$x = \alpha^{\frac{1}{3}}\left[\frac{1}{24}c_0(\alpha^2 + 3\beta^2)^{\frac{4}{3}} + \frac{1}{2}\left(c_1 - \frac{1}{3}c_0\alpha^2\right)(\alpha^2 + 3\beta^2)^{1/3} + c_2\int_0^\beta \frac{d\beta}{(\alpha^2 + 3\beta^2)^{2/3}}\right] + C(\alpha). \tag{6.56}$$

另一方面, 我们有

$$\begin{aligned}\int_0^\beta \frac{d\beta}{(\alpha^2 + 3\beta^2)^{2/3}} &= \frac{\beta}{(\alpha^2 + 3\beta^2)^{2/3}} + 4\int_0^\beta \frac{\beta^2 d\beta}{(\alpha^2 + 3\beta^2)^{5/3}} \\ &= \frac{\beta}{(\alpha^2 + 3\beta^2)^{2/3}} + \frac{4}{3}\int_0^\beta \frac{d\beta}{(\alpha^2 + 3\beta^2)^{2/3}} \\ &\quad -\frac{4}{3}\alpha^2\int_0^\beta \frac{d\beta}{(\alpha^2 + 3\beta^2)^{5/3}},\end{aligned}$$

或者

$$\int_0^\beta \frac{d\beta}{(\alpha^2 + 3\beta^2)^{2/3}} = -\frac{3\beta}{(\alpha^2 + 3\beta^2)^{2/3}} + 4\alpha^2\int_0^\beta \frac{d\beta}{(\alpha^2 + 3\beta^2)^{5/3}}. \tag{6.57}$$

此外,

$$\frac{\partial}{\partial\alpha}\int_0^\beta \frac{d\beta}{(\alpha^2 + 3\beta^2)^{2/3}} = -\frac{4}{3}\alpha\int_0^\beta \frac{d\beta}{(\alpha^2 + 3\beta^2)^{5/3}}. \tag{6.58}$$

从 (6.56) 关于 α 的微分和最后二关系的利用, 导致下列结果:

$$\begin{aligned}x_\alpha = \frac{1}{3}\alpha^{-\frac{2}{3}}&\left[\frac{1}{24}c_0(\alpha^2 + 3\beta^2)^{4/3} + \frac{1}{2}\left(c_1 - \frac{c_0}{3}\alpha^2\right)(\alpha^2 + 3\beta^2)^{1/3}\right. \\ &\left.-\frac{3c_3\beta}{(\alpha^2 + 3\beta^2)^{2/3}}\right] + \alpha^{4/3}\left[-\frac{2}{9}c_0(\alpha^2 + 3\beta^2)^{1/3}\right. \\ &\left.+\frac{1}{3}\left(c_1 - \frac{1}{3}c_0\alpha^2\right)(\alpha^2 + 3\beta^2)^{-2/3}\right] + C'(\alpha).\end{aligned} \tag{6.59}$$

现在, 注意到 (6.6) 在这场合所采取的形式, 即

$$x_{\beta\beta\beta} = -\frac{16\beta}{(\alpha^2+3\beta^2)^2}\boldsymbol{x}_\alpha - 4\frac{\alpha^2-3\beta^2}{(\alpha^2+3\beta^2)^2}\boldsymbol{x}_\beta. \tag{6.60}$$

又从 (6.55) 算出 $x_{\beta\beta\beta}$ 并利用 (6.60), 我们得出 x_α 的另一表示:

$$\begin{aligned} x_\alpha =& -\frac{\beta}{(\alpha^3+3\alpha\beta^2)^{2/3}}(c_0\beta^3+c_1\beta+c_2) \\ &+\frac{1}{2\alpha}(3c_0\beta^2+c_1)(\alpha^3+3\alpha\beta^2)^{1/3} - \frac{3}{8}c_0\alpha^{-2}(\alpha^3+3\alpha\beta^2)^{4/3}. \end{aligned} \tag{6.61}$$

比较这两个表示, 我们得出

$$C'(\alpha)=0 \quad 即 \quad C(\alpha)=\text{const}=c_4.$$

因此, 所求的解是

$$\begin{aligned} x =& \alpha^{1/3}\left[\frac{1}{24}c_0(\alpha^2+3\beta^2)^{4/3} + \frac{1}{2}\left(c_1-\frac{1}{3}c_0\alpha^2\right)(\alpha^2+3\beta^2)^{1/3}\right. \\ &\left.+c_2\int_0^\beta \frac{d\beta}{(\alpha^2+3\beta^2)^{2/3}}\right] + c_4. \end{aligned} \tag{6.62}$$

我们容易验证: 由 (6.62) 给定的 x 确实满足关系

$$x_{\alpha\alpha} + x_{\beta\beta} = \frac{2(\alpha^2-\beta^2)}{\alpha^3+3\alpha\beta^2}x_\alpha.$$

因此, 曲面 $\Sigma_3^{(-1)}$ 的方程为

$$\left.\begin{aligned} x_1 &= (\alpha^3+3\alpha\beta^2)^{1/3}, \\ x_2 &= (\alpha^3+3\alpha\beta^2)^{1/3}(\alpha^2-\beta^2), \\ x_3 &= \alpha^{1/3}\int_0^\beta \frac{d\beta}{(\alpha^2+3\beta^2)^{2/3}}. \end{aligned}\right\} \tag{6.63}$$

5.6.5　曲面 $\Sigma_2^{(-1)}$ 的场合

$$\psi = -\frac{2}{3}\left[\cot(u+v) + \cot(\varepsilon^2 u+\varepsilon v) + \cot(\varepsilon u+\varepsilon^2 v)\right]. \tag{6.64}$$

如前采用新参数 α, β 以致

$$\begin{aligned} \varepsilon^2 u + \varepsilon v &= -\frac{1}{2}(\alpha-\sqrt{3}i\beta), \\ \varepsilon u + \varepsilon^2 v &= -\frac{1}{2}(\alpha+\sqrt{3}i\beta), \end{aligned}$$

$$\psi = -\frac{2}{3}\left[\cot\alpha - \frac{\sin\alpha}{\sin^2\dfrac{\alpha}{2}+\sinh^2\dfrac{\sqrt{3}\beta}{2}}\right]. \tag{6.65}$$

此时, 方程组 (I′) 的第二方程变为

$$\frac{x_{\alpha\beta}}{x_\beta}=\frac{1}{3}\left[\cot\alpha-\frac{\sin\alpha}{\sin^2\dfrac{\alpha}{2}+\sinh^2\dfrac{\sqrt{3}\beta}{2}}\right]. \tag{6.66}$$

关于 α 部分积分之后,

$$x_\beta=\frac{\sin^{1/3}\alpha}{\left[\sin^2\dfrac{\alpha}{2}+\sinh^2\dfrac{\sqrt{3}\beta}{2}\right]^{2/3}}B(\beta), \tag{6.67}$$

式中 $B(\beta)$ 是单独 β 的向量函数.

按照 (6.65) 算出 (6.8) 中的 P,Q,R; 又按照 (6.67) 算出 $x_{\beta\beta},x_{\beta\beta\beta},x_{\beta\beta\beta\beta}$ 并将这些结果代入 (6.7). 经过相当烦琐计算之后, 我们在丢弃一个不等于 0 的公因子

$$\frac{\sin^{1/2}\alpha}{\left(\sin^2\dfrac{\alpha}{2}+\sinh^2\dfrac{\sqrt{3}\beta}{2}\right)^{2/3}}$$

的同时, 便获得 $B(\beta)$ 的常微分方程:

$$B'''(\beta)-\sqrt{3}\coth\sqrt{3}\beta\cdot B''(\beta)-\frac{1}{3}B'(\beta)+\frac{\sqrt{3}}{3}\coth\sqrt{3}\beta\cdot B(\beta)=0, \tag{6.68}$$

或者写为

$$\frac{B'''(\beta)-\dfrac{1}{3}B'(\beta)}{B''(\beta)-\dfrac{1}{3}B(\beta)}=\sqrt{3}\coth\sqrt{3}\beta.$$

积分后便有

$$B''(\beta)-\frac{1}{3}B(\beta)=c'\sinh\sqrt{3}h,$$

式中 c' 表示任意常向量.

因此, $B(\beta)$ 决定于方程

$$B(\beta)=\frac{c_0}{\sqrt{3}}\sinh\sqrt{3}\beta+c_1\sinh\frac{\beta}{\sqrt{3}}+c_2\cosh\frac{\beta}{\sqrt{3}}, \tag{6.69}$$

式中, 这些 c 都是任意常向量.

从 (6.67) 和 (6.69) 经过关于 β 的积分, 我们得到

$$
\begin{aligned}
x = \sin^{1/3}\alpha\cdot\Bigg[&2\boldsymbol{c}_0\left(\sin^2\frac{\alpha}{2}+\sinh^2\frac{\sqrt{3}\beta}{2}\right)^{1/3}\\
&+c_1\int_0^\beta\frac{\sinh\dfrac{\beta}{\sqrt{3}}d\beta}{\left(\sin^2\dfrac{\alpha}{2}+\sinh^2\dfrac{\sqrt{3}\beta}{2}\right)^{2/3}}\\
&+c_2\int_0^\beta\frac{\cosh\dfrac{\beta}{\sqrt{3}}d\beta}{\left(\sin^2\dfrac{\alpha}{2}+\sinh^2\dfrac{\sqrt{3}\beta}{2}\right)^{2/3}}\Bigg]+C(\alpha),
\end{aligned}\tag{6.70}
$$

其中 $C(\alpha)$ 是待定的向量函数.

一方面, 把 (6.70) 的两边关于 α 微分, 其结果是关于 x_α 的一种表示, 其中有一项是 $C'(\alpha)$. 另一方面, 从 (6.67), (6.69) 求出 $x_{\beta\beta\beta}$ 并把它同 x_β 一起代进

$$
x_{\beta\beta\beta}=\psi_\beta x_\alpha+\frac{1}{2}\left(\psi_\alpha-\frac{3}{2}\psi^2\right)x_\beta.
$$

因为此时 $\psi_\beta\neq 0$, 我们又获得 x_α 的第二种表示. 比较这两种表示, 便导致形如

$$
C'(\alpha)+c_1P_1+c_2P_2=0\tag{6.71}
$$

的微分方程, 式中

$$
\begin{aligned}
P_1=\cos\alpha\cdot&\int_0^\beta\frac{\sinh\dfrac{\beta}{\sqrt{3}}d\beta}{\left(\sin^2\dfrac{\alpha}{2}+\sinh^2\dfrac{\sqrt{3}\beta}{2}\right)^{2/3}}\\
&-\sin^2\alpha\cdot\int_0^\beta\frac{\sinh\dfrac{\beta}{\sqrt{3}}d\beta}{\left(\sin^2\dfrac{\alpha}{2}+\sinh^2\dfrac{\sqrt{3}\beta}{2}\right)^{5/3}}\\
&-2\sqrt{3}\cosh\frac{\beta}{\sqrt{3}}\cdot\left(\sin^2\frac{\alpha}{2}+\sinh^2\frac{\sqrt{3}\beta}{2}\right)^{1/3}\\
&+\sqrt{3}\sinh\sqrt{3}\beta\sinh\frac{\beta}{\sqrt{3}}\cdot\left(\sin^2\frac{\alpha}{2}+\sinh^2\frac{\sqrt{3}\beta}{2}\right)^{-2/3},
\end{aligned}\tag{6.72}
$$

$$
P_2=\cos\alpha\cdot\int_0^\beta\frac{\cosh\dfrac{\beta}{\sqrt{3}}d\beta}{\left(\sin^2\dfrac{\alpha}{2}+\sinh^2\dfrac{\sqrt{3}\beta}{2}\right)^{2/3}}
$$

$$-\sin^2\alpha\cdot\int_0^\beta \frac{\cosh\dfrac{\beta}{\sqrt{3}}d\beta}{\left(\sin^2\dfrac{\alpha}{2}+\sinh^2\dfrac{\sqrt{3}\beta}{2}\right)^{5/3}}$$

$$-2\sqrt{3}\sinh\frac{\beta}{\sqrt{3}}\cdot\left(\sin^2\frac{\alpha}{2}+\sinh^2\frac{\sqrt{3}\beta}{2}\right)^{1/3}$$

$$+\sqrt{3}\sinh\sqrt{3}\beta\cosh\frac{\beta}{\sqrt{3}}\cdot\left(\sin^2\frac{\alpha}{2}+\sinh^2\frac{\sqrt{3}\beta}{2}\right)^{-2/3}, \tag{6.73}$$

然而, 我们容易证明

$$\frac{\partial P_1}{\partial\beta}=0,\quad \frac{\partial P_2}{\partial\beta}=0.$$

所以不妨在 (6.72) 和 (6.73) 的右边令 $\beta=0$, 于是便有

$$P_1=-2\sqrt{3}\left(\sin\frac{\alpha}{2}\right)^{2/3},\quad P_2=0. \tag{6.74}$$

这样, (6.71) 便给出了

$$C(\alpha)=2\sqrt{3}c_1\int_0^\alpha\left(\sin\frac{\alpha}{2}\right)^{2/3}d\alpha+c_3,$$

式中 c_3 是另一个任意常向量.

此外, 我们还容易验证：方程

$$x_{\alpha\alpha}+x_{\beta\beta}=\psi x_\alpha$$

自然而然地成立了. 所以曲面 $\Sigma_2^{(-1)}$ 具有下列的表示：

$$\left.\begin{aligned}
x_1&=\sin^{\frac{1}{3}}\alpha\cdot\left(\sin^2\frac{\alpha}{2}+\sinh^2\frac{\sqrt{3}\beta}{2}\right)^{1/3},\\
x_2&=\sin^{\frac{1}{3}}\alpha\cdot\int_0^\beta\frac{\sinh\dfrac{\beta}{\sqrt{3}}d\beta}{\left(\sin^2\dfrac{\alpha}{2}+\sinh^2\dfrac{\sqrt{3}\beta}{2}\right)^{2/3}}\\
&\quad+2\sqrt{3}\int_0^\beta\sin^{\frac{2}{3}}\alpha d\alpha,\\
x_3&=\sin^{\frac{1}{3}}\alpha\cdot\int_0^\beta\frac{\cosh\dfrac{\beta}{\sqrt{3}}d\beta}{\left(\sin^2\dfrac{\alpha}{2}+\sinh^2\dfrac{\sqrt{3}\beta}{2}\right)^{2/3}}.
\end{aligned}\right\} \tag{6.75}$$

5.6.6 曲面 $\Sigma_1^{(-1)}$ 的场合

在不失去一般性的情况下, 可以假定

$$\psi=-\frac{2}{3}[\zeta(u+v)+\zeta(\varepsilon^2u+\varepsilon v)+\zeta(\varepsilon u+\varepsilon^2v)], \tag{6.76}$$

或者用 α,β 写成

$$\psi=-\frac{2}{3}\left[\zeta(\alpha)-\zeta\left(\frac{1}{2}\alpha+\frac{\sqrt{3}i\beta}{2}\right)-\zeta\left(\frac{1}{2}\alpha-\frac{\sqrt{3}i\beta}{2}\right)\right]. \tag{6.77}$$

如果利用周知的公式

$$\zeta(2\theta)=2\zeta(\theta)+\frac{1}{2}\frac{\wp''(\theta)}{\wp'(\theta)},$$

$$\zeta(\theta+\varphi)+\zeta(\theta-\varphi)-2\zeta(\theta)=\frac{\wp'(\theta)}{\wp(\theta)-\wp(\varphi)}$$

来改写 ψ, 我们便有

$$\psi=-\frac{2}{3}\left[\frac{1}{2}\frac{\wp''\left(\frac{\alpha}{2}\right)}{\wp'\left(\frac{\alpha}{2}\right)}-\frac{\wp'\left(\frac{\alpha}{2}\right)}{\wp\left(\frac{\alpha}{2}\right)-\wp\left(\frac{\sqrt{3}i\beta}{2}\right)}\right]. \tag{6.78}$$

从此和组 (I)$'$ 的第二方程立即得出

$$x_\beta=\frac{\left(\wp'\left(\frac{\alpha}{2}\right)\right)^{1/3}}{\left(\wp\left(\frac{\alpha}{2}\right)-\wp\left(\frac{\sqrt{3}i\beta}{2}\right)\right)^{2/3}}B(\beta), \tag{6.79}$$

式中 $B(\beta)$ 是待定的向量函数.

按照 (6.65) 的 ψ 算出 $\psi_\alpha,\psi_\beta,\psi_{\alpha\beta}$ 和 (6.8) 所给定的 P,Q,R. 另外, 按照 (6.79) 算出 $x_{\beta\beta},x_{\beta\beta\beta},x_{\beta\beta\beta\beta}$, 而把这些表示一并代进方程 (6.7). 经过相当烦琐的计算之后, 我们从其结果丢掉一个公因子

$$\frac{\left[\wp'\left(\frac{\alpha}{2}\right)\right]^{1/3}}{\left(\wp\left(\frac{\alpha}{2}\right)-\wp\left(\frac{\sqrt{3}i\beta}{2}\right)\right)^{2/3}},$$

终于获得

$$
\begin{aligned}
&B'''(\beta)-\frac{\sqrt{3}i}{2}\frac{\wp''\left(\dfrac{\sqrt{3}i\beta}{2}\right)}{\wp'\left(\dfrac{\sqrt{3}i\beta}{2}\right)}B''(\beta)+\wp\left(\frac{\sqrt{3}i\beta}{2}\right)B'(\beta)\\
&\quad-\frac{\sqrt{3}i}{2}\left[\frac{\wp''\left(\dfrac{\sqrt{3}i\beta}{2}\right)}{\wp'\left(\dfrac{\sqrt{3}i\beta}{2}\right)}\wp\left(\frac{\sqrt{3}i\beta}{2}\right)-\frac{11}{9}\wp'\left(\frac{\sqrt{3}i\beta}{2}\right)\right]B(\beta)=0. \quad (6.80)
\end{aligned}
$$

设 $B_v(\beta)(v=1,2,3)$ 是 (6.80) 的三个特殊解, 那么它的一般解为

$$
B(\beta)=\sum_{v=1}^{3}c_vB_v(\beta),
$$

式中 c_v 都是常向量.

因此, 所求的解 x 必须具有下列形式:

$$
x=\left[\wp'\left(\frac{\alpha}{2}\right)\right]^{\frac{1}{2}}\sum_{v=1}^{3}c_v\int_{\alpha}^{\beta}\frac{B_v(\beta)d\beta}{\left[\wp\left(\dfrac{\alpha}{2}\right)-\wp\left(\dfrac{\sqrt{3}i\beta}{2}\right)\right]^{2/3}}+C(\alpha), \quad (6.81)
$$

其中 a 是某一常数. 由于此时

$$
\psi_\beta=\frac{i}{\sqrt{3}}\frac{\wp'\left(\dfrac{\alpha}{2}\right)\wp'\left(\dfrac{\sqrt{3}i\beta}{2}\right)}{\left(\wp\left(\dfrac{\alpha}{2}\right)-\wp\left(\dfrac{\sqrt{3}i\beta}{2}\right)\right)^2}\neq 0,
$$

我们可从 (6.6) 求 x_α, 并把它和另一个由 (6.81) 求得的 x_α 相比较, 便导出 $C(\alpha)$ 赖以确定的方程:

$$
C'(\alpha)+\left[\wp'\left(\frac{\alpha}{2}\right)\right]^{-2/3}\sum_{v=1}^{3}c_vP_v=0, \quad (6.82)
$$

式中

$$
P_v=\frac{1}{6}\wp''\left(\frac{\alpha}{2}\right)\int_a^{\beta}\frac{B_v(\beta)d\beta}{\left(\wp\left(\dfrac{\alpha}{2}\right)-\wp\left(\dfrac{\sqrt{3}i\beta}{2}\right)\right)^{2/3}}
$$

$$
\begin{aligned}
&-\frac{1}{3}\wp'^2\left(\frac{\alpha}{2}\right)\int_a^\beta \frac{B_v(\beta)d\beta}{\left(\wp\left(\frac{\alpha}{2}\right)-\wp\left(\frac{\sqrt{3}i\beta}{2}\right)\right)^{5/3}}\\
&+\frac{\sqrt{3}i}{\wp'\left(\frac{\sqrt{3}i\beta}{2}\right)}\left[\left\{\wp\left(\frac{\alpha}{2}\right)\left(\wp\left(\frac{\alpha}{2}\right)-\wp\left(\frac{\sqrt{3}i\beta}{2}\right)\right)^{4/3}\right.\right.\\
&-\frac{1}{2}\left(\wp''\left(\frac{\alpha}{2}\right)+\wp''\left(\frac{\sqrt{3}i\beta}{2}\right)\right)\left(\wp\left(\frac{\alpha}{2}\right)-\wp\left(\frac{\sqrt{3}i\beta}{2}\right)\right)^{1/3}\\
&\left.+\frac{3\wp'^2\left(\frac{\alpha}{2}\right)+10\wp'^2\left(\frac{\sqrt{3}i\beta}{2}\right)}{6\left(\wp\left(\frac{\alpha}{2}\right)-\wp\left(\frac{\sqrt{3}i\beta}{2}\right)\right)^{2/3}}\right\}B_v(\beta)\\
&+\frac{2i}{\sqrt{3}}\wp'\left(\frac{\sqrt{3}i\beta}{2}\right)\left(\wp\left(\frac{\alpha}{2}\right)-\wp\left(\frac{\sqrt{3}i\beta}{2}\right)\right)^{\frac{1}{3}}B_v'(\beta)\\
&\left.+\left(\wp\left(\frac{\alpha}{2}\right)-\wp\left(\frac{\sqrt{3}i\beta}{2}\right)\right)^{4/3}B_v''(\beta)\right].
\end{aligned}
$$

因为各个 B_v 都满足 (6.80), 我们容易证明

$$
\frac{\partial P_v}{\partial \beta}=0 \quad (v=1,2,3).
$$

所以

$$
\begin{aligned}
P_v(\alpha)=&\frac{\sqrt{3}i}{\wp'\left(\frac{\sqrt{3}ia}{2}\right)}\left[\left\{\wp\left(\frac{\alpha}{2}\right)\left(\wp\left(\frac{\alpha}{2}\right)-\wp\left(\frac{\sqrt{3}ia}{2}\right)\right)^{4/3}\right.\right.\\
&\left.+\frac{3\wp'^2\left(\frac{\alpha}{2}\right)+10\wp'^2\left(\frac{\sqrt{3}ia}{2}\right)}{6\left(\wp\left(\frac{\alpha}{2}\right)-\wp\left(\frac{\sqrt{3}ia}{2}\right)\right)^{2/3}}+E\right\}B_v(a)\\
&+\frac{2i}{\sqrt{3}}\wp'\left(\frac{\sqrt{3}ia}{2}\right)\left(\wp\left(\frac{\alpha}{2}\right)-\wp\left(\frac{\sqrt{3}ia}{2}\right)\right)^{1/3}B_v'(a)\\
&\left.+\left(\wp\left(\frac{\alpha}{2}\right)-\wp\left(\frac{\sqrt{3}i\beta}{2}\right)\right)^{4/3}B_v''(a)\right],
\end{aligned}\tag{6.83}
$$

式中

$$E=-\frac{1}{2}\left(\wp''\left(\frac{\alpha}{2}\right)+\wp''\left(\frac{\sqrt{3}ia}{2}\right)\right)\left(\wp\left(\frac{\alpha}{2}\right)-\wp\left(\frac{\sqrt{3}ia}{2}\right)\right)^{1/3},$$

$$C(\alpha)=-\sum_{v=1}^{3}c_v\int_0^{\alpha}\frac{P_v(\alpha)d\alpha}{\left[\wp'\left(\frac{\alpha}{2}\right)\right]^{2/3}}+c_4,$$

式中 c_4 是另一个任意常向量.

这样, 我们获得了曲面 $\Sigma_1^{(-1)}$ 的表示:

$$x_v=\left[\wp'\left(\frac{\alpha}{2}\right)\right]^{\frac{1}{3}}\int_a^{\beta}\frac{B_v(\beta)d\beta}{\left(\wp\left(\frac{\alpha}{2}\right)-\wp\left(\frac{\sqrt{3}i\beta}{2}\right)\right)^{2/3}}-\int_0^{\alpha}\frac{P_v(\alpha)d\alpha}{\left[\wp'\left(\frac{\alpha}{2}\right)\right]^{2/3}}\quad(v=1,2,3).\tag{6.84}$$

5.7 曲面 $\Sigma^{(-1)}$ 的探讨

在前节中, 我们从曲面 $\Sigma^{(-1)}$ 的基本方程出发, 经过一些微分方程组的求解而获得这种曲面的表示. 本节则是以曲面 $\Sigma^{(-1)}$ 的某些特征为主要讨论的中心而按照 Čech 方法求出它的表示的.

1. 首先, 将证明下列定理:

当且仅当一个曲面的所有 Darboux 曲线 (Segre 曲线) 都为仿射测地线时, 曲面才属于 $\Sigma^{(-1)}$ 类型.

我们只对 Darboux 曲线的情况作出证明, 因为在 Segre 曲线的场合完全可以适用这个证法.

如前, 采用曲面的主切曲线为 u,v 曲线, 以致沿方向 $u'=\dfrac{du}{dv}$ 的仿射测地线决定于方程

$$\frac{u''}{u'}=-\frac{F_u}{F}u'+\frac{F_v}{F}.\tag{7.1}$$

假定 Darboux 曲线

$$u'=-\varepsilon^{2r}\sqrt[3]{\frac{D}{A}}\quad(r=0,1,2)$$

都是仿射测地线, 那么

$$\frac{u''}{u'}=\frac{1}{3}\left\{\left(\frac{D_u}{D}-\frac{A_u}{A}\right)u'+\left(\frac{D_v}{D}-\frac{A_v}{A}\right)\right\},\tag{7.2}$$

对于上列三个 u' 都必须满足 (7.1). 这就是

$$\left(\frac{D_u}{D}-\frac{A_u}{A}+3\frac{F_u}{F}\right)u'+\left(\frac{D_v}{D}-\frac{A_v}{A}-3\frac{F_v}{F}\right)=0. \tag{7.3}$$

所以充要条件是

$$\left.\begin{aligned}\frac{D_u}{D}-\frac{A_u}{A}+3\frac{F_u}{F}=0,\\ \frac{D_v}{D}-\frac{A_v}{A}-3\frac{F_v}{F}=0.\end{aligned}\right\} \tag{7.4}$$

因此,

$$\frac{DF^3}{A}=f(v),\quad \frac{D}{AF^3}=\varphi(u).$$

如在 5.1 节中所示, $f(v)\to 1,\varphi(u)\to 1$ 是可能的. 这样,

$$A=D=\psi,\quad F=1. \tag{7.5}$$

这些就是 $\Sigma^{(-1)}$ 的特征. 定理证毕.

从 (7.1) 和 (7.5) 我们立刻得出推论：曲面 $\Sigma^{(-1)}$ 是使其仿射测地线可以被表成为平面上的直线这样的唯一等温主切曲面.

现在, 在曲面的一点考察 Segre 对应 (第三章 4.3 节) 并作出三条 Segre 曲线在这点的密切平面和其对应点. 因为三张密切平面相会于 Čech 轴, 所以三个对应点不但在曲面的切平面上, 而且还是共线的. 后一直线称 Čech 共轭轴. 我们将证明定理：曲面 $\Sigma^{(-1)}$ 在各点的 Čech 共轭轴常在无限远平面上, 是其特征.

证明 我们利用射影微分几何中的一个 Fubini 定理[1), 就是：要使通过曲面点的一张平面 π, 无论在 Segre 对应下或在 Lie 配极下都有同一对应点, 那只当 π 通过一条 Segre 切线之时才可能. 从第三章 4.1 节和 4.3 节容易看出这个定理.

如果 Čech 共轭轴常在无限远平面上, 那么 Čech 轴必须通过 Lie 织面的中心, 因而它重合于仿射法线. 证毕.

上述定理可以被叙述为下列方式:

曲面 $\Sigma^{(-1)}$ 的一个特征是, 它的所有 Segre 曲线都是影界线.

实际上, 如果曲面具有上列性质, 那么它的 Čech 共轭轴都在无限远平面上, 所以曲面必须是 $\Sigma^{(-1)}$.

反过来, 一个曲面 $\Sigma^{(-1)}$ 决定于微分方程组 (I)(§6) 的解. 令新参数

$$\begin{aligned}\alpha&=\varepsilon^{2r}u+\varepsilon^{r}v,\\ \beta&=\varepsilon^{2r}u-\varepsilon^{r}v,\end{aligned}$$

式中 $r=0,1$ 或 2. 那么, 我们有

1) Fubini-Čech, GPD, I, 133 页.

$$x_{\alpha\beta} = -\frac{1}{2}\psi x_\beta$$

或

$$x_\beta = B(\beta)\exp\left(-\frac{1}{2}\int \psi d\alpha\right). \tag{7.6}$$

这表明了 Segre 曲线都是影界线.

把以上的结果和 Čech 的定理联系起来, 我们便有下列定理:

如果一个曲面 Σ 的三系 Segre 曲线都是包络锥面的接触曲线, 那么包络锥面的所有顶点都在一张平面 π 之上. 当这种曲面 Σ 受到一个使平面 π 变为无限远平面的射影变换之后, 它就变为曲面 $\Sigma^{(-1)}$. 曲面 Σ 的一个特征就是它在各点的 Čech 共轭轴都在一个定平面上. 上述的包络锥面的顶点在平面 π 上画成一条三阶代数曲线.

本定理的最后部分将在下一段得到证明.

2. 我们转到问题的顶点轨迹的探讨.

为了简化计算, 我们把 Σ 变换为 $\Sigma^{(-1)}$, 然后阐明曲面 $\Sigma^{(-1)}$ 沿 Segre 曲线的包络锥面的顶点在无限远平面上画成三阶代数曲线.

令

$$X = \frac{1}{F}(x_u \times x_v)$$

并利用条件 (7.5), 我们便得出

$$\left.\begin{aligned} X_{uu} &= -\psi X_v + \psi_v X, \\ X_{uv} &= \psi^2 X, \\ X_{vv} &= -\psi X_u + \psi_u X, \end{aligned}\right\} \tag{7.7}$$

式中 u, v 表示主切参数而且

$$\psi_{uu} = 3\psi\psi_v, \quad \psi_{vv} = 3\psi\psi_u. \tag{7.8}$$

现在考察由下列方程表示的曲面:

$$\begin{aligned} W \equiv &(\psi_{uv} - 2\psi^3)(\xi X)^3 + 2\{(\xi X_u)^3 + (\xi X_v)^3\} \\ &+6\psi(\xi X)(\xi X_u)(\xi X_v) - 3\psi_u(\xi X)^2(\xi X_v) \\ &-3\psi_v(\xi X)^2(\xi X_u) - \xi_4^3 = 0, \end{aligned} \tag{7.9}$$

式中 $\xi = (\xi_1, \xi_2, \xi_3)$ 表示一点的流动径向量, 并且 ξ_4 按这点是有限点或无限远点之不同而分别 =1 或 0.

从 (7.7) 和 (7.8) 容易证明

$$\frac{\partial W}{\partial u} = 0, \quad \frac{\partial W}{\partial v} = 0. \tag{7.10}$$

这就是说, 这个曲面是固定在空间的.

另一方面, 沿曲面 $\Sigma^{(-1)}$ 的各条 Segre 曲线各有一个包络锥面, 它的顶点决定于方程:

$$(x'\bar{X}) \equiv (X, \varepsilon X_u + X_v, \bar{X}) = 0, \quad x'_4 = 0, \tag{7.11}$$

式中 $\bar{X}$ 表示以 $\bar{X}_1, \bar{X}_2, \bar{X}_3$ 这三个平面坐标为分量的向量, 而且 $(\cdots,\cdots,\cdots)$ 表示三阶行列式.

从 (7.11) 得出

$$\left.\begin{aligned} (x'X_u) &= -(X_uX_vX), \\ (x'X_v) &= \varepsilon(X_uX_vX). \end{aligned}\right\} \tag{7.12}$$

因此, 我们断定: 当 $\xi = x', \xi_4 = x'_4 = 0$ 时, $W = 0$.

如果把 ξ_1, ξ_2, ξ_3 看作无限远平面上一点的齐次坐标, 那么我们获得所求的三阶代数曲线的方程

$$(\psi_{uv} - 2\psi^3)y^3 + 2y_1^3 + 2y_2^3 + 6\psi yy_1y_2 - 3\psi_v y^2 y_1 - 3\psi_u y^2 y_2 = 0, \tag{7.13}$$

式中

$$y = (\xi X), \quad y_1 = (\xi X_u), \quad y_2 = (\xi X_v), \tag{7.14}$$

是无限远平面上直线的齐次坐标.

这样, 我们完成了段 1 定理的最后部分的证明.

上面推导曲线 W 的方法和 Čech 在其论 Segre 曲线全为平面曲线的曲面这一论文 (Publications de Masaryk,1922,1—35) 中所用的相似, 我们从此还得到启发而作出对各种曲面 $\Sigma_v^{(-1)} (v = 1, 2, \cdots, 6)$ 的曲线 W 的讨论.

在曲面 $\Sigma_6^{(-1)}$ 的场合: $\psi = 1$, 于是 (7.13) 变为

$$\left.\begin{aligned} y - y_1 - y_2 &= 0, \\ y - \varepsilon y_1 - \varepsilon^2 y_2 &= 0, \\ y - \varepsilon^2 y_1 - \varepsilon y_2 &= 0. \end{aligned}\right\} \tag{7.15}$$

这就是说, 曲线 W 分解为三条直线.

在曲面 $\Sigma_5^{(-1)}$ 的场合: $\psi = -\dfrac{2}{3}(u+v)^{-1}$, 而且 (7.13) 变为

$$\left.\begin{aligned} &\frac{2}{3}\frac{1}{u+v}y + y_1 + y_2 = 0, \\ &\frac{5}{9}\frac{1}{(u+v)^2}y^2 - y_1^2 - y_2^2 + \frac{2}{3}\frac{1}{u+v}yy_1 + \frac{2}{3}\frac{1}{u+v}yy_2 + y_1y_2 = 0. \end{aligned}\right\} \tag{7.16}$$

这就是说, 曲线 W 分解为一条二阶曲线和其一条切线.

同样, 在曲面 $\Sigma_4^{(-1)}$ 的场合我们可导出: 曲线 W 分解为一条二阶曲线

$$\left[1+\frac{5}{9}\cot^2(u+v)\right]y^2-y_1^2-y_2^2+y_1y_2 \\ +\frac{2}{3}\cot(u+v)\cdot yy_1+\frac{2}{3}\cot(u+v)\cdot yy_2=0$$

和一条直线

$$\frac{2}{3}\cot(u+v)\cdot y+y_1+y_2=0.$$

在曲面 $\Sigma_3^{(-1)}$ 的场合:

$$\psi=\frac{2uv}{u^3+v^3}$$

和

$$W\equiv-\frac{2(u^6+v^6-3u^3v^3)}{(u^3+v^3)^3}y+y_1^3+y_2^3+\frac{6uv}{u^3+v^3}yy_1y_2 \\ -\frac{3u(u^3-2v^3)}{(u^3+v^3)^2}y^2y_1+\frac{3v(2u^3-v^3)}{(u^3+v^3)^2}y^2y_2=0. \tag{7.17}$$

我们说, 曲线 W 有一个尖点切线. 实际上, 从方程组

$$\frac{\partial W}{\partial y_1}=0,\quad \frac{\partial W}{\partial y_2}=0,\quad \frac{\partial^2 W}{\partial y_1^2}\frac{\partial^2 W}{\partial y_2^2}-\left(\frac{\partial^2 W}{\partial y_1\partial y_2}\right)^2=0$$

解出这尖点切线的坐标:

$$y:y_1:y_2=-(u^3+v^3):u^2:v^2. \tag{7.18}$$

在曲面 $\Sigma_2^{(-1)}$ 的场合:

$$\psi=-\frac{2}{3}(\xi_0+\xi_1+\xi_2),$$

式中 $\xi_0=\cot(u+v),\xi_1=\cot(\varepsilon^2u+\varepsilon v),\xi_2=\cot(\varepsilon u+\varepsilon^2v)$. 此时, 三次型 W 是

$$W=-\frac{1}{27}[10(\xi_0^3+\xi_1^3+\xi_2^3)-6(\xi_0+\xi_1+\xi_2)+24\xi_0\xi_1\xi_2]y^3 \\ +y_1^3+y_2^3-2(\xi_0+\xi_1+\xi_2)yy_1y_2-(\xi_0^2+\varepsilon\xi_1^2 \\ +\varepsilon^2\xi_2^2)y^2y_1-(\xi_0^2+\varepsilon^2\xi_1^2+\varepsilon\xi_2^2)y^2y_2. \tag{7.19}$$

曲线 W 有一个二重点, 而且在这点的二切线的坐标为

$$y:y_1:y_2=-3:(\xi_0+\varepsilon^{2r}\xi_1+\varepsilon^r\xi_2):(\xi_0+\varepsilon^r\xi_1+\varepsilon^{2r}\xi_2) \\ (r=1,2;\varepsilon^3=1). \tag{7.20}$$

最后, 在曲面 $\Sigma_1^{(-1)}$ 的场合可以证明曲线 W 是亏格为 1 的三阶曲线.

综上所述, 对应于各种曲面 $\Sigma^{(-1)}$ 的曲线 W:

在 $\Sigma_1^{(-1)}$ 的场合是亏格 1 的三阶代数曲线;

在 $\Sigma_2^{(-1)}$ 的场合是具有一个二重点的三阶代数曲线;

在 $\Sigma_3^{(-1)}$ 的场合是具有一个尖点的三阶代数曲线;

在 $\Sigma_4^{(-1)}$ 和 $\Sigma_5^{(-1)}$ 的场合是一条二阶曲线和一直线, 其中 $\Sigma_5^{(-1)}$ 所对应的直线和二阶曲线相切;

在 $\Sigma_6^{(-1)}$ 的场合是分解的三直线.

3. 运用 Čech 的方法还可导出曲面 $\Sigma^{(-1)}$ 的方程. 为此, 我们必须把 X 的方程组 (7.7) 积分起来而从 Lelieuvre 公式

$$x = \int (X \times X_u du + X_v \times X dv) \tag{7.21}$$

求曲面.

令 $\psi = 2\varphi$ 且记 (7.7) 的一般解为 $X = y$. 我们有

$$\left.\begin{aligned}
&\frac{\partial y}{\partial u} = y_1, && \frac{\partial y}{\partial v} = y_2,\\
&\frac{\partial y_1}{\partial u} = 2\frac{\partial \varphi}{\partial v} y - 2\varphi y_2, && \frac{\partial y_1}{\partial v} = 4\varphi^2 y,\\
&\frac{\partial y_2}{\partial u} = 4\varphi^2 y, && \frac{\partial y_2}{\partial v} = 2\frac{\partial \varphi}{\partial u} y - 2\varphi y_1,
\end{aligned}\right\} \tag{7.22}$$

式中, 函数 φ 满足条件

$$\frac{\partial^2 \varphi}{\partial u^2} = 6\varphi \frac{\partial \varphi}{\partial v}, \quad \frac{\partial^2 \varphi}{\partial v^2} = 6\varphi \frac{\partial \varphi}{\partial u}. \tag{7.23}$$

按照 Čech 在上面引用过的论文中的方法可以求出方程组 (7.22) 的解. 我们这里用他的结果1)来推导前节的一些曲面 $\Sigma_r^{(-1)} (r = 1, 2, \cdots, 6)$ 的方程.

以下, 令.

$$\xi_1 = u + v, \quad \xi_2 = \varepsilon^2 u + \varepsilon v, \quad \xi_3 = \varepsilon u + \varepsilon^2 v,$$

以致 $\xi_1 + \xi_2 + \xi_3 = 0$.

在 $\Sigma_6^{(-1)}$ 的场合: (7.22) 的一般解是

$$X = c_1 e^{-2\xi_1} + c_2 e^{-2\xi_2} + c_3 e^{-2\xi_3}. \tag{7.24}$$

因此, 曲面 $\Sigma_6^{(-1)}$ 的方程可以表示为

$$x = \alpha_1 e^{2\xi_1} + \alpha_2 e^{2\xi_2} + \alpha_3 e^{2\xi_3},$$

1) 用前节我们的方法也可导出 Čech 的结果.

或者

$$x_1x_2x_3 = \text{const.} \tag{7.25}$$

在 $\Sigma_5^{(-1)}$ 的场合：我们有

$$X = c_1\frac{u^2+uv+v^2}{\sqrt[3]{u+v}} + c_2\frac{u-v}{\sqrt[3]{u+v}} + c_3\frac{1}{\sqrt[3]{u+v}}. \tag{7.26}$$

从 (7.21) 和 (7.26) 立即得出

$$\left.\begin{aligned} x_1 &= (u+v)^{1/3},\\ x_2 &= (u+v)^{1/3}(u-v),\\ x_3 &= (u+v)^{1/3}\{7(u-v)^2-3(u+v)^2\}. \end{aligned}\right\} \tag{7.27}$$

在 $\Sigma_4^{(-1)}$ 的场合：令 $\alpha = u+v, \beta = u-v$. 我们有

$$X = \sin^{-1/3}\alpha\cdot\left(\alpha_1\cos\alpha + \alpha_2 e^{\frac{\beta}{\sqrt{3}}} + \alpha_2 e^{-\frac{\beta}{\sqrt{3}}}\right), \tag{7.28}$$

而且 (7.21) 变为

$$x - \frac{1}{2}\int(X\times X_\beta d\alpha + X\times X_\alpha d\beta).$$

经过一些简单的计算, 我们获得曲面 $\Sigma_4^{(-1)}$ 的方程：

$$\left.\begin{aligned} x_1 &= \sin^{1/3}\alpha\cdot e^{\frac{\beta}{\sqrt{3}}},\\ x_2 &= \sin^{1/3}\alpha\cdot e^{-\frac{\beta}{\sqrt{3}}},\\ x_3 &= \int_0^\alpha \frac{d\alpha}{\sin^{2/3}\alpha}. \end{aligned}\right\} \tag{7.29}$$

在 $\Sigma_3^{(-1)}$ 的场合：我们有

$$X = \alpha_1\frac{u^3-v^3}{\sqrt[3]{u^3+v^3}} + \alpha_2\frac{uv}{\sqrt[3]{u^3+v^3}} + \alpha_3\frac{1}{\sqrt[3]{u^3+v^3}}. \tag{7.30}$$

同样, 曲面 $\Sigma_3^{(-1)}$ 的方程为

$$x_1 = (u^3+v^3)^{1/3},\quad x_2 = (u^3+v^3)^{1/3}uv,\quad x_3 = \int_0^{\frac{u}{v}}\frac{dt}{(1+t^3)^{2/3}}, \tag{7.31}$$

或者

$$x_1 = \alpha(1+\beta^3)^{1/3},\quad x_2 = \alpha^2\beta(1+\beta^3)^{1/3},\quad x_3 = \int_0^\beta \frac{dt}{(1+t^3)^{2/3}}.$$

在 $\Sigma_2^{(-1)}$ 的场合：令

$$\xi_1 = \cot(u+v), \quad \xi_2 = \cot(\varepsilon^2 u + \varepsilon v), \quad \xi_3 = \cot(\varepsilon u + \varepsilon^2 v) \tag{7.32}$$

并导入新参数 α 和 β

$$\left.\begin{aligned} \alpha &= \frac{\xi_1+\xi_2+\xi_3+\sqrt{3}}{\xi_1+\varepsilon^2\xi_2+\varepsilon\xi_3} = \frac{\xi_1+\varepsilon\xi_2+\varepsilon^2\xi_3}{\xi_1+\xi_2+\xi_3-\sqrt{3}}, \\ \beta &= \frac{\xi_1+\xi_2+\xi_3+\sqrt{3}}{\xi_1+\varepsilon\xi_2+\varepsilon^2\xi_3} = \frac{\xi_1+\varepsilon^2\xi_2+\varepsilon\xi_3}{\xi_1+\xi_2+\xi_3-\sqrt{3}}, \end{aligned}\right\} \tag{7.33}$$

使得

$$\left.\begin{aligned} du &= \frac{\sqrt{3}}{2}\left(-\frac{d\alpha}{\alpha^3-1}+\frac{\beta d\beta}{\beta^3-1}\right), \\ dv &= \frac{\sqrt{3}}{2}\left(\frac{\alpha d\alpha}{\alpha^3-1}-\frac{d\beta}{\beta^3-1}\right) \end{aligned}\right\} \tag{7.34}$$

和

$$\left.\begin{aligned} \frac{\partial\alpha}{\partial u} &= \frac{2}{\sqrt{3}}\frac{\alpha^3-1}{\alpha\beta-1}, & \frac{\partial\beta}{\partial u} &= \frac{2}{\sqrt{3}}\frac{\alpha(\beta^3-1)}{\alpha\beta-1}, \\ \frac{\partial\alpha}{\partial v} &= \frac{2}{\sqrt{3}}\frac{\beta(\alpha^3-1)}{\alpha\beta-1}, & \frac{\partial\beta}{\partial v} &= \frac{2}{\sqrt{3}}\frac{\beta^3-1}{\alpha\beta-1}. \end{aligned}\right\} \tag{7.35}$$

把这些表示代进 (7.21), 我们得出

$$\begin{aligned} x = -\int\bigg[&\left(\frac{\alpha\beta+1}{\alpha\beta-1}(X\times X_\alpha)+\frac{2\alpha(\beta^3-1)}{(\alpha^3-1)(\alpha\beta-1)}(X\times X_\beta)\right)d\alpha \\ &-\left(\frac{2\beta(\alpha^3-1)}{(\beta^3-1)(\alpha\beta-1)}(X\times X_\alpha)+\frac{\alpha\beta+1}{\alpha\beta-1}(X\times X_\beta)\right)d\beta\bigg]. \end{aligned} \tag{7.36}$$

方程组 (7.22) 在这场合的一般解是

$$\begin{aligned} X = {}&\alpha_1\frac{\alpha^2-\beta}{(\alpha\beta-1)\sqrt[3]{\alpha^3-1}}+\alpha_2\frac{\beta^2-\alpha}{(\alpha\beta-1)\sqrt[3]{\beta^3-1}} \\ &+\alpha_3\frac{\sqrt[3]{(\alpha^3-1)(\beta^3-1)}}{\alpha\beta-1}. \end{aligned} \tag{7.37}$$

经过相当烦琐的计算之后, 我们获得

$$x = c_1x_1 + c_2x_2 + c_3x_3, \tag{7.38}$$

式中

$$\left.\begin{aligned} x_1 &= \int_\infty^\alpha \frac{dt}{(t^3-1)^{2/3}},\\ x_2 &= \int_\infty^\beta \frac{dt}{(t^3-1)^{2/3}},\\ x_3 &= \frac{\alpha\beta-1}{\sqrt[3]{(\alpha^3-1)(\beta^3-1)}} \end{aligned}\right\} \tag{7.39}$$

表示曲面 $\Sigma_2^{(-1)}$ 的方程.

在 $\Sigma_1^{(-1)}$ 的场合：令

$$\left.\begin{aligned} z_1 &= m(x_2+a_2-x_3-a_3),\\ z_2 &= m(x_3+a_3-x_1-a_1),\\ z_3 &= m(x_1+a_1-x_2-a_2) \end{aligned}\right\} \begin{aligned} &(m, a_i: \text{常数})\\ &a_1+a_2+a_3=0,\\ &x_i\text{的定义见前} \end{aligned} \tag{7.40}$$

和

$$\left.\begin{aligned} D &= (\wp z_2-\wp z_3)(\wp z_3-\wp z_1)(\wp z_1-\wp z_2),\\ A &= \zeta z_1+\zeta z_2+\zeta z_3,\\ B &= \wp' z_1+\wp' z_2+\wp' z_3. \end{aligned}\right\} \tag{7.41}$$

方程组 (7.22) 的一般解为

$$X = D^{-2/3}(\alpha_1 A+\alpha_2 B+\alpha_3). \tag{7.42}$$

因此, 曲面 $\Sigma_1^{(-1)}$ 的方程如下：

$$\left.\begin{aligned} x_1 &= \int D^{-2/3}\left(\frac{\partial A}{\partial u}du-\frac{\partial A}{\partial v}dv\right),\\ x_2 &= \int D^{-2/3}\left(\frac{\partial B}{\partial u}du-\frac{\partial B}{\partial v}dv\right),\\ x_3 &= \int A^2 D^{-2/3}\left[\frac{\partial}{\partial u}\left(\frac{B}{A}\right)du-\frac{\partial}{\partial v}\left(\frac{B}{A}\right)dv\right]. \end{aligned}\right\} \tag{7.43}$$

习题和定理

1. 如果一个曲面的三系 Darboux 曲线都是影界线, 证明它必须是直纹面.

2. 试以第 6 节中所述的方法求出方程组 (7.22) 的一般解.

3. 试用第一章第 5 节的公式证明 Demoulin 定理：曲面在点 P 的 Lie 织面同其包络面在四点和 P 相切, 前四点是 Lie 织面上一个斜交四边形 (称 Demoulin 四边形) 的顶点, 而且二对角线 l, l' 共轭于 Lie 织面.

4. 同样证明前题有关的 Bompiani 定理：从点 P 引一条和 l, l' 都相交的直线，就得到曲面在 P 的第一 Wilczynski 导线. 与此相对偶地，作曲面在 P 的切平面与 l, l' 的二交点，它们的连线就是第二 Wilczynski 导线.

5. 从前二题的定理证明：仿射球面是各点的仿射法线和第一 Wilczynski 导线相重合的唯一曲面. (参见第 1 节)

6. 试求一曲面的一系 Segre 曲线在平行平面上的条件. 如果这种曲面的对应 Darboux 曲线都是平面曲线，试决定它的表示.

关于这个问题的解答可参照苏步青：Japanese Journ. Math., 1930, 6: 301—314.

附录 1　仿射曲面论中的 Bonnet 问题

1.1　关于 Bonnet 极小曲面的注记

如所知, Bonnet 曲面和 Enneper 曲面是有平面曲率线的唯一极小曲面. 这种曲面的特征是, 其曲率线的球面表示形成了圆的双等温系.

在仿射空间里对应的问题就是: 如何决定有平面仿射曲率线的仿射极小曲面. 为了这个目的, 我们必须采用一种和球面表示无关的方法, 因为球面表示在仿射微分几何中是不起任何作用的.

在处理我们的问题之前, 我们将以新方法解出 Bonnet 问题, 然后应用类似方法到仿射曲面论中的对应问题.

设 u, v 表示极小曲面 $(x(u,v))$ 的极小曲线参数, ξ 表示它的法线向量. 那么, 它的基本方程为

$$\left.\begin{aligned}x_{uu} &= \frac{F_u}{F}x_u - F(u)\xi,\\ x_{uv} &= 0,\\ x_{vv} &= \frac{F_v}{F}x_v - \varPhi(v)\xi,\end{aligned}\right\}\tag{1.1}$$

$$\left.\begin{aligned}\xi_{uu} &= \left\{\frac{F'(u)}{F(u)} - \frac{F_u}{F}\right\}\xi_u,\\ \xi_{uv} &= -\frac{1}{F}F(u)\varPhi(v)\xi,\\ \xi_{vv} &= \left\{\frac{\varPhi'(v)}{\varPhi(v)} - \frac{F_v}{F}\right\}\xi_v,\end{aligned}\right\}\tag{1.2}$$

式中已令

$$F = \frac{1}{2}(1+uv)^2 F(u)\varPhi(v).\tag{1.3}$$

曲率线的方程为

$$F(u)du^2 - \varPhi(v)dv^2 = 0,$$

或者

$$u' = \varepsilon P,\quad P = \sqrt{\frac{\varPhi(v)}{F(u)}}\quad (\varepsilon = \pm 1).\tag{1.4}$$

按照 (1.1) 和 (1.4) 求曲率线在点 (u, v) 的密切平面的坐标时, 我们得到

$$Y \equiv \frac{1}{iF}\left(\frac{dx}{dv}\times\frac{d^2x}{dv^2}\right) = \left(\varepsilon P\frac{F_v}{F} - P^2\frac{F_u}{F} - PP_u - \varepsilon P_v\right)\xi \\ - 2P^2\xi_u + 2\varepsilon P\xi_v. \tag{1.5}$$

为了二系曲率线都是平面曲线, 充要条件是: 对于 $\varepsilon = +1$ 和 $\varepsilon = -1$, $\varepsilon PY_u + Y_v$ 都和 Y 成比例.

从 (1.5) 算出 Y_u, Y_v 并用 (1.2) , 所述的条件可以被表成下列形式:

$$4\frac{F''(u)}{(F(u))^2} - 5\frac{(F'(u))^2}{(F(u))^3} = 4\frac{\Phi''(v)}{(\Phi(v))^2} - 5\frac{(\Phi'(v))^2}{(\Phi(v))^3} \\ = \text{const}. \tag{1.6}$$

从而各微分方程的解是[1)]

$$F(u) = \text{const}$$

和

$$F(u) = \frac{c_1}{\{(u + c_2)^2 + c_3\}^2},$$

式中这些 c 都是任意常数. $\Phi(v)$ 也具有同样的形式.

这样, 我们获得了 Enneper 极小曲面和 Bonnet 曲面.

1.2　关于一个具有二系平面仿射曲率线的曲面应有的解析条件

为此目的, 我们取一个非直纹的曲面 (x) 的主切曲线为参数曲线 u, v 并令

$$P = \sqrt{\frac{D_u}{A_v}}. \tag{2.1}$$

根据第一章 (5.78) 可把曲面的仿射曲率线的方程写成

$$\frac{du}{dv} \equiv u' = \varepsilon P, \tag{2.2}$$

式中 ε 表示 +1 或 −1. 从 (2.2) 得出: 沿一条仿射曲率线成立

$$\frac{d^2u}{dv_2} \equiv u'' = PP_u + \varepsilon P_v. \tag{2.3}$$

1) 参照拙文: 论曲面的曲率线 (英文), Tôhoku Math. Journ., 1929, **30**: 457–467.

按照 (2.2) 、 (2.3) 和曲面 (x) 的基本方程而求仿射曲率线在其一点 (u,v) 的密切平面的坐标时, 我们有

$$\xi = \psi X + 2P^2 X_u - 2\varepsilon P X_v, \tag{2.4}$$

式中 X 表示曲面 (x) 的切平面的坐标, 而且

$$\psi = -\frac{F_u}{F}P^2 + \varepsilon P\frac{F_v}{F} - PP_u - \varepsilon P_v + \varepsilon P^3\frac{A}{F} - \frac{D}{F}. \tag{2.5}$$

如前段中所示, 要使二系仿射曲率线都变成平面曲线的充要条件是: 沿其任一条的密切平面变为同一平面. 换言之, $\varepsilon P\xi_u + \xi_v (\varepsilon = \pm 1)$ 都和 ξ 成比例.

从 (2.4) 和 X 的基本方程[1)]我们可算出

$$\begin{aligned}\varepsilon P\xi_u + \xi_v = &(\varepsilon P\psi_u + \psi_v)X \\ &+ \left\{\frac{F_u}{F}P^2 + \varepsilon P\frac{F_v}{F} + 3PP_u + 3\varepsilon P_v \right.\\ &\left. + \varepsilon P^3\frac{A}{F} + \frac{D}{F}\right\}(\varepsilon P X_u - X_v).\end{aligned} \tag{2.6}$$

比较这个表示与 (2.4) 时, 我们便获得所求的条件:

$$\begin{aligned}2P(\varepsilon P\psi_u + \psi_v) =&\varepsilon\psi\left\{\frac{F_u}{F}P^2 + \varepsilon P\frac{F_v}{F} + 3PP_u \right.\\ &\left. + 3\varepsilon P_v + \varepsilon P^3\frac{A}{F} + \frac{D}{F}\right\} \quad (\varepsilon = \pm 1).\end{aligned} \tag{2.7}$$

然而从 (2.5) 得知

$$\begin{aligned}\psi_u = &-\frac{\partial}{\partial_u}\left(\frac{F_u}{F}P^2 + PP_u + \frac{D}{F}\right) \\ &+ \varepsilon\frac{\partial}{\partial u}\left(P\frac{F_v}{F} - P_v + \frac{A}{F}P^3\right), \\ \psi_v = &-\frac{\partial}{\partial_v}\left(\frac{F_u}{F}P^2 + PP_u + \frac{D}{F}\right) \\ &+ \varepsilon\frac{\partial}{\partial v}\left(P\frac{F_v}{F} - P_v + \frac{A}{F}P^3\right).\end{aligned}$$

此外, (2.7) 对于 $\varepsilon = +1$ 和 $\varepsilon = -1$ 都必须成立, 所以我们导出两个条件:

$$\begin{aligned}&P\frac{\partial}{\partial u}\left(P\frac{F_v}{F} - P_v + \frac{A}{F}P^3\right) - \frac{\partial}{\partial u}\left(\frac{F_u}{F}P^2 + PP_u + \frac{D}{F}\right) \\ &= -2\frac{P_v}{P}\left(\frac{F_u}{F}P^2 + PP_u + \frac{D}{F}\right) + P_u\left(P\frac{F_v}{F} - P_v + \frac{A}{F}P^3\right),\end{aligned} \tag{2.8}$$

1) 参照 Blaschke: DG II, 139 页.

$$2P\biggl(-P\frac{\partial}{\partial u}\left(\frac{F_u}{F}P^2+PP_u+\frac{D}{F}\right)+\frac{\partial}{\partial v}\biggl(P\frac{F_v}{F}-P_v+\frac{A}{F}P^3\biggr)\biggr)=\left(P\frac{F_v}{F}+3P_v+\frac{A}{F}P^3\right)\biggl(P\frac{F_v}{F}-P_v+\frac{A}{F}P^3\biggr)-\left(\frac{F_u}{F}P^2+3PP_u+\frac{D}{F}\right)\left(\frac{F_u}{F}P^2+PP_u+\frac{D}{F}\right). \tag{2.9}$$

可是条件 (2.8) 却可被改成为

$$\frac{\partial}{\partial u}\left(\frac{F_v}{F}-\frac{P_v}{P}+\frac{A}{F}P^2\right)=\frac{\partial}{\partial v}\left(\frac{F_u}{F}+\frac{P_u}{P}+\frac{D}{FP^2}\right). \tag{I}$$

所以必有一函数 $\varPhi$ 使得

$$\left.\begin{aligned}&\frac{F_v}{F}-\frac{P_v}{P}+\frac{A}{F}P^2=\varPhi_v,\\&\frac{F_u}{F}+\frac{P_u}{P}+\frac{D}{FP^2}=\varPhi_u.\end{aligned}\right\} \tag{2.10}$$

如将 (2.10) 代进 (2.9) , 我们就导致

$$\varPhi_{vv}-\frac{1}{2}(\varPhi_v)^2-\frac{P_v}{P}\varPhi_v=P^2\left[\varPhi_{uu}-\frac{1}{2}(\varPhi_u)^2+\frac{P_u}{P}\varPhi_u\right]. \tag{II}$$

因此, 所求的条件是 (I) 和 (II).

我们必须指出, 在推导 (I) 和 (II) 的过程中并没有用到 P 由 (2.1) 所给定的数值, 所以立即知道 (I) 和 (II) 也是为了二系共轭曲线

$$du^2-P^2dv^2=0$$

都为平面曲线的充要条件.

1.3　具有平面仿射曲率线的仿射极小曲面

现在, 我们转入仿射曲面论中的 Bonnet 问题. 仿射极小曲面的一般方程是[1)]

$$x=(V\times U)+\int(U\times U')du-\int(V\times V')dv, \tag{3.1}$$

式中 $U=U(u),\ V=V(v);\ U'=\dfrac{dU}{du},\ V'=\dfrac{dV}{dv}$.

1) 参照　Blaschke: DG II, 178 页.

从此得出：$E=0,\quad G=0$ 和

$$F=-(U+V,\ U',V'),\quad A=(U+V,\ U',U''),$$
$$D=-(U+V,\ V',V''); \tag{3.2}$$
$$P=\sqrt{(V'U'V'')/(V'U'U'')}. \tag{3.3}$$

通过这些表示式而计算 (2.10) 的左边时, 我们容易改写前段中条件 (I) 为下列方程：

$$\begin{aligned}&\frac{(V'U''V''')}{(V'U'V'')}-\frac{(V'U''V'')(V'U'V''')}{(V'U'V'')^2}\\&-\frac{V''U'U''}{(V'U'U'')}+\frac{(V'U'U''')(V''U'U'')}{(V'U'U'')^2}\\&+\frac{(U+V,V',V'')(V'U'U'')}{(U+V,U',V')(V'U'V'')}\left\{\frac{(U+V,V',V''')}{(U+V,V',V'')}\right.\\&\left.-\frac{(V'U'V''')}{(V'U'V'')}+\frac{(V''U'U'')}{(V'U'U'')}-\frac{(U+V,U',V'')}{(U+V,U',V')}\right\}\\&+\frac{(U+V,U',U'')(V'U'V'')}{(U+V,U',V')(V'U'U'')}\left\{\frac{(U+V,U',U''')}{(U+V,U',U'')}\right.\\&\left.-\frac{(V'U'U''')}{(V'U'U'')}+\frac{(V'U''V'')}{(V'U'U'')}-\frac{(U+V,U'',V')}{(U+V,U',V')}\right\}=0.\end{aligned}$$

然而, 最后方程可以按照恒等式

$$(p\alpha\alpha')(pbb')-(p\alpha b')(pb\alpha')=(p\alpha b)(p\alpha'b')$$

而被化简为
$$\frac{(V'U'U'')(V'V''V''')}{(V'U'V'')^2}+\frac{(V'U'V'')(U'U''U''')}{(V'U'U'')^2}=0,$$

即

$$(V'U'U'')^3(V'V''V''')-(U'V'V'')^3(U'U''U''')=0. \tag{I$'$}$$

如果二量 $(V'V''V''')$, $(U'U''U''')$ 中有一个等于 0, 比方说, $(V'V''V''')=0$, $(U'U''U''')\neq 0$, 那么从 (I)$'$ 便有

$$(U'V'V''')=-D_u=0,$$

于是仿射曲率线重合于主切曲线 $u=\text{const}$. 此时, 曲面必须是直纹面[1)], 而这是平凡的场合.

所以我们仅需考察两种情况：$1^\circ (U'U''U''')=0, (V'V''V''')=0$; $2^\circ (U'U''U''')\neq 0, (V'V''V''')\neq 0$.

---

1) 参照 Blaschke: DG II, 221 页.

1.4　在情况 1° 下的曲面

由于曲线 (U) 和 (V) 都是平面曲线, 我们可采取

$$\left.\begin{aligned} &U_1 = U_2 = U, \\ &V_1 = -V_2 = V. \end{aligned}\right\} \tag{4.1}$$

又设 u 和 v 分别表示曲线 (U, U_3) 和 (V, V_3) 的仿射弧长, 以致

$$U'U_3'' - U_3'U'' = 1,\ V'V_3'' - V_3'V'' = 1. \tag{4.2}$$

我们有

$$\left.\begin{aligned} &F = -2\{UV'U_3' - U'V'(U_3 + V_3) + U'VV_3'\}, \\ &A = 2V,\quad D = 2U,\quad P = \sqrt{\frac{U'}{V'}}, \end{aligned}\right\} \tag{4.3}$$

于是

$$\varPhi_u = \frac{3}{2}\frac{U''}{U'},\quad \varPhi_v = \frac{3}{2}\frac{V''}{V'}.$$

把这些表示代入段 2 条件 (II) 中, 我们获得

$$4U''' - 5\frac{U''^2}{U'} = 4V''' - 5\frac{V''^2}{V'} = \text{const}. \tag{4.4}$$

为了解出微分方程

$$4U''' - 5\frac{U''^2}{U'} = \text{const},\quad 比方说 = -48c, \tag{4.5}$$

我们令 $U' = f^{-4}$, 于是把 (4.5) 变成

$$f'' = 3cf^5. \tag{4.6}$$

如果 $f' = 0$, 那么 $U' = \text{const}$. 此时, 我们可置

$$\left.\begin{aligned} &U_1 = u,\ U_2 = u,\ U_3 = \frac{1}{2}\left(u^2 - \frac{1}{2}\right), \\ &V_1 = v,\ V_2 = -v,\ V_3 = \frac{1}{2}\left(v^2 - \frac{1}{2}\right). \end{aligned}\right\} \tag{4.7}$$

对应的仿射极小曲面的方程具有形式:

$$\left.\begin{aligned} &x_1 = \frac{1}{4}(u + v) - \frac{1}{2}(u^2v + uv^2) + \frac{1}{6}(u^3 + v^3), \\ &x_2 = \frac{1}{4}(v - u) - \frac{1}{2}(u^2v - uv^2) - \frac{1}{6}(u^3 - v^3), \\ &x_3 = -2uv. \end{aligned}\right\} \tag{4.8}$$

这些表示了 Enneper 极小曲面.

这个曲面的仿射曲率都是平面曲线, 同时也是普通曲率线[1)].

现在, 假定 $f' \neq 0$. 从 (4.6) 立刻得出

$$f'^2 = cf^6 + c_1,$$

于是

$$\int \frac{df}{\sqrt{cf^6 + c_1}} = u + c_2,$$

式中 c_1, c_2 是任意常数.

又令 $f^{-2} = \varphi$, 我们便有

$$\int \frac{d\varphi}{\sqrt{4\varphi^3 + g_3}} = c_1 u + c_2$$

或者

$$\varphi = \wp(c_1 u + c_2),$$

式中 $\wp$ 如前表示了 $g_2 = 0$ 的 Weierstrass 椭圆函数.

这样, 我们获得

$$U = \int \wp^2(c_1 u + c_2) du. \tag{4.9}$$

接着, 我们必须决定函数 U_3. 为此, 把 (4.9) 代进

$$\frac{U_3'''}{U_3'} = \frac{U'''}{U'},$$

我们有

$$\frac{U_3'''}{U_3'} = 2c_1^2 \frac{\wp(c_1 u + c_2)\wp''(c_1 u + c_2) + \wp'^2(c_1 u + c_2)}{\wp^2(c_1 u + c_2)}. \tag{4.10}$$

再令 $U_3' = \wp^2(c_1 u + c_2) \cdot \psi$, 就得到

$$\psi = c_3 \int \frac{du}{\wp^4(c_1 u + c_2)}.$$

从关系式 $U'U_3'' - U_3'U'' = 1$ 又得出 $c_1 c_3 = 1$. 所以

$$U_3 = \frac{1}{c_1} \int \wp^2(c_1 u + c_2) \left[\int \frac{du}{\wp^4(c_1 u + c_2)} \right] du.$$

同样, 我们从 (4.4) 也可解得 V 和 V_3.

---

1) 参照拙著: On a class of minimal surfaces. Sci. Rep. Tôhoku Imp.Univ., 1928, **17**: 27–33.

因此, 所求的解如下:

$$\left.\begin{aligned}
&U_1 = U_2 = \int \wp^2(c_1u + c_2)du,\\
&U_3 = \frac{1}{c_1}\int \wp^2(c_1u + c_2)\left[\int \frac{du}{\wp^4(c_1u + c_2)}\right]du,\\
&V_1 = -V_2 = \int \wp^2(c_1'v + c_2')dv,\\
&V_3 = \frac{1}{c_1}\int \wp^2(c_1'v + c_2')\left[\int \frac{dv}{\wp^4(c_1'v + c_2)}\right]dv.
\end{aligned}\right\}\tag{4.11}$$

导出有关的仿射极小曲面的方程, 已经不是难题了.

1.5　在情况 2° 下的曲面

此时, $(U'U''U''')$和$(V'V''V''')$ 都不等于 0. 我们还可细分为两类: 第一类是, (U) 和 (V) 中有一个是右挠而另一个则是左挠的. 第二类则是, 二曲线 (U) 和 (V) 同是右挠或同是左挠的. 我们将从第一类开始讨论.

在不失去一般性之下我们可以假定曲线 (U) 和 (V) 分别是右挠和左挠的, 因为不然的话, 只要取 $(-U)$ 和 $(-V)$ 以代之而不至于影响仿射极小曲面的方程.

变换 u, v 为各自的适当函数时, 在新参数之下有

$$(U'U''U''') = 1,\quad (V'V''V''') = -1. \tag{5.1}$$

新参数显然是各曲线的仿射弧长. 段 3 的条件 (I)$'$ 现在变为

$$(V'U'U'') = (V'U'V'') \quad 或 \quad P = 1. \tag{I$''$}$$

从 (5.1) 和第一章第 5 节的基本方程我们得出

$$\left.\begin{aligned}
&U^{(\mathrm{IV})} + k_1U'' + t_1U' = 0,\\
&V^{(\mathrm{IV})} + k_2V'' + t_2V' = 0,
\end{aligned}\right\}\tag{5.2}$$

式中 $k_1, k_2; t_1, t_2$ 分别表示二曲线 (U) 和 (V) 的仿射曲率和仿射挠率.

改写 (I)$''$ 为如下的方程

$$U'' - V'' = aU' + bV', \tag{5.3}$$

我们得出

$$\left.\begin{aligned}
&U''' = aU'' + a_uU' + b_uV',\\
&-V''' = a_vU' + b_vV' + bV''.
\end{aligned}\right\}\tag{5.4}$$

关于 u 或 v 的再度微分, 还给出了下列关系

$$\left.\begin{aligned}&2a_u+a^2=-k_1,\\&a_{uu}+aa_u=-t_1,\\&2b_v-b^2=k_2,\\&b_{vv}-bb_v=t_2\end{aligned}\right\}\tag{5.5}$$

以及

$$a+\frac{b_{uu}}{b_u}=0,\ b-\frac{a_{vv}}{a_v}=0.\tag{5.6}$$

从 (5.5) 立刻得出

$$k_1'-2t_1=0,\ k_2'-2t_2=0.\tag{5.7}$$

这二式表明了曲线 (U) 和 (V) 必须是一般螺线[1]. 但是我们对所论的二曲线还要进行更精确的决定.

从 (5.5) 导出

$$\left.\begin{aligned}&a_{uv}+aa_v=0,\\&b_{uv}-bb_u=0.\end{aligned}\right\}\tag{5.8}$$

并用 (5.6) 和 (5.5) 的结果,

$$b_u=-a_v.\tag{5.9}$$

所以存在函数 ψ 使得

$$a=-\psi_u,\ b=+\psi_v,\tag{5.10}$$

并且

$$\psi_{uvv}-\psi_v\psi_{uv}=0.\tag{5.11}$$

ψ_{uv} 不恒为零, 否则 $b_u=0$, $(5.4)_1$ 将导致 $(U'U''U''')=0$ 这一矛盾. 因此, 我们得以改写 (5.11) :

$$\frac{\psi_{uvv}}{\psi_{uv}}-\psi_v=0.$$

经过关于 v 的积分,

$$\psi_{uv}=f(u)e^{\psi},\tag{5.12}$$

式中 $f(u)$ 单独是 u 的函数. 这个 Liouville 类型方程具有如下的解 ψ :

$$\psi=\ln\frac{\chi'(u)\theta'(v)}{f(u)\left(1-\frac{1}{2}\chi\theta\right)^2},\tag{5.13}$$

1) 参照 Blaschke: DG II, 87 页.

其中 $\chi=\chi(u)$，$\theta=\theta(v)$ 表示有关变量的任意函数. 所以

$$\left.\begin{aligned}-a&=\frac{\chi''}{\chi'}-\frac{f'}{f}+\frac{x'\theta}{1-\dfrac{1}{2}\chi\theta},\\-a_u&=\frac{\chi'''}{\chi'}-\left(\frac{\chi''}{\chi'}\right)^2-\frac{f''}{f}+\left(\frac{f'}{f}\right)^2\\&+\frac{x''\theta}{1-\dfrac{1}{2}\chi\theta}+\frac{1}{2}\left(\frac{x'\theta}{1-\dfrac{1}{2}\chi\theta}\right)^2.\end{aligned}\right\}\tag{5.14}$$

然而 $2a_u+a^2=-k_1$ 必须单独是 u 的函数. 所以由 (5.14) 导出 $f'=0$.

因此,

$$\left.\begin{aligned}a&=-\frac{\chi''}{\chi'}-\frac{x'\theta}{1-\dfrac{1}{2}\chi\theta},\\b&=\frac{\theta''}{\theta'}-\frac{x\theta'}{1-\dfrac{1}{2}\chi\theta}.\end{aligned}\right\}\tag{5.15}$$

这样, 我们获得最后的表示:

$$\left.\begin{aligned}k_1&=2\{\chi,u\},t_1=\frac{d}{du}\{\chi,u\};\\k_2&=2\{\theta,v\},t_2=\frac{d}{dv}\{\theta,v\}.\end{aligned}\right\}\tag{5.16}$$

这里 $\{,\}$表示 Schwarz 式导数.

现在, 我们将转入 2 段中条件 (II) 的研究.

由于 $P=1$, 所以我们有

$$\varPhi_u=\frac{(U+V,V',V''-U'')}{(U+V,U',V')},$$
$$\varPhi_v=\frac{(U+V,U',V''-U'')}{(U+V,U',V')}.$$

从 (5.3) 代进 $U''-V''$, 便可改写为

$$\varPhi_u=a,\quad \varPhi_v=-b.$$

于是条件 (II) 化为

$$a_u-\frac{1}{2}a^2=-\left(b_v+\frac{1}{2}b^2\right).\tag*{(II)$'$}$$

从 (5.15) 代进 a, b 于其两边, 我们得出

$$\frac{\chi'''}{\chi'}-\frac{1}{2}\left(\frac{\chi''}{\chi'}\right)^2+2\frac{\theta\chi''}{1-\frac{1}{2}\chi\theta}+\left(\frac{\theta\chi'}{1-\frac{1}{2}\chi\theta}\right)^2 =\frac{\theta'''}{\theta'}-\frac{1}{2}\left(\frac{\theta''}{\theta'}\right)^2+2\frac{\chi\theta''}{1-\frac{1}{2}\chi\theta}+\left(\frac{\chi\theta'}{1-\frac{1}{2}\chi\theta}\right)^2. \tag{5.17}$$

我们对其两边进行关于 u 和 v 各一次微分, 结果是

$$\frac{2\chi'''}{3\chi'}+2\frac{\theta\chi''}{1-\frac{1}{2}\chi\theta}+\left(\frac{\theta\chi'}{1-\frac{1}{2}\chi\theta}\right)^2 =\frac{2}{3}\frac{\theta'''}{\theta'}+2\frac{\chi\theta''}{1-\frac{1}{2}\chi\theta}+\left(\frac{\chi\theta'}{1-\frac{1}{2}\chi\theta}\right)^2. \tag{5.18}$$

从此可知,

$$\{\chi, u\}=\{\theta, v\}, \tag{5.19}$$

所以两边必须等于常数. 因此, 我们得到

$$k_1=k_2=\kappa,\quad t_1=t_2=0, \tag{5.20}$$

式中 κ 是一个任何常数. 这样, 我们证明了下列定理:

所论的二曲线 (U) 和 (V) 是属于同一种类的仿射拓广普通螺线.

从 (5.5),(II)$'$ 和 (5.20) 可知,

$$a^2=b^2$$

或者

$$u-\perp b \tag{5.21}$$

而且 (5.3) 变为

$$U''-V''=a(U'\pm V'). \tag{5.22}$$

下面, 我们将区分三种情形: $1.\kappa=0; 2.k>0; 3.k<0$ 而进行对应曲面 S_1, S_2, S_3 的讨论.

情形 1 曲面 S_1 所对应的曲线 (U) 和 (V) 都是三次抛物线. 从

$$\{\chi, u\}=\{\theta, v\}=0$$

得出解 χ 和 θ:

$$\chi=\frac{a_1u+b_1}{c_1u+d_1},\quad a_1d_1-b_1c_1=1;$$

$$\theta=\frac{a_2v+b_2}{c_2v+d_2},\quad a_2d_2-b_2c_2=1,$$

利用 (5.15) 来求 a 和 b, 并按 (5.21) 改写为

$$a=b=\frac{2}{u-v+\rho_1} \tag{5.23}$$

或者

$$a=-b=\frac{2}{u+v+\rho_1}, \tag*{(5.23)$'$}$$

式中 ρ_1 是一个常数.

现在, 采用这样的坐标系使得曲线 (U) 的方程变为

$$U_1=u,\ U_2=\frac{1}{2}u^2,\ U_3=\frac{1}{6}u^3; \tag{5.24}$$

而且曲线 (V) 的一般方程是

$$(V)=D\begin{pmatrix} v \\ \frac{1}{2}v^2 \\ \frac{1}{6}v^3 \end{pmatrix}, \tag{5.25}$$

式中

$$D=\begin{pmatrix} a_1 & b_1 & c_1 \\ a_2 & b_2 & c_2 \\ a_3 & b_3 & c_3 \end{pmatrix},\quad \det|D|=-1.$$

从 (5.24), (5.25), (5.23)[或(5.23)$'$] 我们可以导出

$$D=\begin{pmatrix} -1 & 0 & 0 \\ 0 & -1 & 0 \\ 0 & 0 & -1 \end{pmatrix}$$

或

$$D=\begin{pmatrix} 1 & 0 & 0 \\ 0 & -1 & 0 \\ 0 & 0 & 1 \end{pmatrix}.$$

因此, 曲面 S_1 的方程便被表成为下列形式:

$$\left.\begin{aligned} x_1&=\frac{1}{240}\alpha^3(5\beta^2-\alpha^2), \\ x_2&=-\frac{1}{12}\alpha^3\beta, \\ x_3&=\frac{1}{6}\alpha^3, \end{aligned}\right\} \tag{5.26}$$

式中 $\alpha = u \mp v$, $\beta = u \pm v$.

一系仿射曲率线是二次曲线而且在一族平行平面上 ($x_3 = \text{const}$)；另一系则在一束平面上 ($x_2 : x_3 = \text{const}$). 这些曲线同时也是 Segre 曲线和 Darboux 曲线.

情形 2 曲线 (U) 和 (V) 都是椭圆的螺线. 解方程

$$\{\chi, u\} = \{\theta, v\} = \frac{1}{2}k^2,$$

我们有

$$\left.\begin{aligned} \chi &= \frac{a_1 \sin \frac{k}{2}u + b_1 \cos \frac{k}{2}u}{c_1 \sin \frac{k}{2}u + d_1 \cos \frac{k}{2}u}, a_1 d_1 - b_1 c_1 = 1; \\ \theta &= \frac{a_2 \sin \frac{k}{2}v + b_2 \cos \frac{k}{2}v}{c_2 \sin \frac{k}{2}v + d_2 \cos \frac{k}{2}v}, a_2 d_2 - b_2 c_2 = 1. \end{aligned}\right\} \tag{5.27}$$

如果 $a = +b$, 则从 (5.27), (5.15)和(5.10) 得出

$$a = b = k\frac{\rho_1 \cos \frac{k}{2}(u-v) + \rho \sin \frac{k}{2}(u-v)}{\rho_1 \sin \frac{k}{2}(u-v) - \rho \cos \frac{k}{2}(u-v)}. \tag{5.28}$$

如果 $a = -b$, 则同样导出

$$a = -b = k\frac{\rho_1 \cos \frac{k}{2}(u+v) + \rho \sin \frac{k}{2}(u+v)}{\rho_1 \sin \frac{k}{2}(u+v) - \rho \cos \frac{k}{2}(u+v)}. \tag{5.28$'$}$$

同情形 1 中一样, 采用这样一个坐标系使得曲线 (U) 的方程变为

$$U_1 = -\frac{1}{k^2} \sin ku, U_2 = -\frac{1}{k^2} \cos ku, U_3 = -\frac{1}{k}u. \tag{5.29}$$

曲线 (V) 一般可以被表示为

$$(V) = D\begin{pmatrix} \frac{1}{k^2} \sin kv \\ \frac{1}{k^2} \cos kv \\ \frac{1}{k}v \end{pmatrix}. \tag{5.30}$$

从 (5.22), (5.28), (5.28)$'$, (5.29)和(5.30) 我们导出

$$D = \begin{pmatrix} 1 & 0 & 0 \\ 0 & 1 & 0 \\ 0 & 0 & 1 \end{pmatrix} \text{或 } D = \begin{pmatrix} -1 & 0 & 0 \\ 0 & 1 & 0 \\ 0 & 0 & -1 \end{pmatrix}.$$

因此, 曲面 S_2 的方程为

$$\left.\begin{aligned} x_1 &= \frac{4}{k^4}\cos\alpha\cdot(\sin\beta-\beta\cos\beta),\\ x_2 &= -\frac{4}{k^4}\sin\alpha\cdot(\sin\beta-\beta\cos\beta),\\ x_3 &= \frac{1}{k^4}(\sin 2\beta-2\beta), \end{aligned}\right\} \tag{5.31}$$

式中 $\alpha=\dfrac{k}{2}(u\pm v)$, $\beta=\dfrac{k}{2}(u\mp v)$. 这种曲面属于椭圆的仿射旋转面族. 它的二系仿射曲率线都是平面曲线, 同时也是 Segre 曲线和 Darboux 曲线.

情形 3 曲面 S_3 所对应的曲线 (U) 和 (V), 同前一情形一样, 是可以导出的, 而且方程是

$$\left.\begin{aligned} x_1 &= \frac{4}{k^4}\cosh\alpha\cdot(\sinh\beta-\beta\cosh\beta),\\ x_2 &= -\frac{4}{k^4}\sinh\alpha\cdot(\sinh\beta-\beta\cosh\beta),\\ x_3 &= \frac{1}{k^4}(\sinh\beta-\beta\cosh\beta). \end{aligned}\right\} \tag{5.32}$$

这个曲面属于双曲的仿射旋转面族.

最后, 我们将以讨论二曲线 (U) 和 (V) 同是右挠或同是左挠的情况来结束本节.

如前所述, 我们可以假定二曲线都是右挠的, 以致在采用各曲线的仿射弧长 u, v 为参数之下成立

$$(U'U''U''')=1,\ (V'V''V''')=1.$$

条件 $(\mathrm{I})'$ 现在变为

$$(V', U', U''+V'')=0,$$

或写为

$$U''+V''=aU'+bV'.$$

我们此时同样得到

$$\left.\begin{aligned} a &= -\frac{\chi''}{\chi'}-\frac{\chi'\theta}{1-\dfrac{1}{2}\chi\theta},\\ b &= -\frac{\theta''}{\theta'}-\frac{\theta'\chi}{1-\dfrac{1}{2}\chi\theta},\\ b_u &= a_v,\\ k_1 &= 2\{\chi, u\}, t_1=\frac{d}{du}\{\chi, u\},\\ k_2 &= 2\{\theta, v\}, t_2=\frac{d}{dv}\{\theta, v\}. \end{aligned}\right\} \tag{5.33}$$

此外, 还有

$$\{\chi, u\} = -\{\theta, v\} = \text{const}.$$

经过一些计算之后, 我们可以求出所论曲面的方程. 它们也具备 (5.26),(5.31) 和(5.32) 的形式, 只要将其中的 α, β 改为

$$\alpha = \frac{k}{2}(u \mp iv), \beta = \frac{k}{2}(u \mp iv).$$

至此, 我们所提的仿射曲面论中的 Bonnet 问题, 全部得到了解决.

附录 2　高维仿射空间仿射超铸面与仿射超旋转面

2.1　仿射超铸面

下文，我们将推广第四章 § 1—§2 中的理论到 $(n+1)$ 维仿射空间 A^{n+1} 的 n 维流形即超曲面 $(x(u^1,u^2,\cdots,u^n))$. 这里和以下，都假定 $x=(x^1,x^2,\cdots,x^{n+1})$, 而且 $u^1,u^2,\cdots,u^n$ 是 n 个独立参数.

设超曲面 (x) 和一系平行超平面相交，这些 $(n-1)$ 维交流形同时也是超曲面和其包络切超锥面的接触流形而且各顶点的轨迹是一条曲线 $(y(u^1))$.

以 $\alpha(a_1,a_2,\cdots,a_{n+1}\neq 0)$ 表示平行超平面的法向量（常向量）时，我们可以把这系平行超平面的方程写成

$$(\alpha x)=u^1\,, \tag{1.1}$$

从此得出

$$(\alpha x_1)=1,\quad (\alpha x_k)=0\quad (k=2,\cdots,n) \tag{1.2}$$

式中 $x_r=\dfrac{\partial x}{\partial u^r}$.

根据假设，我们有

$$x_1=\phi\{y(u^1)-x\}\,, \tag{1.3}$$

式中，函数 ϕ 决定于 (1.2)，即

$$\phi^{-1}=(\alpha y(u^1))-u^1\,. \tag{1.4}$$

经过一些计算，我们得到所求超曲面的方程：

$$x=\exp\left(-\int\phi\,du^1\right)\cdot\left\{\int\phi y(u^1)\exp\left(\int\phi\,du^1\right)du^1+U\right\}, \tag{1.5}$$

式中 U 表示 u^2，u^3，$\cdots$，u^n 的向量函数，而且按照 (1.1) 必须满足关系

$$(\alpha U)=0\,. \tag{1.6}$$

这样决定的超曲面 (x) 称仿射超铸面，流形 $u^1=\text{const}$ 称平行流形，而且曲线 $u^k=\text{const}\quad (k>1)$ 称子午线.

令

$$\psi=\exp\left(-\int\phi\,du^1\right)=\exp\left(-\int\frac{du^1}{(\alpha y)-u^1}\right).$$

我们从 (1.5) 得出

$$x_1 = \phi(y-x) x_k = \psi U_k \quad (k>1),$$
$$x_{1k}\left(=\frac{\partial^2 x}{\partial u^1\,\partial u^k}\right) = -\phi x_k,$$

以致仿射基本量[1)]

$$g_{1k} = 0 \quad (k>1) \tag{1.7}$$

另外，由 (1.3) 算出

$$x_1 = \phi(y-x), \quad x_{11} = (*)x_1 + \phi y',$$
$$x_{111} = (*)x_{11} + (*)x_1 + \phi' y' + \phi y'', \cdots,$$

于是

$$(x_1 x_{11} \cdots \underbrace{x_{11\cdots 1}}_{n+1} = \phi^{n+1}(y-x, y', y'', \cdots, y^{(n)}). \tag{1.8}$$

如果 (y) 是一条直线，则行列式 (1.8) 恒消失，从而仿射超铸面 (x) 的子午线都是平面曲线. 反过来，如果这些子午线都是平面曲线，那么 $(n+1)\times n$ 矩阵

$$\left\| y' y'' \cdots y^{(n)} \right\|$$

中的任何 n 阶行列式必恒为 0，于是 (y) 必须是直线. 因此，我们获得定理:

为了一个仿射超铸面的所有子午线都是平面曲线，充要条件是: 顶点线 (y) 变为直线.

由于此时各子午线的切线都和 (y) 相交，所以我们还可断定: 如果所有子午线都是平面曲线，那么这些平面必形成一个以直线 (y) 为轴的平面束.

2.2 仿射超旋转面

我们将研究仿射超铸面的一个特殊族，即称为仿射超旋转面的一族. 这种超曲面的定义是: 当仿射超铸面的仿射法线落在子午线的密切平面上时，称它为仿射超旋转面. 我们将会看到，这个特殊族的超曲面完全符合 W.süss 从另一角度出发而得出的仿射超旋转面[2)].

为了简化计算，我们采用共轭系统的参数曲线 $u^1, u^2, \cdots, u^n$，使得

$$g_{rs} = 0,\ r\neq s,\ r=1,2,\cdots,n;\ s=1,2,\cdots,n. \tag{2.1}$$

1) 以下所用的记号都按照 L. Berwald, Monatsh.für Math. u. physik, 1922, **32**: 89–106.

2) 参照 Affinrotationshyperflächen. Jap. Journ. Math., 1928, **5**: 85–95.

这样做是可能的，因为当 $r=1$，$s\neq 1$ 时，(2.1) 和 (1.7) 是一致的.

其次，在 A_n 中考察一个由方程

$$\bar{x}=\overline{U}(u^2,\, u^3, \cdots ,\, u^n)$$

即

$$\bar{x}^{(i)}=U^{(i)}(u^2,u^3,\cdots,u^n)\quad (\,(\,i\,)=1,2,\cdots,n\,)$$

定义的 $(n-1)$ 维流形，并取 $u^2, u^3, \cdots , u^n$ 为 $(\bar{x})$ 的仿射曲率线参数，于是我们有

$$\bar{g}_{rs}=0,\ r\neq s,\ r=2,\,3,\cdots,\,n;\ s=2,\,3,\cdots,\,n,$$

可是从仿射超铸面的方程 (1.5) 容易得出

$$\begin{aligned}(x_{rs}x_1x_2\cdots x_n)&=\psi^n(U_{rs},\ \phi(y-x),\ U_2,\ U_3,\ \cdots,\ U_n)\\&=(-1)^n\,\frac{\psi^n}{a_{n+1}}(\bar{x}_{rs}\bar{x}_2\bar{x}_3\cdots\bar{x}_n)=0\end{aligned}$$

或

$$g_{rs}=0,\ r\neq s,\ r=2,3,\cdots,n;\ s=2,3,\cdots,n.$$

这样就明确了共轭系统 $(u^1,\, u^2,\, \cdots ,\, u^n)$ 的存在.

现在，我们将确定仿射法线要落在子午线（u^1 曲线）的密切平面上的充要条件.

为这目的，我们利用公式

$$\begin{aligned}a_{rst}=&\frac{1}{\sqrt{\varepsilon g}}\left(\frac{\partial^3x}{\partial u^r\,\partial u^s\,\partial u^t}\,x_1\,x_2\cdots x_n\right)\\&-\frac{1}{2}\left(\frac{\partial g_{rs}}{\partial u^t}+\frac{\partial g_{rt}}{\partial u^s}+\frac{\partial g_{st}}{\partial u^r}\right),\end{aligned}\tag{2.2}$$

从而得知：当 $t>1$ 时，

$$a_{11t}=-\frac{1}{2}\,\frac{\partial g_{11}}{\partial u^t}.\tag{2.2$'$}$$

一般，超曲面的基本方程是

$$x_{rs}=a_{rsp}\,g^{pq}\,x_q+g_{rs}x^*,$$

式中 $r,\, s=1,\, 2,\cdots ,\, n$，而且 x^* 表示超曲面 (x) 的仿射法线向量. 从此特别得出

$$\frac{\partial^2x}{(\partial u^1)^2}=(\varGamma_{11}^q+a_{11p}g^{pq})x_q+g_{11}x^*.\tag{2.3}$$

根据假设，$\dfrac{\partial^2 x}{(\partial u^1)^2}$，$x_1$，$x^*$ 是共平面的，所以

$$\Gamma_{11}^t + a_{11p}g^{pt} = 0, \quad t > 1 .$$

然而，从 (2.1) 可知

$$\Gamma_{11}^t = g^{t't'}\Gamma_{11,t},\ a_{11p}\,g^{pt} = g^{t't'}\,a_{11t},\ t' = t > 1 .$$

这里记号 $t' = t$ 是在避免和式的混淆的原因下被提出的. 因此，我们获得

$$\Gamma_{11,t} + a_{11t} = 0 \qquad (t > 1)$$

或按 (2.1) 和 (2.2)′ 改写为

$$\frac{\partial g_{11}}{\partial u^t} = 0 \qquad (t > 1); \tag{2.4}$$

而且

$$\frac{\partial^2 x}{(\partial u^1)^2} = (\Gamma_{11}^1 + a_{11}^1)x_1 + g_{11}x^* . \tag{2.5}$$

其次，我们将证明：参数曲线都是仿射曲率线.

为此，注意到仿射超铸面的方程 (1.5) 而从此导出

$$\left.\begin{aligned} \frac{\partial^2 x}{\partial u^1\,\partial u^k} &= -\phi\psi U_k = f(u^1)U_k \quad (\text{记作这样}), \\ \frac{\partial^3 x}{(\partial u^1)^2\partial u^k} &= -\frac{f'(u^1)}{f(u^1)}\phi x_k \quad (k > 1) . \end{aligned}\right\} \tag{2.6}$$

另一方面，我们按照 (2.4) 和 (2.5) 容易算出

$$\frac{\partial^3 x}{(\partial u^1)^2\partial u^k} = ({a_{11}}^1)_k x_1 + ({\Gamma_{11}}^1 + {a_{11}}^1)(-\phi x_k) + g_{11}x_k^* . \tag{2.7}$$

从 (2.6)，(2.7) 和基本方程

$$x_k^* = \alpha_k^1 x_i$$

可以看到

$$\left.\begin{aligned} &({a_{11}}^1)_k + \alpha_{1k} = 0, \\ &\alpha_k^i = 0 \qquad (\ i \neq k, i, k > 1\ ), \\ &g_{11}\alpha_k^{k'} = \phi\left[({a_{11}}^1 + {\Gamma_{11}}^1) - \frac{f'(u^1)}{f(u^1)}\right],\ k' = k . \end{aligned}\right\} \tag{2.8}$$

只要我们能够证明

$$\alpha_{1k} = 0 \qquad (k > 1),$$

上述的命题也就成立了.

然而，(2.5) 给出

$$a_{11}{}^{k} + \Gamma_{11}{}^{k} = 0 \qquad (k > 1)\,.$$

由于

$$\Gamma_{11}^{k} = g^{k'k'}\,\Gamma_{11,k} = -\frac{1}{2}\,g^{k'k'}\,\frac{\partial g_{11}}{\partial u^{k}} = 0, \quad k' = k\,,$$

所以成立下列关系:

$$a_{11}{}^{k} = \Gamma_{11}{}^{k} = a_{11k} = a_{1k}{}^{1} = \Gamma_{1k}{}^{1} = 0, \quad k > 1\,. \tag{2.9}$$

此外，我们有

$$\frac{\partial x_k}{\partial u^1} \times x_k = 0,$$

而且由此得出

$$a_{1k}{}^{l} + \Gamma_{1k}{}^{l} = 0, k \neq l, k = 2, 3, \cdots, n;\ l = 1, 2, \cdots, n\,.$$

通过 (2.1) 而改写为

$$\Gamma_{1k,l} = a_{1kl} = 0 \qquad (k,\, l \text{ 的限制如上})\,. \tag{2.10}$$

又从方程

$$\alpha_{pq} = -(I + R)g_{pq} + \frac{2}{n}\,a_{pqr|s}\,g^{rs}$$

容易导出

$$\alpha_{1k} = \frac{2}{n}\,a_{1kr|s}\,g^{rs} \qquad (k > 1)$$

或

$$\alpha_{1k} = \frac{2}{n}\,a_{1kr|r}\,g^{rr}. \tag{2.11}$$

最后方程通过 (2.9) 和 (2.10) 又被归结为

$$\alpha_{1k} = \frac{2}{n}\,a_{1kk|k}\,g^{k'k'}\,,\ k' = k\,. \tag{2.11$'$}$$

然而按照 (2.2) 和 (2.6) 进行计算时，

$$a_{1kk} = -\phi g_{kk} - \frac{1}{2}\,\frac{\partial g_{kk}}{\partial u^1}\,,$$

所以通过 Ricci 引理而成立

$$a_{1kk|k} = 0\,.$$

这样，我们证明

$$\alpha_{1k} = 0, \quad k > 1\,. \tag{2.12}$$

最后，我们将建立下列定理：

仿射超旋转面的仿射法线都和一条定直线（它的轴线）相交，而且子午线在一个过轴线的超平面上.

实际上，从 (2.5) 我们有

$$\frac{\partial^3 x}{(\partial u')^3} = (\,*\,)\frac{\partial x}{\partial u^1} + (\,*\,)\frac{\partial^2 x}{(\partial u^1)^2} + \frac{\partial g_{11}}{\partial u^2}\, x^*,$$

$$\frac{\partial^4 x}{(\partial u^1)^4} = (\,*\,)\frac{\partial x}{\partial u^1} + (\,*\,)\frac{\partial^2 x}{(\partial u^1)^2} + (\,*\,)\frac{\partial^3 x}{(\partial u^1)^3} + \frac{\partial^2 g_{11}}{(\partial u^1)^2}\, x^*\text{，等}$$

并且考虑到 (2.4)，就得出

$$\left(\frac{\partial x}{\partial u^1}\,\frac{\partial^2 x}{(\partial u^1)^2}\cdots\frac{\partial^{n+1} x}{(\partial u^1)^{n+1}}\right) = 0\,.$$

因此，子午线都是平面曲线. 从段 1 的定理和仿射超旋转面的定义看，上述定理的成立是显然的.

如同 Süss 在上述论文中所用的方法一样，我们可证下列的另一定理：

一个仿射超旋转面的平行流形是正常的 $(n-1)$ 维仿射超球面，它的中心在轴线上，而且它们是相似而又有相似位置的.

如果把 (2.12) 和 (2.8) 的第一方程比较一下，我们便会看到

$$({a_{11}}^1)_k = 0, \quad k > 1\,, \tag{2.13}$$

就是说，${a_{11}}^1$ 单独是 u^1 的函数.

同样，${\varGamma_{11}}^1 = \dfrac{1}{2g_{11}}\dfrac{\partial g_{11}}{\partial u^1}$ 也单独是 u^1 的函数.

现在我们对方程 $x_1 = \phi(y-x)$ 再度关于 u^1 微分并把它和 (2.5) 相比较. 结果是：

$$\phi y' + \phi\left(\frac{\phi'}{\phi} - \phi - {\varGamma_{11}}^1 - {a_{11}}^1\right)(y-x) = g_{11}x^*,$$

或者写为

$$x + \varPhi(u^1)x^* = \varPsi(u^1)y' + y\,, \tag{2.14}$$

式中 $\varPhi$ 和 $\varPsi$ 表示某些单独 u^1 的函数.

由此得出定理：

仿射超旋转面沿各平行流形的仿射法线相交于其轴线上的一个定点，即前定理中所提的仿射超球面的中心.

从 (2.14) 还看出：仿射超旋转面沿流形 $u^1 = \text{const}$ 各点的仿射曲率半径 R_1 是常数. 不但如此，(2.8) 的第三方程还表示了 $\alpha_k^{k'}$（$k'=k$）单独是 u^1 的函数而且

$$\alpha_k^{k'} = \alpha_l^{l'}\,,\; k'=k>1\,,\; l'=l>1\,. \tag{2.15}$$

因此，我们得出结论：

仿射超旋转面沿其各平行流形的仿射曲率半径都是常数，而且 $R_2 = R_3 = \cdots = R_n$.

2.3　具有不同顶点曲线的二仿射超铸面的仿射可变形

本段中处理的问题是，如何把第四章 § 1 关于 A^3 的仿射铸面的仿射可变形拓广到 A^{n+1} 的仿射超铸面. 两个超曲面的仿射可变形定义则完全可遵照 A^3 中的方式进行而无任何困难.

如前，令仿射超铸面 S 的有关向量

$$y = (y^1, y^2, \cdots, y^{n+1}), \quad U = (U^1, U^2, \cdots, U^{n+1}),$$

$$x = (x^1, x^2, \cdots, x^{n+1}), \quad \alpha = (a_1, a_2, \cdots, a_{n+1}),$$

$$U_r^i = \frac{\partial U^i}{\partial u^r} \quad (r = 2, 3, \cdots, n)$$

并假定 $a_{n+1} \neq 0$. 设另一个仿射超铸面 $\overline{S}$ 和上面的 S 仅仅以具有不同的顶点曲线 $(\bar{y})$ 和 (y) 互相区别. 经过一些简单计算后，我们容易导出 S 和 $\overline{S}$ 互可仿射变形的充要条件：

$$\bar{\phi} = \phi, \tag{3.1}$$

$$\bar{\Delta} = \Delta, \tag{3.2}$$

式中

$$\phi^{-1} = (\alpha y) - u^1, \ \bar{\phi}^{-1} = (\alpha \bar{y}) - u^1,$$

$$\Delta = \left(U_2, U_3, \cdots, U_n, \frac{dy}{du^1}, y - x\right)$$

和类似的 $\bar{\Delta}$.

条件 (3.1) 等价于

$$(\alpha(\bar{y} - y)) = 0,$$

从此可见

$$\bar{y} = y + y_0, \tag{3.3}$$

式中

$$(\alpha y_0) = 0. \tag{3.4}$$

这样，我们的问题就是如何找出所有的向量函数 y_0 使二条件 (3.2) 和 (3.4) 成立.

为此，我们将 (3.3) 代进 (3.2) 并注意到关系式

$$\bar{y}-\bar{x}=y-x+\psi\int\frac{y_0}{\psi}\,du^1,\ \psi=\exp\left(-\int\phi\,du^1\right),$$

结果是：

$$\begin{aligned}&\left(U_2,U_3,\cdots,U_n,\frac{dy_0}{du^1},y-x\right)\\&+\psi\left(U_2,U_3,\cdots,U_n,\frac{dy_0}{du^1}+\frac{dy}{du^1},\int\frac{1}{\psi}\frac{dy_0}{du^1}\,du^1\right)=0.\end{aligned}\tag{3.5}$$

令

$$\int\frac{1}{\psi}\frac{dy_0}{du^1}\,du^1=z,\tag{3.6}$$

于是

$$\frac{dy_0}{du^1}=\psi\frac{dz}{du^1},\tag{3.7}$$

$$(\alpha z)=0,\tag{3.8}$$

且从此得以改写 (3.5)：

$$\begin{aligned}&\left(U_2,U_3,\cdots,U_n,\frac{dz}{du^1},z+\int\frac{1}{\psi}\frac{dy}{du^1}\,du^1-U\right)\\&+\left(U_2,U_3,\cdots,U_n,\frac{1}{\psi}\frac{dy}{du^1},z\right)=0.\end{aligned}\tag{3.9}$$

通过 (3.8) 和关系式

$$(\alpha U)=0,\quad\left(\alpha\frac{dy}{du^1}\right)=\frac{\psi\psi''}{(\psi')^2},$$

方程 (3.9) 又被改写为下列形式：

$$\begin{vmatrix}U_2^1 & U_3^1 & \cdots & U_n^1 & \dfrac{dz^1}{du^1} & *\\ U_2^2 & U_3^2 & \cdots & U_n^2 & \dfrac{dz^2}{du^1} & *\\ \vdots & \vdots & & \vdots & \vdots & \vdots\\ U_2^n & U_3^n & \cdots & U_n^n & \dfrac{dz^n}{du^1} & *\\ 0 & 0 & \cdots & 0 & 0 & \displaystyle\int\frac{\psi''}{(\psi')^2}\,du^1\end{vmatrix}$$

$$+\begin{vmatrix} U_2^1 & U_3^1 & \cdots & U_n^1 & * & z^1 \\ U_2^2 & U_3^2 & \cdots & U_n^2 & * & z^2 \\ \vdots & \vdots & & \vdots & \vdots & \vdots \\ U_2^n & U_3^n & \cdots & U_n^n & * & z^n \\ 0 & 0 & \cdots & 0 & \dfrac{\psi''}{(\psi')^2} & 0 \end{vmatrix} = 0. \tag{3.10}$$

然而

$$\int \frac{\psi''}{(\psi')^2}\,du^1 = -\left(\frac{1}{\psi'} + k\right), \quad k = \text{const}\,.$$

所以 (3.10) 变为

$$\begin{vmatrix} U_2^1 & U_3^1 & \cdots & U_n^1 & w^1 \\ U_2^2 & U_3^2 & \cdots & U_n^2 & w^2 \\ \vdots & \vdots & & \vdots & \vdots \\ U_2^n & U_3^n & \cdots & U_n^n & w^n \end{vmatrix} = 0, \tag{3.11}$$

式中已令

$$w^i = \{k(\psi')^2 + \psi'\}\frac{dz^i}{du^1} + \psi'' z^i, \quad i = 1, 2, \cdots, n\,. \tag{3.12}$$

如果 $w^i(i = 1, 2, \cdots, n)$ 不是同时消失的话，那么它们必须是 (不全为 0 的) 常数，或者是单独 u^1 的函数. 在欧氏空间 E^n 里，设想由

$$\bar{x} = (U^1, U^2, \cdots, U^n)$$

定义的 $(n-1)$ 维流形 M. 方程 (3.11) 不外乎表明，M 的法线恒与方向 $w^1 : w^2 : \cdots : w^n$ 垂直. 因此，当 w^i 为常数时，M 变为一个超柱面而是可展的.

可是此时对于 $r, s > 1$ 我们有

$$\begin{aligned}(x_{rs}x_1x_2\cdots x_n) &= (\psi)^n\,(U_{rs}, \phi(y-x), U_2, U_3, \cdots, U_n) \\ &= (-1)^n(\psi)^n(\bar{x}_{rs}\bar{x}_2\bar{x}_3\cdots\bar{x}_n)/a_{n+1} = 0\,,\end{aligned}$$

所以超曲面 (x) 本身也是可展的. 这是除外的场合.

如果 w_i 是单独 u^1 的函数，那么 M 必须是超平面. 这是因为，w_i 随着 u^1 的变动而变动，要使 M 的法线恒与它垂直，这是不可能的，除非 M 本身是一个超平面. 在这样的情况下，所讨论的超曲面也是可展的.

这样一来，我们有 $w^i = 0$，即

$$\{k(\psi')^2 + \psi'\}\frac{dz^i}{du^1} + \psi'' z^i = 0, \qquad i = 1, 2, \cdots, n\,,$$

且从 (3.8) 还有

$$\{k(\psi')^2+\psi'\}\frac{dz^{n+1}}{du^1}+\psi''\,z^{n+1}=0\,.$$

这组微分方程的积分具有如下的形式:

$$z^i=-c^i\,\frac{k\psi'+1}{\psi'}\qquad(i=1,2,\cdots,n+1)\,,\tag{3.13}$$

式中这些 c^i 是常数，而且满足关系式

$$(\alpha c)=0\,.\tag{3.14}$$

从 (3.7) 我们获得

$$\begin{aligned}y_0&=\psi z-\int\psi' z\,du^1+b\\&=-c\left\{\frac{\psi(k\psi'+1)}{\psi'}-(k\psi+u^1)\right\}+b\end{aligned}$$

或者

$$y_0=c(\alpha y)+b\,,\tag{3.15}$$

式中 b 表示常数向量，而且满足

$$(\alpha b)=0\,.\tag{3.16}$$

我们通过 (3.3) 而获得定理:

同给定的仿射超铸面 $[\alpha,y,U]$ 可仿射变形的所有仿射超铸面 $[\alpha,\bar{y},U]$ 决定于下列方程:

$$(\bar{y})=S\begin{pmatrix}\alpha\\c\end{pmatrix}\cdot(y)+(b)\,,\tag{3.17}$$

式中矩阵 $S\begin{pmatrix}\alpha\\c\end{pmatrix}$ 已见于第四章第 1 节，它是幺模而全体形成阿贝尔群.

此外，我们也可把第四章第 1 节中的 (1.36) 和 (1.40) 拓广到 A^{n+1} 中的仿射超铸面的变换，这里就不重复了.

参 考 书 目

[1] W. Blaschke: Vorlesungen über Differentialgeometrie und geometrische Grundlagen von Einsteins Relativitätrtheorie, Band 2, Berlin, 1923.

[2] G. Fubini-E. Čech: Geometria proiettiva differenziale, Vol. I, Bologua, 1926; Vol. II, 1927.

[3] E. Salkowski: Affine Differentialgeometrie, Berlin und Zeipzig, 1934.

[4] П. А. Широков и А. П. Широков: Аффинная дифференциальная геометрия , Москва, 1959.

[5] Л. К. Тутаев: Лииии и поверхности в аффинном трехмерном пространстве, Минск, 1962.

[6] E. Kruppa: Analytische und konstruktive Differentialgeometrie, Wien,1957.